高等学校智能建造应用型本科系列教材
高等学校土建类专业课程教材与教学资源专家委员会规划教材

建筑工业化智能生产

江苏省建设教育协会 组织编写
蔡新江 佘健俊 主 编
孙岳阳 任 川 黄 俊 副主编
王 琨 主 审

中国建筑工业出版社

图书在版编目（CIP）数据

建筑工业化智能生产 / 江苏省建设教育协会组织编写；蔡新江，佘健俊主编；孙岳阳，任川，黄俊副主编. 北京：中国建筑工业出版社，2025. 6. -- （高等学校智能建造应用型本科系列教材）（高等学校土建类专业课程教材与教学资源专家委员会规划教材）. -- ISBN 978-7-112-31290-0

Ⅰ. TU-39

中国国家版本馆CIP数据核字第2025KF1183号

本书根据《高等学校土木工程本科专业指南》中推荐的智能建造方向知识单元，智能建造专业的教学要求，相关标准、规范规程，并结合当前企业数字化转型以及智能建造相关案例进行编写。本书共计7章，包含建筑工业化概述、建筑部品部件的模块化与信息化、建筑部品部件预制工厂总体规划、建筑部品部件智能一体化设计与生产、建筑部品部件的数字化工厂生产技术、建筑部品部件智能生产质量管理、建筑部品部件智能生产物流管理，同时每一章提供习题供课后练习。

本书可作为高等院校智能建造专业教材，也可作为相关方向专业的教材和参考资料，还可作为智能建造方向从业者的参考用书和企业培训资料。

为了更好地支持教学，我社向采用本书作为教材的教师提供课件，有需要者可与出版社联系，索取方式如下：建工书院 https：//edu.cabplink.com，邮箱 jckj@cabp.com.cn，电话（010）58337285。

策划编辑：高延伟
责任编辑：仕　帅　吉万旺
责任校对：张　颖

高等学校智能建造应用型本科系列教材
高等学校土建类专业课程教材与教学资源专家委员会规划教材
建筑工业化智能生产
江苏省建设教育协会　组织编写
蔡新江　佘健俊　主　编
孙岳阳　任　川　黄　俊　副主编
王　琨　主　审

*
中国建筑工业出版社出版、发行（北京海淀三里河路9号）
各地新华书店、建筑书店经销
北京雅盈中佳图文设计公司制版
三河市富华印刷包装有限公司印刷
*
开本：787毫米×1092毫米　1/16　印张：$15^1/_2$　字数：347千字
2025年8月第一版　2025年8月第一次印刷
定价：48.00元（赠教师课件及配套数字资源）
ISBN 978-7-112-31290-0
（44879）

本系列教材编写委员会

出版说明

高质量发展是全面建设社会主义现代化国家的首要任务。发展新质生产力是推动高质量发展的内在要求和重要着力点。因地制宜发展新质生产力，统筹推进传统产业升级、新兴产业壮大和未来产业培育，关键在于科技创新，在于人才支撑；培养高素质人才，关键在于教育。

建筑业作为我国传统产业，是国民经济的重要支柱。近年来，随着人工智能、大数据、云计算、5G 等技术快速发展，数字化转型成为行业的重要趋势。国家及地方政府出台一系列政策，加快推动了智能建造与建筑工业化协同发展，国家发展改革委等部门发布的《绿色低碳转型产业指导目录（2024 年版）》明确将“建筑工程智能建造”纳入其中，建筑智能化成为未来建筑业发展的主要方向。基于推进教育、科技、人才“三位一体”协同融合发展，培养高素质应用型人才，满足建筑行业转型升级需要，江苏省建设教育协会联合徐州工程学院、南京工业大学、苏州科技大学、扬州大学、南京工程学院、盐城工学院、东南大学成贤学院、南通理工学院八所高校及中国建筑工业出版社，组织编写了这套“高等学校智能建造应用型本科系列教材”。

根据建设项目全过程及应用型院校课程设置实际，策划了智能设计、生产、施工、运维与管理、施工设备及测绘等系列教材，包括《建筑工程数字化设计》《建筑工业化智能生产》《建筑工程智能化施工》《建筑工程智能化运维与管理》《智能化施工机械与装备》《工程智能测绘》，每本教材分别围绕智能建造一个方面展开，内容相互衔接、互为补充，共同组成一个完整的智能建造知识体系。

为确保本套教材的科学性、权威性和实用性，本系列教材采取协会协调组织、多校合作、专家指导、企业和出版单位参与的模式编写，邀请业内知名专家担任主编和审稿人，对教材大纲和内容进行严格审核把关。同时，中亿丰数字科技集团有限公司等多家企业为教材编写提供了丰富的实践素材和案例。

本系列教材编写遵循以下原则：

一是系统性。系列教材围绕项目建设过程中的数字化设计、工业化生产、智能化施工到智能化运维管理等方面，构建了完整的智能建造知识体系。

二是实用性。系列教材注重理论与实践相结合，通过具体的案例分析，使读者能够更好地理解并运用所学知识解决实际问题。

三是前沿性。系列教材紧密关注智能建造技术的最新发展动态，将 BIM、GIS 等前沿技术融入教材，使读者能够了解并掌握最新的智能建造技术和方法。

四是易读性。系列教材语言简练，图文并茂，并附有数字化资源，易于读者理解和掌握。

本系列教材主要适用对象为土木工程、工程管理、智能建造等相关专业的本科生、研究生以及建筑工程行业的广大从业人员。希望通过本系列教材，能够帮助相关专业学生和从业人员了解智能建造的基本原理、技术方法和发展趋势，培养他们的创新思维和实践能力。读者在使用本套教材时，可根据自身的专业背景和实际需求，选择适合自己的教材进行学习。同时，鼓励读者将所学知识应用于实践，通过实际操作加深对理论知识的理解和掌握。此外，为方便读者随时随地进行学习和交流，我们还将提供线上学习资源和交流平台。

最后，诚挚感谢参与本系列教材编写的各位专家、学者和企业界人士，正是诸位的辛勤付出和无私奉献，才使得本系列教材得以顺利付梓。

尽管竭诚努力，但由于编者的水平和能力有限，教材难免有不足之处，恳请各相关院校的师生及其他读者在使用过程中给予批评指正，并将宝贵的意见和建议及时反馈给我们，以便在将来修订完善。

江苏省建设教育协会

前 言

基于对中国建筑业转型升级、可持续发展、数字化、供给侧结构性改革和行业未来发展趋势的认识，以教学研究型本科智能建造特设专业培养方案执行为契机，结合对高等教育教学规律的把握，江苏省建设教育协会组织相关高校和企业合作编写本套智能建造专业教材，包括《建筑工程数字化设计》《建筑工业化智能生产》《工程智能测绘》《建筑工程智能化施工》《智能化施工机械与装备》《建筑工程智能化运维与管理》。

本教材共计7章，分别介绍了建筑工业化的背景分析、基本概念和内涵、发展历程；建筑部品部件的分类、拆分和模块化、编码和信息化；建筑部品部件预制工厂基本设置、流水线工艺及车间布置、质检实验室配置；建筑部品部件智能化设计方法、智能化生产过程与技术、混凝土部品部件质量检验与验收；建筑部品部件数字化工厂生产技术，包括工艺设计、计划调度、生产作业、设备管理、仓储配送、能源 / 环保 / 安全管控、互联互通等环节；建筑部品部件智能生产质量管理概述、追溯和应用；建筑部品部件智能生产物流协同管理和应用，同时在每一章提供习题供课后练习。

本教材由苏州科技大学蔡新江主持撰写，并负责编写了第1章、第2章和第3章，苏州科技大学孙岳阳负责编写了第4章，中亿丰罗普斯金材料科技股份有限公司任川、黄俊负责编写第5章，南京工业大学佘健俊负责编写第6章和第7章。蔡新江和佘健俊作为主编，负责制定各章章节、提出要点和修改定稿。

感谢中建八局第三建设有限公司、中亿丰罗普斯金材料科技股份有限公司、苏州城亿绿建科技发展股份有限公司、有利华建筑预制件（深圳）有限公司、南京溥渊建筑科技有限公司、南京天固建筑科技有限公司等企业给本书提供了相关素材。

教材在编写过程中参考了国内外相关优秀教材，并借鉴和吸收了国内外相关专家学者的研究成果，听取了相关专家、同行及行业内相关从业者的建议，在此一并深表感谢。

中国的建筑工业化进程仍处于蓬勃发展当中，新理论和新技术也正在继续研究和探索当中，鉴于编者理论水平和实践经验有限，书中难免有错误和不当之处，敬请各位学者、读者批评指正。

编 者

2025.01

目 录

第 4 章　建筑部品部件智能一体化设计与生产

第 5 章　建筑部品部件的数字化工厂生产技术

第 6 章　建筑部品部件智能生产质量管理

第 7 章　建筑部品部件智能生产物流管理

第1章

建筑工业化概述

建筑工业化的背景分析

传统建造方式存在的突出问题

绿色节能环保的可持续发展要求

工业化和信息化的升级改造要求

建筑工业化的基本概念和内涵

国内外建筑工业化的发展历程

工业化和机械化为特征的建筑工业化 1.0 时代

标准化和模块化为特征的建筑工业化 2.0 时代

信息化与产业化为特征的建筑工业化 3.0 时代

节能化与智能化为特征的建筑工业化 4.0 时代

中国建筑工业化的发展历程

二维码 1–1
第 1 章　教学课件

本章要点

1. 了解建筑工业化的产生背景；

2. 掌握建筑工业化的基本概念和内涵；

3. 了解国外建筑工业化的发展历程以及相应启示，掌握中国建筑工业化目前的发展现状。

教学目标 

1. 学习和理解建筑工业化的产生背景、基本概念和内涵，培养学生的创新思维，激发对建筑工业化相关产业的兴趣；

2. 清楚并了解建筑工业化的发展历程，培养学生的批判思维，能够全面评估建筑工业化进程中的优势和不足；

3. 能举例说明建筑工业化的应用实例，培养学生的实践能力，能够对建筑工业化产业有较为深入理解。

案例引入 

前工业化时代的装配式建筑——动物巢穴、棚厦及帐篷

某些动物是天生的建筑师，它们不需要学习任何建筑设计、生产和结构施工的相关专业知识，就可以修建动物界的“现浇建筑”和“装配式建筑”等。

蜂造混凝土（蜂巢）：蜜蜂用分泌的蜂蜡来建造蜂巢，有一种沙漠石蜂将唾液和砂砾混合来建造蜂巢（图 1–1），而胡蜂、大黄蜂等利用唾液和咀嚼过的木质纤维黏合起来制作类似纸浆纤维材料来建造蜂巢（图 1–2）。

图 1–1　蜜蜂的蜂巢

图 1–2　胡蜂的蜂巢

蚁造混凝土（蚁巢）：白蚁用唾液等分泌物混合植物碎屑、土屑构筑蚁巢（图 1–3），而澳大利亚沙漠白蚁则用粪便和沙粒混合来建造高度达 3m 的蚁巢，相当于人类千米级摩天大楼；红蚂蚁采用团队协作方式搬运大量树枝、树皮、树叶和秸秆等混合起来建造庞大下凹式蚁巢，为防雨甚至可以带有屋顶（图 1–4）。

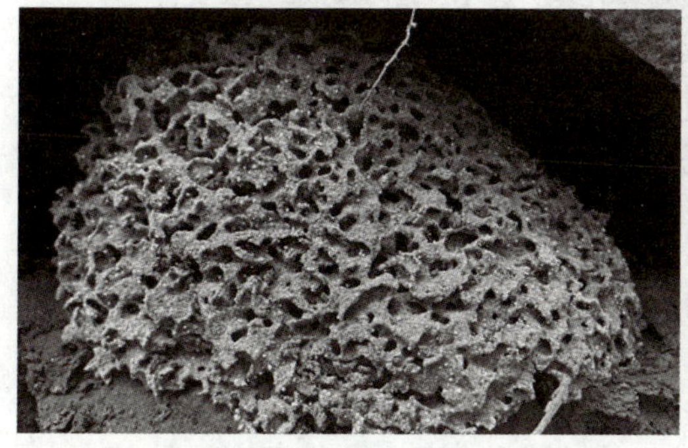
图 1–3　白蚁蚁巢

图 1–4　红蚂蚁蜂巢

鸟造混凝土（燕窝或鸟巢）：金丝燕利用唾液将树枝（或绒状羽毛）和泥土黏合起来制作燕窝，从力学角度分析，树枝或羽毛承担拉力，干燥后的泥土和唾液形成凝胶体承担压力（图 1–5），与现代 3D 打印过程类似。灶鸟采用软泥层叠堆积建造鸟巢（图 1–6）；乌鸦用树枝在树上建造窝巢则更为常见。

图 1–5　金丝燕燕窝

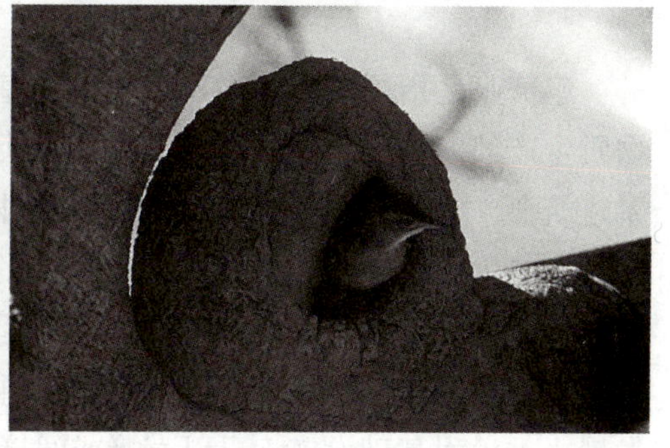
图 1–6　灶鸟鸟巢

综上所述，建筑工业化不是新概念，动物早就实现了狭义的建筑工业化即“装配式”建筑，对人类而言，居住需求和建造建筑物的能力是在长久进化过程中逐渐形成的。史前人类主要依靠天然洞穴来遮风挡雨，但由于洞穴附近地区的野生动植物不能长期提供充足食物以保证生存，人类被迫转变为流动的猎人，因此导致居所转变为临时搭设的帐篷等，即形成了最原始的“装配式”房屋（图 1–7 和图 1–8）。

值得我们思考的是：

（1）建筑工业化是否是现代建筑业转型升级中才出现的新事物？古代是否有装配式建筑？具体有哪些典型案例？

图 1-7　树干兽皮帐篷

图 1-8　泥土草皮帐篷

（2）为什么要进行建筑工业化？传统建筑业存在哪些问题？

（3）什么是建筑工业化？具体包含哪些内容？大力发展建筑工业化有什么意义？

（4）国内外建筑工业化经历了哪些阶段？目前发展到什么阶段？当前中国建筑工业化进程中需要做哪些工作？

1.1　建筑工业化的背景分析

建筑业是指国民经济中从事房屋和基础设施相关勘察、设计、施工、加固和维护的物质生产部门，作为国民经济二十个分类行业其中之一，建筑业主要由四大类组成：房屋建筑业，土木工程建筑业，建筑安装业，建筑装饰、装修和其他建筑业。建筑业的职能主要是为国民经济持续发展提供相应的生产性与非生产性固定资产，其与国家、地方固定资产投资规模存在紧密联系，相互促进和相互制约。

建筑业一直是国民经济四大支柱产业之一，更与国民幸福指数息息相关，因此大力发展土木工程基础设施，可以直接或间接地解决国计民生基本问题，提高国民生活品质。随着社会的进一步深入发展，建筑业的传统运营方式暴露出诸多问题，主要表现为技术水平相对落后、生产效率低、质量通病突出等，与当今社会高速发展对建筑质量要求和规模需求之间产生了矛盾。此外，中国建筑业总体发展并不平衡，部分地区建筑业仍属于传统劳动密集型产业，以高能耗方式来维持经济高速发展，其生产方式和管理模式较为落后，施工人员素质普遍偏低，可持续发展与绿色建造尚未实现。上述长期存在的矛盾迫使建筑业必须要进行升级改造和转型，通过现代工业化、信息化的手段来改变传统建筑业的发展现状。

2013 年 ~2022 年国内生产总值、建筑业增加值及增速数据如图 1-9 所示。统计数据显示，2022 年中国国内生产总值约为 121 万亿元，比上年增长了 3%；其中建筑业增加值为

图 1-9　2013 年 ~2022 年国内生产总值、建筑业增加值及增速数据

8.3 万亿元，比上年增长了 5.5%，其增速高于国内生产总值增速。2013 年 ~2022 年建筑业增加值占国内生产总值的比重如图 1-10 所示。从 2013 年至今，建筑业增加值占国内生产总值的比重均持续维持在 6% 以上，证明建筑业目前仍是国民经济四大支柱产业之一。

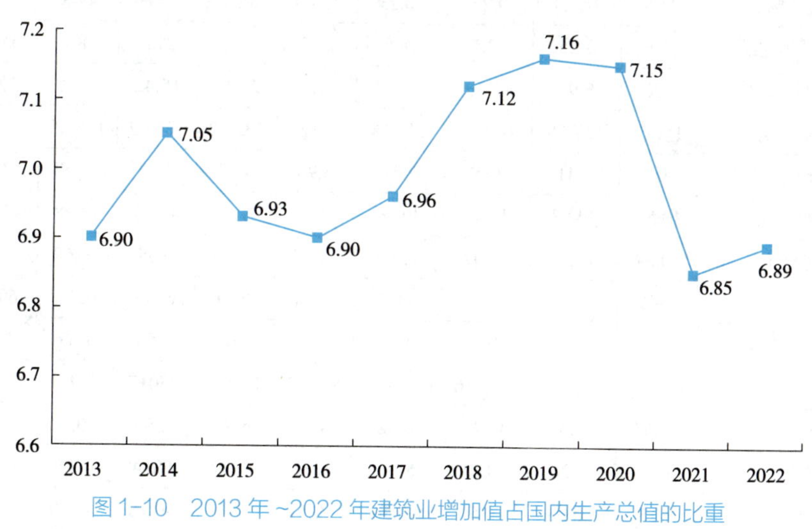

图 1-10　2013 年 ~2022 年建筑业增加值占国内生产总值的比重

作为一种新型建造生产方式，建筑工业化可以促进建筑业实现可持续发展。在国家层面上，建筑业升级改造有助于国家新型城镇化的深入发展，实现中国现代化建设的重要战略任务；在社会层面上，机械化施工方式极大地改善工人作业环境，提高生产效率，解决建造需求增长和工人逐年减少产生的供需矛盾；在行业层面上，提高建筑业科技水平和建设效率，减少资源消耗，有助于推动建筑业可持续发展。因此，基于外部社会环

境需求和建筑业自身发展要求，利用工业化技术对建筑业升级改造和转型都是一条必经之路。

1.1.1 传统建造方式存在的突出问题

根据国家统计局数据显示，截至2022年底，全国建筑业总产值为31.2万亿元，同比增长6.45%；完成竣工产值13.6万亿元，同比增长1.44%；企业签订合同总额71.6万亿元，比上年增长8.95%；企业总数143621个，比上年增长11.55%；行业从业人数5184万，同比减少0.31%；按建筑业总产值计算的劳动生产率49.4万元/人，同比增长4.3%。表1-1展示了2013年~2022年中国建筑业发展基本数据。

2013年~2022年中国建筑业发展基本数据　　表1-1

类别	年度									
	2022	2021	2020	2019	2018	2017	2016	2015	2014	2013
总产值（万亿元）	31.2	29.3	26.4	24.8	23.5	21.4	19.4	18.1	17.7	15.9
总产值增速（%）	6.45	11.04	6.24	5.68	9.88	10.53	7.09	2.29	10.2	16.1
竣工产值（万亿元）	13.6	13.5	12.2	12.4	12.1	11.7	11.3	11	10.1	9.02
竣工产值同比增长（%）	1.44	10.12	–1.35	2.52	3.42	3.46	2.54	9.33	7.5	13.3
企业签订合同总额（万亿元）	71.6	65.7	59.6	54.5	49.4	44	37.4	33.8	32.4	29
合同增长（%）	8.95	10.29	9.27	10.24	12.49	18.1	10.79	4.48	11.8	17.1
新签合同额（万亿元）	36.6	34.5	32.5	28.9	27.3	25.5	21.3	18.4	18.5	17.5
新签合同增长（%）	6.36	5.96	12.43	6	7.14	20.41	15.42	–0.12	5.62	19.1
施工面积（亿平方米）	156.5	157.55	149.47	144.16	140.89	131.72	126.42	124.26	125.02	113.0
施工面积同比（%）	–0.7	5.41	3.68	2.32	6.96	4.19	1.98	–0.58	10.4	14.6
竣工面积（亿平方米）	40.55	40.83	38.48	40.24	41.35	41.91	42.24	42.08	42.31	38.9
竣工面积同比（%）	–0.69	6.11	–4.37	–2.68	–1.33	–0.78	0.38	–0.60	5.4	8.5
利润（亿元）	8369	8554	8303	8381	8104	7661	6745	6508	6913	5575
利润同比（%）	–1.2	1.26	0.3	9.4	8.17	9.66	4.55	1.57	13.7	16.7
企业总数（个）	143621	128746	116716	103814	95400	88059	83017	80911	81141	79528
企业总数增速（%）	11.55	10.31	12.43	8.82	8.34	6.07	2.60	–0.28	2.8	5.6
国企数量（个）	8914	7826	7190	6927	6880	6800	6814	6789	6855	7038
国企数量增速（%）	0.13	–0.08	–0.51	–0.54	–0.51	–0.49	–0.18	–0.06	–0.32	–0.4
从业人数（万）	5184	5283	5367	5427	5563	5537	5185	5003	4961	4904
从业人数同比（%）	–0.31	–1.56	–1.11	–2.44	0.48	6.80	1.8	10.28	10.25	5.9
总产值劳动生产率（万元/人）	49.4	47.3	42.3	40	37.3	34.7	33.7	32.4	32	32.5
总产值劳动生产率增速（%）	4.3	11.89	5.82	7.09	7.4	3.11	3.98	1.92	–1.38	9.6

（数据来源：国家统计局）

增长百分比是建筑类相关企业以货币形式体现的生产经营活动成效，其与统计周期内国民经济状态、从业人员收入和固定资产投资之间有较强相关性，与建筑业总产值相比，增长百分比的变动状况相对更好地反映行业变化趋势。近十年来中国建筑业增加值占国内生产总值（GDP）的比重持续保持在 6% 以上，说明建筑业作为支柱产业的地位仍然稳固。

通过进一步深入分析相关统计数据，在实现总体持续发展的同时，建筑业也暴露出较大的局限性：

1）从建筑业总产值增速和增加值增速的对比数据来看，中国建筑行业总体上仍处于粗放式增长状态。总产值是反映建筑业发展的综合性指标，增加值反映建筑企业在运行过程中实现的价值。如图 1-11 所示，在 2013 年 ~2022 年的十年间（除 2015 年外），建筑业总产值增速均高于建筑业增加值的增速，表明建筑业实现的价值增速相对缓慢，中国建筑业仍处于传统建造方式且呈粗放式增长。

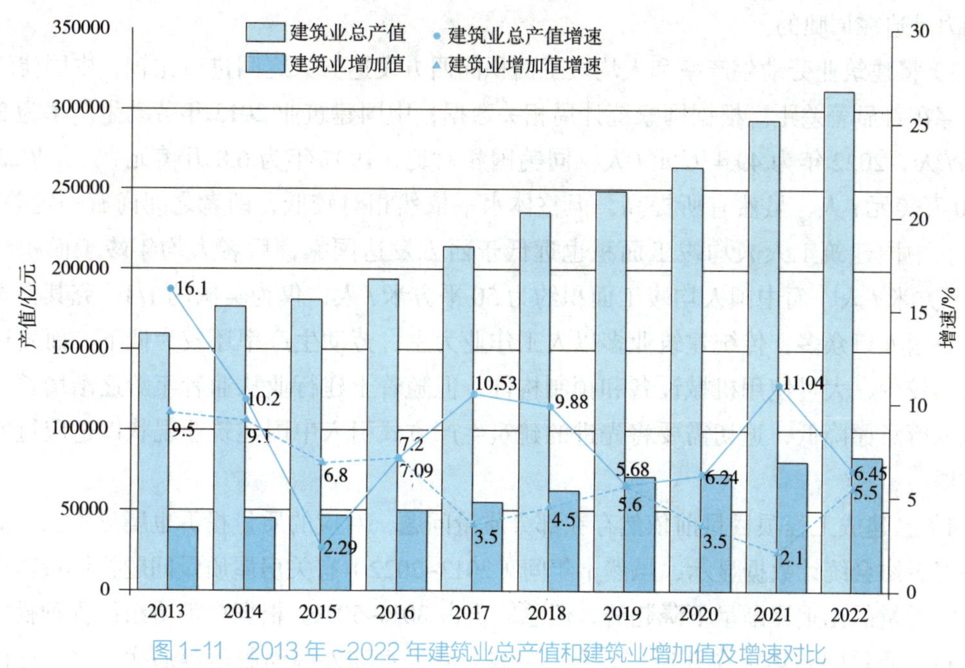

图 1-11　2013 年 ~2022 年建筑业总产值和建筑业增加值及增速对比

2）将建筑业产值利润率和工业产值利润率进行对比，可以看出中国建筑业企业的盈利能力普遍存在不足。国家统计局数据显示，截至 2022 年底，全国建筑业企业实现利润总额约 8369 亿元，利润率为 2.68%，比上年降低了 0.21 个百分点，连续六年出现下降状态，同时连续两年低于 3%；对比全国规模以上工业企业实现利润总额约 8.4 万亿元，利润率为 6.1%，如图 1-12 所示，证实建筑业和工业的利润率差距正在逐步拉大。在中国经济平稳发展常态化背景下，经济增速开始放缓，企业经营环境竞争激烈，传统制造业开始出现产能过剩和成本上升的趋势，导致企业盈利能力出现下降，但依然比建筑业的

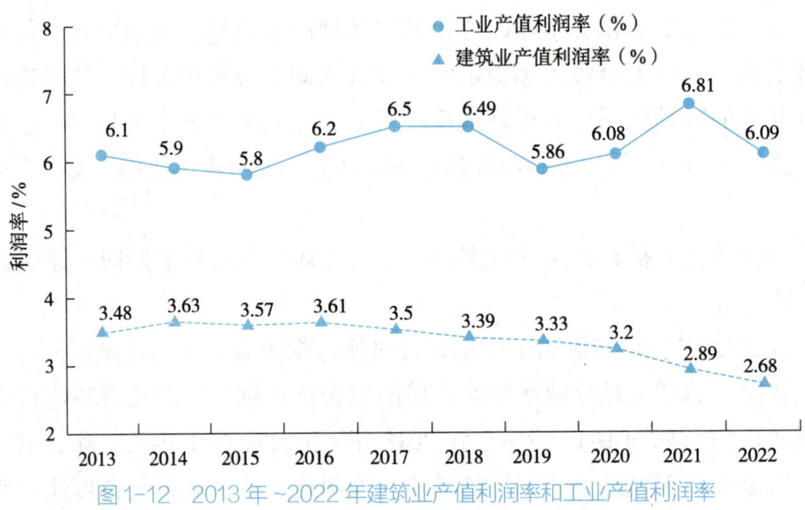

图 1-12　2013 年 ~2022 年建筑业产值利润率和工业产值利润率

平均盈利水平高出 50%。因此，面对传统建筑行业的各种弊端，进行系列革新并提高盈利能力是迫在眉睫的。

3）将建筑业劳动生产率和人均竣工面积同西方发达国家之间进行比较，中国建筑业仍然存在着显著差距。根据国家统计局相关数据，中国建筑业 2013 年劳动生产率为 32.5 万元 / 人，2022 年为 49.4 万元 / 人，同美国相对比，1997 年为 6.8 万美元 / 人，2022 年约 10 万美元 / 人，虽然有所提高，但整体水平依然相对较低，两者之间尚有一定差距。同时，中国建筑工人人均竣工面积也远低于西方发达国家，后者人均年竣工面积约为 150 平方米 / 人，而中国人均竣工面积约为 50 平方米 / 人，仅为美国的 1/3。究其根本原因，中国人口众多，传统建筑业多以人工作业为主，劳动生产率还较为低下，而发达国家人口较少，大量使用机械设备和预制构件，但随着土建行业从业者年龄逐渐增长，青年人入行意愿降低，迫切需要将先进的建筑生产方式引入中国建筑业现状以适应行业持续发展。

4）已建成工程项目目前依然存在部分质量问题，对应的质量投诉也屡见不鲜。据中国消费者协会统计数据显示，虽然十年间（2013~2022）有关房屋质量问题投诉量占房屋类总投诉量的比重逐渐呈下降趋势，但总体仍占 30%~50%。根据中消协组织受理投诉情况分析，质量问题集中在开裂、沉降、空鼓、漏渗水和外墙面脱落等通病。综合原因分析，质量缺陷原因主要为设计与施工脱离、机械化程度偏低、未严格按照标准验收、管理不够规范等。

1.1.2　绿色节能环保的可持续发展要求

中国经济高速发展取得世界瞩目，但同时也面临环境保护、资源浪费、能耗偏高等多重压力。绿水青山就是金山银山，绿色低碳节能环保已成为当全球可持续发展的热点问题。作为发展中国家，中国既要大力发展经济，又要保护环境以避免先污染后治理的弊端，因此有关部门先后出台了一系列法律法规和政策措施，将环境保护作为行业发展

图 1-13 建筑垃圾

图 1-14 建筑噪声污染

的重中之重。传统建筑业存在较大程度的污染，建设过程中产生粉尘、噪声、污水、废气、固体废弃物、有毒物质等多种污染，其中，垃圾、扬尘和噪声是城市环境污染的重要来源之一，国家出台了相关政策严格控制污染源。

建筑垃圾是建筑污染最直接的体现，如图 1-13 所示。文件《〈中华人民共和国固体废物污染环境防治法〉实施情况的报告》中显示，近年来中国固体废弃物产生量持续增长，污染防治形势日渐严峻，其中 2022 年产生建筑垃圾达 30 亿 t。同时，欧美发达国家建筑垃圾再利用率均在 95% 以上，而早在 1988 年日本东京的建筑垃圾再利用率就已经达到 56%，相比之下，中国建筑垃圾资源化利用率程度相对较低，2022 年仅为 13% 左右。相较于环保产业其他项目，当前建筑垃圾回收投资规模较小，建筑垃圾回收市场潜力庞大。

建筑噪声污染贯穿于工程建设的全过程，如图 1-14 所示，主要包含机械噪声、现场作业噪声、碰撞噪声和施工人员噪声等，上述噪声总体效果可达 100dB 以上，超出国家标准规定（住宅区噪声白天不能超过 50dB，夜间应低于 45dB），将对人体产生一定程度的危害，甚至危害公众健康。据统计，全国投诉热线 12345 及各部门受理的噪声投诉约 400 万件，其中生活噪声投诉约占 60%，建筑施工噪声约占生活噪声投诉的 1/3；全国生态环境信访投诉举报管理平台共接到举报约 45 万件，其中噪声扰民约占 45%，高居投诉第 2 位。

建筑工地是扬尘污染的重要源头，如图 1-15 所示。土壤、混凝土、砖石、木材等材料的搬运和加工过程中产生大量的扬尘，这些细小的颗粒物质悬浮在空气中，对环境和人体健康造成严重威胁。扬尘进入大气中会造成空气污染，影响空气质量和能见度，不仅会影响周边居民的生活质量，还会对植被、水体和土壤等环境要素造成损害。扬尘中的有害物质，如重金属、有机物和细菌等，也会对生态系统产生负面影响。扬尘中的颗粒物质细小而悬浮时间长，易被人体吸入，对呼吸道和肺部造成刺激和损伤，引发诸如哮喘、支气管炎和慢性阻塞性肺病等呼吸系统疾病。同时，扬尘中的有害物质还可能导

图 1-15　建筑扬尘

图 1-16　建筑施工排水污染

致心血管疾病、过敏反应和免疫系统问题等。根据测算，每增加 3~4m^2 施工量，全市空气颗粒物（TSP）将平均增加 1μg/m^3。

建筑行业中资源消耗量相对巨大。建筑业用水约占淡水供应总量的 17%，而回收利用率仅为西方发达国家的 25%，建筑施工污水排放如图 1-16 所示。建筑能耗随着工程量增加及建筑舒适度要求提高也迅速增长，目前已经与工业能耗和交通能耗并列中国三大“能耗大户”。据中国建筑节能协会能耗统计专委会的《中国建筑能耗研究报告》可知，2010 年 ~2020 年的十年间，建筑业能耗值从 6.39 亿 t 增长至 22.7 亿 t 标准煤，占全国能源消费总量的比重也从 17% 增长至 46%。

综上所述，当前中国建筑业总体能耗偏高，施工过程中使用大量水泥、砂石、钢材等原材料，消耗大量的水、电、煤炭等能源，给环境保护带来巨大压力。

据相关统计，近年来建筑行业某些企业开始采用建筑工业化建造方式，与传统建造方式相比可减少用水量约 80%，减少材料浪费约 20%，减少建造垃圾约 80%，综合节能可达 70% 以上，建筑后续维护费用降低约 95%；施工场地占用减少，土地利用率提高；如采用新型建材和革新技术还可以减少生活垃圾、废水和有害气体的排放，有利于保护环境，节约资源能源，提高生态效益。

针对建筑节能环保要求，图 1-17 规定了四类建筑（节能建筑、低能耗建筑、超低能耗建筑和近零能耗建筑）的相关规范及节能环保要求。

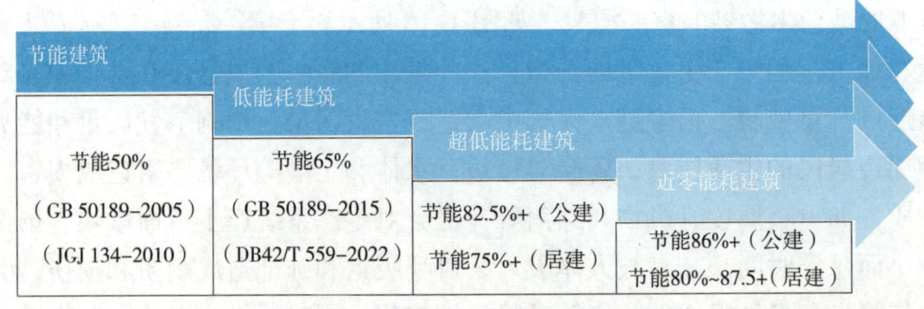

图 1-17　建筑节能环保相关规范及要求

1.1.3 工业化和信息化的升级改造要求

随着工业革命在世界各国范围内蓬勃发展，城市建设巨大需求、建筑技术快速进步以及工业技术升级等极大地推动了社会进步，使得工业化生产相关技术正在向建筑业领域拓展。

当前，中国建筑业面临较多问题亟待解决，生产效率正成为可持续发展的瓶颈所在，向发达国家取经，将传统人工方式转变为建筑工业化生产和施工，在提高劳动生产率、降低环境污染、提高建筑垃圾回收利用率等方面均有较大优势，如图 1-18 和图 1-19 所示。法国采用预应力装配式混凝土框架体系，装配率可达 80%，瑞士大约 80% 的住宅均采用标准化通用部件建造，而美国住宅的标准化率已经接近 100%。与目前沿用的现浇方式相比，工业化建造方式使得钢材节约 20%，节水约 80%，施工模板可减少约 85%，脚手架用量可减少约 50%，节能约 70%，同时还能减少建筑垃圾约 83%，节省人工约 20%~30%，缩短工期约 30%~50%。由此可见，工业化的发展要求将加速建筑业的转型升级。

图 1-18 预制构件工厂

图 1-19 建筑装配式施工

数字化和信息化是中国建筑业实现转型升级的必由之路。20 世纪 50 年代中国建筑业曾经采用过建筑工业化生产方式，但现阶段的建筑工业化与当初已经不可同日而语，主要表现在产业现代化的全面提升，包括装配化、信息化、标准化、绿色化和设计施工一体化，着重强调信息化与建筑工业化的深度融合。1999 年英国政府工作报告中就已经提出预计在五年内应用信息化技术使建筑业总体节约 30% 项目成本；德国提出了著名的工业 4.0 概念，其主要观点是将信息技术为特征的新型工业化作为未来全球国家工业竞争力的核心。以数字化和信息化为基础带动建筑工业化的发展战略，是改造和提升传统建筑行业的一个突破点，也是中国建筑从目前“建造大国”走向未来“建造强国”的必经之路。因此，国家相关部门、高校、科研院所和企业正在协同大力发展计算机、控制、网络、通信、信息识别、系统集成和信息安全等新技术，并积极推进 BIM、大数据、云计算、移动互联网、物联网、人工智能及 3D 打印、VR/AR、数字孪生、区块链等技术在建筑业中的应用。图 1-20 是苏州现代传媒广场 BIM 相关模型。

二维码 1-2
未来建筑数字产业园

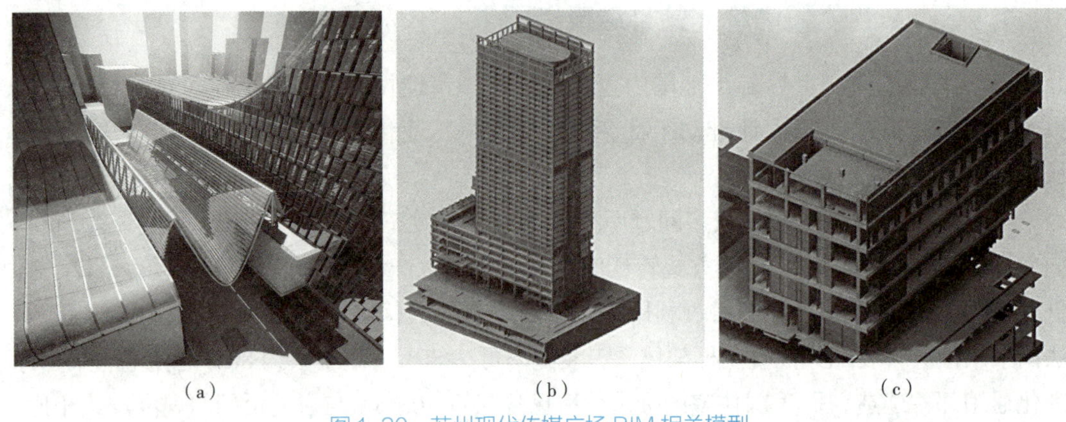

图 1-20　苏州现代传媒广场 BIM 相关模型

(a) 建筑外观细部模型；(b) 酒店楼模型；(c) 商业楼模型

1.2　建筑工业化的基本概念和内涵

建筑工业化（Building Industrialization）的概念最早出现在20世纪40年代末，第二次世界大战（以下简称二战）结束后，英国、法国、苏联等卷入战争国家为尽快解决战后国民住房问题，开始在住房建设体制、设计和建造等方面进行工业化探索，而中国最早在20世纪50年代初也相应提出发展建筑工业化，迄今已走过70多年的曲折发展历程。

1974年联合国在《政府逐步实现建筑工业化的政策和措施指引》文件中指出，“建筑工业化是指按照大工业生产方式改造建筑业，使之逐步从手工业生产转向社会化大生产的过程”，其途径是结合现代科学技术，通过设计标准化、生产工厂化、施工机械化和管理科学化等措施提高建筑业的劳动生产率，降低成本并提高质量。

1978年国家建委明确了建筑工业化的概念，即“用大工业生产方式来建造工业和民用建筑”，并提出“建筑工业化以建筑设计标准化、构件生产工业化、施工机械化以及墙体材料改革为重点”。

1995年我国《建筑工业化发展纲要》文件中将建筑工业化具体定义为“从传统的以手工操作为主的小生产方式逐步向社会化大生产方式过渡，即以技术为先导，采用先进、适用的技术和装备，在建筑标准化的基础上，发展建筑构配件、制品和设备的生产，培育技术服务体系和市场的中介机构，使建筑业生产、经营活动逐步走上专业化、社会化道路”，其目的是“确保各类建筑最终产品特别是住宅建筑的质量和功能，优化产业结构、加快建设速度、改善劳动条件、大幅度提高劳动生产率，使建筑业尽快走上质量效益型道路，成为国民经济的支柱产业”，其基本内容是“采用先进、适用的技术、工艺和装备，科学合理地组织施工，发展施工专业化，提高机械化水平，减少繁重、复杂的手工劳动和湿作业；发展建筑构配件、制品、设备生产并形成适度的规模经营，为建筑市场提供各类建筑使用的系列化的通用建筑构配件和制品；制定统一的建筑模数和重要的基础标准（模数协调、公差与配合、合理建筑参数、连接等），合理解决标准化和多样化的关系，建立和完善产品标准、工艺标准、企业管理标准、工法等，不断提高建筑标准化水平；采用现代管理方法和手段，优化资源配置，实行科学的组织和管理，培育和发展技术市场和信息管理系统，适应发展社会主义市场经济的需要"，但该时期的建筑工业化进展较为缓慢，很快被"住宅产业化"所取代。

2011 年纪颖波教授在《建筑工业化发展研究》中将建筑工业化定义为"以构件预制化生产、装配式施工为生产方式，以设计标准化、构件部品化、施工机械化为特征，能够整合设计、生产、施工等整个产业链，实现建筑产品节能、环保、全生命周期价值最大化的可持续发展的新型建筑生产方式"，重点强调预制装配和可持续发展；2013 年叶明等对建筑工业化做出新的诠释，将信息化和可持续发展纳入建筑工业化中，认为"新型建筑工业化是指采用标准化设计、工厂化生产、装配化施工、一体化装修和信息化管理为主要特征的生产方式，并在设计、生产、施工、开发等环节形成完整的有机产业链，实现房屋建造全过程的工业化、集约化和社会化，从而提高建筑工程质量和效益，实现节能减排与资源节约"；2015 年狭义的"装配式建筑"表述基本取代了建筑工业化，装配式建筑得到进一步研究和发展。2016 年王俊等提出"建筑工业化是指采用减少人工作业的高效建造方式，并以'四节一环保'及提高工程质量为目标的建筑业发展途径。建筑工业化的实施手段主要有标准化、机械化、信息化等。建筑工业化的建造方式主要包括传统作业方式的工业化改进，如泵送混凝土、新型模板与模架、钢筋集中加工配送、各类新型机械设备等；装配式建筑，如新型装配式混凝土结构、钢结构体系与工业化的外墙及内墙墙板结合、新型木结构等；建筑、精装、厨卫等非结构技术。新型建筑工业化，主要是针对目前国家与建筑业的新形势，继续推广优势技术、产品与作业方式，开发新领域、满足新需求"，上述定义跳出了装配式建筑的狭义范围，使得建筑工业化的范畴进一步扩大。

李忠富等总结建筑工业化的概念，"建筑工业化是指通过工业化、社会化大生产方式取代传统建筑业中分散的、低效率的手工作业方式，实现住宅、公共建筑、工业建筑、城市基础设施等建筑物的建造。即以技术为先导，以建筑成品为目标，采用先进、适用的技术和装备，在建筑标准化和机械化的基础上，发展建筑构配件、制品和设备的生产和配套供应，大力研发推广工业化建造技术，充分发挥信息化作用，在设计、生产、施工等环节形成完整的有机的产业链，实现建筑物建造全过程的工业化、集约化和社会化，从而提高建筑产品质量和效益，实现节能减排与资源节约"。

建筑工业化的内涵随时代的发展而变迁，目前主要称之为"新型建筑工业化"，其主要内涵如下：

1）新型建筑工业化是行业生产方式的一次深刻变革，是以科技进步为依托，以提高质量、效益和竞争力为核心的工业化。长期以来，建筑业都属于劳动密集型行业，重度依赖投资拉动和低劳动力成本，科技研发投入比例偏低，生产效率低，质量和安全问题却屡见不鲜。在新时期传统生产模式已难以为继，走新型建筑工业化发展道路是一条必由之路。

2）新型建筑工业化是将工业化生产、信息化赋能充分融合的现代工业化。借助数字信息技术的数据共享、协同工作、专业任务等多种能力，与建设标准化、机械化和集约化等相结合，促进各阶段各主体之间共享资源，避免行业间不协调，提高精细化程度、生产效率和工程质量。同时在生产管理中充分运用精益建造、物流与供应链管理等新型管理方式，可以提高生产效率。

3）新型建筑工业化是实现社会化大生产的现代工业化。建筑业正逐渐从传统粗放小生产方式逐步向工业化、社会化大生产方式过渡，其突出特点是专业化、协作化和集约化，充分符合了社会化大生产的要求。

4）新型建筑工业化最终目标是生产成品房屋或部分部品部件成品化。房屋主要包含主体结构、围护系统、内装系统和机电管线系统四大部分，目前除了主体结构还在继续完善当中，其余部分基本已经实现成品化。

5）新型建筑工业化必须满足绿色节能低碳的环保要求。当今世界，人类面临着人口过多、能源消耗大、环境污染持续等现状，各国都已经深刻认识到环保的重要性，因此要求建筑工业化过程中要时刻以环保为基本要求，最大限度地节约相关资源，为子孙后代留下健康适用的房屋。

6）新型建筑工业化是广义包容式的工业化，不仅仅是指狭义的“装配式建筑”，采用工业化方式提高现浇建筑的效率和质量也是新型建筑工业化的具体体现。

1.3 国内外建筑工业化的发展历程

由于历史及文化背景差异，世界各国的建筑工业化发展道路存在一定差异性。欧洲具有悠久的建造经验和设计理念，由于二战的影响，欧洲各国住宅需求量激增，导致各国开启了住宅产业化进程，从而引发了住宅建设领域的一场深刻变革——建筑工业化，其中尤其以法国、苏联、丹麦、瑞典等国家的建设过程最具特点，亚洲国家中日本较早开展了符合其国情的工业化住宅体系建设，美国则由房车文化逐渐演变为住宅工业化。以下按照不同时代介绍典型国家的建筑工业化发展过程，其优势和弊端可为中国当下的建筑工业化发展提供借鉴意义。

1.3.1 工业化和机械化为特征的建筑工业化 1.0 时代

第一次世界大战结束后，欧洲各国政府开始着手复苏经济。一方面，工程基础设施遭到战争破坏而损失严重，另一方面，伴随着第二次工业革命的蓬勃发展，大量人口开始向大城市集中，因此建筑业迫切需要一种新型建造方式，类似于工厂中生产汽车一样，能够在短期内建造满足使用要求的大量住宅、办公楼、工厂和公共基础设施等，同时所需行业劳动力较少。因此导致利用工业化和机械化对建筑进行工厂预制并现场快速拼装成为解决问题的有效思路。

1. 英国：伦敦 1851 年世界博览会主展馆水晶宫

1849 年，英国政府预期在两年后即 1851 年举办一届规模宏大的世界博览会，邀请各国参展，并决定在海德公园南侧兴建一座大型临时展馆建筑，用于彰显英国工业革命的先进成果，为此博览会组委会向众多著名建筑师征集主展览馆设计方案，但由于深受古典建筑设计理念影响，欧洲的建筑师们均提供了古典方案，无法满足既能显示巨大展览空间又能在开幕式之前按期建成的双重要求，同时为避免破坏公园现有树木，组委会负责人（维多利亚女王的丈夫艾伯特亲王）最终采纳了约瑟夫·帕克斯顿（皇家园艺师）的应急方案即“水晶宫”（Crystal Palace）设计方案，见图 1-21，利用英国先进的工业化技术，创造性地将花房式框架玻璃结构运用到建筑设计之中，在工厂用铸铁预制柱梁，在玻璃厂预制玻璃，分别运到现场进行装配，仅仅几个月就按期完成了展馆建设，最终同时解决了大空间和工期短的工程难题，同时公园内的树木没有进行大的改动，仍保持原貌在水晶宫内茁壮成长。这座原计划仅为展品提供展示空间的巨大场馆，却意外成为首届世博会上最为成功的展品，创造了建筑史上的奇迹。

图 1-21　英国伦敦 1851 年世界博览会主展馆水晶宫

2. 法国：《走向新建筑》与工业化居住单元、埃菲尔铁塔与自由女神像

法国的现代建筑大师勒·柯布西耶提出类似汽车、轮船等工业产品一样在工厂成批生产房屋，其经典著作《走向新建筑》号召建筑师要像工程师一样将住宅设计为机器，主张用机器逻辑思维精神来满足人类居住实用要求，并大力提倡采用工业化方式来大规模建造住宅，强调实现“功能性”与“经济性”的组合，为工业化住宅理论和居住机器理论奠定基础。在此期间，工厂化生产和机械化施工的建筑工业化概念开始初步形成，

图 1-22 勒·柯布西耶的代表建筑作品萨伏伊别墅

并在战后重建和恢复经济等方面发挥了重要作用，标准化建筑模式也极大地促进了国际的建筑产品交流与合作。与此同时，初期建造技术还不够成熟，管理相对也略显粗放，建造成本偏高，市场化条件不到位，整体基本尚处于政府主导、企业参与模式，图 1-22 萨伏伊别墅是勒·柯布西耶的代表建筑作品。

埃菲尔铁塔（Eiffel Tower）是法国巴黎的标志性建筑之一，也是世界上最著名的建筑之一，如图 1-23 所示。为纪念法国大革命 100 周年，法国政府计划在 1889 年举行巴黎世博会，并于 1884 年发起了一项纪念塔的国际竞赛，要求高塔能吸引参观者买票参观，同时世博会后能轻易拆除，最终由古斯塔夫·埃菲尔领导的设计方案脱颖而出，成为胜出者。在建造过程中，埃菲尔铁塔面临了许多技术和工程上的挑战。首先是如何将巨大的铁件运送到工地。为了解决这个问题，工程师们设计了一种特殊的电梯系统，可以将铁件从地面运送到塔顶。其次是如何将铁件连接在一起，以确保整个结构的稳定性。工程师们采用了一种独特的铆接技术，将铁件牢固地连接在一起。最后是如何保护铁件免受腐蚀的影响。工程师们使用了一种特殊的涂层，以防止铁件受到氧化和腐蚀。埃菲尔铁塔的建造过程非常艰辛，但最终取得了巨大的成功。1889 年 3 月 15 日，埃菲尔铁塔正式对公众开放，并成为巴黎的象征，每年吸引着数百万的游客。

自由女神像（Statue of Liberty）位于美国纽约自由岛，是法国在美国建国 100 周年之际赠送一尊代表自由民主的雕像，该雕像身着古希腊服饰，头戴冠冕，七道尖芒象征七

（a）

（b）

图 1-23 法国巴黎埃菲尔铁塔

（a）埃菲尔铁塔第一级建造过程；（b）埃菲尔铁塔现状

（a）

（b）

（c）

图 1-24　美国纽约自由女神像

（a）法国组装过程；（b）内部钢骨架；（c）内部构造

个大洲。右手高举象征自由的火炬，左手捧着美国《独立宣言》；脚下是打碎的手铐、脚镣和锁链，象征着挣脱暴政的约束和自由，如图 1-24 所示。

雕塑于 1876 年开始建造，1886 年竣工。自由女神像并不是一般人印象中的石头雕像，其底座由钢筋混凝土制作，高 45m；上部雕塑通体都是金属制成，高 46m，钢铁（120t）为骨架，铜片（80t）为外皮，采用铆钉（30 万只）固定在钢铁支架上，总重达 225t。建筑师约维雷勃杜克和法国工程师埃菲尔（以建造巴黎埃菲尔铁塔闻名于世）合作设计了雕像内部的钢铁支架，并在巴黎加工制作并组装调试，再拆散装箱，用了七十二节火车车皮，最后再搭乘军舰运往美国纽约进行组装。雕塑外部因氧化已呈绿色，而内部依旧保持铜的本色，支撑金属外壳的内部铁带在 1986 年被不锈钢取代，以防止腐蚀。自由女神像是世界上最早的装配式钢结构金属幕墙工程。

1.3.2　标准化和模块化为特征的建筑工业化 2.0 时代

20 世纪 50 年代后期，随着各国经济的迅速崛起，迎来了第三次工业革命，为建筑工业化的发展提供了良好的经济和技术条件，在此阶段标准化和模块化理念开始形成，技术体系逐渐完善，建造手段不断创新，建筑工业化具备了良好的市场化基础，进入了高速发展期。

1. 苏联：五年计划与赫鲁晓夫楼

1954 年，在赫鲁晓夫当政时期，为缓解突出的住房危机社会矛盾，苏联在五年政府计划当中提出以最短时间和最低成本来改善居民的住房条件。效仿法国“廉价社会住宅”的样板楼，苏联时任领导人赫鲁晓夫责令建筑师开发一种可以快速重复的简易住宅建造模式“赫鲁晓夫楼”，使其成为“全世界的典范”，如图 1–25 所示，建筑物大部分采用钢筋混凝土结构，预制构件以低成本统一规格的标准件在工厂流水线生产，以统一的工业化的方式建造，类似复制、粘贴，初期层数统一五层，随着需求增长，高度最高达到十六层。

（a）

（b）

图 1–25　苏联赫鲁晓夫楼

（a）赫鲁晓夫楼建造过程；（b）仍在使用的赫鲁晓夫楼

“赫鲁晓夫楼”使居民从战后的临时住所（如地下室、工棚、危房和合住房）中乔迁到新居，解决了莫斯科大量居民的居住问题，但随着时代的变迁，社会发展与人民对舒适生活理解产生了矛盾与冲突，在 20 世纪 90 年代这种小户型逐渐被抛弃，在 1996 年，莫斯科开始大规模拆除“赫鲁晓夫楼”，而今成为被淹没的历史。

2. 法国：马赛公寓与加拿大蒙特利尔栖息地 67 号住宅

随着时代的发展，装配式建筑建造方法日趋成熟，但大部分建筑最终效果相对却较为粗糙，而法国马赛公寓和加拿大蒙特利尔 67 号住宅这两栋建筑代表了这一时期技术与艺术结合的典范。

1952 年，勒·柯布西耶主持建造的能够容纳 1600 人的大型单体公共居住社区——马赛公寓大楼（Marseilles Apartment）落成投入使用，这座建筑被称为“垂直花园城市”，是当时世界上首个集购物、娱乐、生活和聚居的场所，其中的“居住单位”是组成现代城市的基本单位，理想现代化城市就是由“居住单位”和“公共建筑”所构成的，体现了建筑工业化和城市规划的先进思想。马赛公寓长 165m，宽 24m，高 56m，如图 1–26（a）所示，地面层的架空层用来停车和通风，架空支柱下细上粗，每组双柱形成梯形，混凝土表面不做装饰并留有模板木纹和接缝，彰显粗犷风格；上层有 17 层，其中 1~6 层和 9~17 层是居住层，可供 1600 人居住，提供 23 种类型住户单元，可满足各类人群差异化的居住需求，其中大部分房间采用跃层式布局，设置楼梯进行上下连接；每三层设置公共通道方便上下交通。

（a）

（b）

图 1-26　建筑工业化中技术与艺术结合的典范建筑

（a）法国马赛公寓；（b）蒙特利尔栖息地 67 号住宅

加拿大蒙特利尔市获得 1967 年世博会的主办权，为彰显“人与世界”的主题，组委会决定建造一个能够展示现代城市房屋生态、环保、经济发展趋势的新型住宅小区，最终建筑师摩西·萨夫迪的设计方案入选，该小区被命名为栖息地 67 号（Habitat67），如图 1-26（b）所示，该住宅小区由 354 个预制“盒子”构成，厨房和卫生间也同时采用预制模块。栖息地 67 号最大创新之处在于完全采用“三维模数建造系统”进行设计，并将花园式住宅与高层公寓各自的优势进行结合，既展现了立方体坚固特点，又表现出错综复杂形态，户户都有花园和阳台，兼顾了隐私性与采光性，指明未来住宅人性化、生态化的发展方向。

3. 美国：纽约帝国大厦、费城社会岭公寓

帝国大厦（Empire State Building）是美国纽约的地标建筑物之一，于 1931 年竣工，102 层，高度 381m，如图 1-27 所示，主体采用装配式钢结构，外墙采用石材幕墙，由于采用工业化装配式工艺，每天有超过 3400 名工人现场参与施工，工期仅为 410 天，

（a）

（b）

（c）

图 1-27　美国纽约帝国大厦

（a）钢结构安装过程；（b）建造过程；（c）现状

平均 4 天一层楼，在当时是非常了不起的工程奇迹。建造期间，建筑工人们使用了一种名为“浮动式脚手架”的创新技术，这种技术使得建筑工人们能够在建筑物的外墙上工作，而不需要在地面上建造脚手架。帝国大厦在建成后，成为世界上最高的建筑物，保持世界最高建筑的地位长达 40 年。今天，帝国大厦仍然是纽约市的标志性建筑之一。

1851 年水晶宫的建造一般被认为是现代建筑的问世时间，但长达 100 多年的时间里，装配式建筑主要是以狭义的钢结构为主，直到 20 世纪 50 年代以后混凝土结构才渐渐走上装配式建筑的舞台，其中著名华裔建筑师贝聿铭先生设计的费城社会岭公寓（Society Hill Towers）是典型优秀建筑代表，该建筑于 1964 年建成，如图 1–28 所示，是一个代表性的旧城改造项目，由 3 座装配式混凝土高层建筑组成，利用装配式技术的模块化、高效率优势，大幅度降低了成本，成为解决城市人口居住问题的代表作之一。

（a）

（b）

图 1–28　美国费城社会岭公寓

（a）装配式混凝土建筑；（b）建筑细部

4. 澳大利亚：悉尼歌剧院

悉尼歌剧院（Sydney Opera House）位于澳大利亚悉尼市，1959 年动工建造，由于建造施工存在较大难度，工期延期十年，更换了建筑师，预算超支 14 倍，最终 1973 年正式投入使用，成为澳大利亚地标式建筑，并入选世界文化遗产。

为保证建筑优美造型，建筑师拒绝采用多支柱承重顶板和轻钢结构等形式，而坚持采用混凝土浇筑工艺，但壳体现浇技术在当时的科技水平无法实现，从弯曲的橘子皮获得灵感，使得混凝土预制件开始在建筑业兴起，但当时的技术水平无法解决构件拼合精度问题，六年内设计团队对 12 种不同方式建造“曲面薄壳”的方法进行了反复尝试，终于取得成功，即在一个同心圆上将所有巨大球形屋顶直接切割出来，并采用模具浇筑出不同长度的圆拱，然后将若干圆拱段排列形成球形剖面，如图 1–29 所示。著名建筑商

（a）

（b）

图 1-29 澳大利亚悉尼歌剧院

（a）预制混凝土薄壳；（b）施工过程

Hornibrook Group Pty Ltd 预制了 2400 件预制肋骨和 4000 件屋顶面板，屋顶面板在地面预先组合装配，并采用钢缆将装配好的预制构件拉紧拼合，最终组装成型。

悉尼歌剧院采用了装配式集成设计体系，地板均采用四根螺栓固定的混凝土预制部件，方便拆卸，并为埋置在地板下面管线的维修改造提供方便，这在当时属于首创。值得注意的是，悉尼歌剧院没有安装空调系统，而是直接采用附近的海水维持恒温系统。通过材料学、建筑学、设计学和工程学等方面的完美表现，悉尼歌剧院成为人类建筑史上将建筑与结构完美结合的杰出建筑代表。

5. 日本:《推动住宅产业标准化五年计划》

二战之后，日本经济开始复苏并逐渐进入高速增长期，大量乡镇人口涌入大城市，使得住宅出现短缺，并逐渐演变成社会重点关注问题。20 世纪 50 年代中期日本政府开始支持企业进行产业化住宅的开发和推广，1969 年出台了《推动住宅产业标准化五年计划》，逐渐开展了建材、设备、制品标准、住宅性能标准、材料安全标准等方面研究，促进了住宅产品的标准化工作。20 世纪 70 年代初，日本住宅的部件尺寸和功能标准均已形成固定的标准体系，企业按照标准体系生产的部品部件和构件在施工现场是完全通用的，做到了"像生产汽车一样制造房屋"。与此同时，日本还建立了优良住宅部品认定制度，可以对住宅部品的质量、安全性、耐久性等进行细致的综合审查。20 世纪 90 年代后，日本住宅 1418 类通用部件已取得"优良住宅部品认证"。

通过机器预制建筑部品部件，并形成标准化体系，确保施工安装的全过程精确化，日本住宅产业化的成功范例成为世界建筑业学习的对象，图 1-30 为日本的装配式建筑。

1.3.3 信息化与产业化为特征的建筑工业化 3.0 时代

20 世纪末期，住宅产业逐渐开始注重功能性和多样性，美国、日本、丹麦、法国为其中的典型代表。21 世纪初期是信息化的萌芽时代，CAD、BIM、Internet 和通信等软件

（a）

（b）

图 1-30　日本的装配式建筑

（a）东京中银舱体大楼；（b）东京塔建造过程

和技术广泛应用于装配式建筑领域，展现了建筑工业化的高效、集成和节能，并逐渐个性化和风格化，有力地促进了装配式建筑体系的完善，并逐渐形成了“通用体系”“开放式建筑”“百年住宅”等概念，使得装配式建筑具备了现代产业化生产条件。

1. 富勒和“富勒球”

发明“富勒球”的巴克敏斯特·富勒是美国一名没有取得专业执照的著名建筑师，关于建筑、人类、地球、宇宙的思想超越时代，影响深远，其中短线程穹顶、整体张拉概念、索穹顶等至今仍处于结构工程研究前沿。他致力于推动装配式结构构件工业化生产，同时发明了金属空间结构穹顶，其代表性作品如图 1-31 所示。在富勒的推动下，美国建筑工业化发展下的预制装配式房屋变得更加社会化、商品化和专业化。

2. 美国纽约迷你公寓

美国纽约模块化微型公寓——迷你公寓项目（Carmel Place），如图 1-32 所示，该公寓由 55 个预制单元组成，每个单元层高 10 英尺，面积 370 平方英尺，建造意图是为人口逐年激增的纽约市中低收入青年人提供经济可负担的简易住所。项目采用预制装配式，所有构件、部件和设备均在工厂预制，现场进行组装，保证建造质量的同时，极大地提升了建设速度。

3. 新加坡保障房制度

作为地少人多的发达国家，新加坡的土建行业严重依赖外部劳动力，为此政府制定了易建性强制性规范和大量奖励性计划来推动企业节省劳动力、提质增效，装配式房屋

（a）

（b）

图 1-31　富勒的装配式建筑作品

（a）蒙特利尔国际博览会美国馆；（b）北极圈雷达站

（a）

（b）

（c）

图 1-32　美国纽约迷你公寓

（a）单体工厂装配过程；（b）迷你公寓吊装；（c）迷你公寓现状

（简称组屋）完美地契合了政府多快好省地建设保障性住房的需求，亦因政府对“居者有其屋”住房保障政策数十年如一日的坚持而在新加坡彻底普及。20 世纪 90 年代初期，装配式住宅在新加坡已经具有一定的规模，12 家大型预制企业每年的营业额达到了 1.5 亿新币，占到建筑业总额的 5% 左右。至 20 世纪 90 年代后期，组屋建设已进入全构件预制阶段。

目前新建组屋的装配率已经超过了 70%，部分已经达到 90% 以上，常规的预制构件主要包括混凝土梁、柱、剪力墙、预应力叠合楼板等承载构件，以及楼梯、外墙、内墙、电梯墙、管道井、水箱、空调板、垃圾槽等部品部件，并形成了一套完整且可复用的预制系统。仰赖于组屋作为保障性住房户型标准化程度高、建设量大（最高时可占全年建筑业产值总额的一半）的特点，项目的设计和建造时间得以压缩，预制构件厂模板生产的成本得以降低，装配式建筑的优势得到最大限度的发挥，图 1–33 为新加坡装配式建筑。

(a)

(b)

图1-33 新加坡装配式建筑
(a)新加坡箱体模块化建筑;(b)交织大楼

1.3.4 节能化与智能化为特征的建筑工业化 4.0 时代

2013 年汉诺威工业博览会（HANNOVER MESSE）上德国正式推出工业 4.0 的概念，核心目的是持续保持和提升德国在工业领域的竞争力，保障其在新一轮世界范围内工业革命进程中占得先机。工业 4.0 在建筑工业化领域的具体表现为：居住环境和生活质量更高标准的要求，使得发达国家的装配式建筑向以人为本、低碳环保、智能化和智慧化等方向发展，并与新一轮工业革命进程同步发展。在工业 4.0 时代，随着 BIM 数字化技术日趋完善，设计将重新处于行业主导地位，同时 3D 打印技术已经初步实现房屋的自主建造，设计将彻底摆脱模数限制，未来的建筑行业可能被完全颠覆。

1. 德国：慕尼黑 Innbau 混凝土预制构件工厂

Innbau 混凝土预制构件生产公司是德国水泥和混凝土生产的著名企业，如图 1-34 所示，其成立于 1971 年，至今已有超过 50 年的历史，工厂拥有先进的自动化生产线，主

(a)

(b)

图1-34 慕尼黑 Innbau 混凝土预制构件工厂
(a)全自动化工厂;(b)清扫拆模划线置模一体化智能机械手

要生产叠合楼板、预制楼梯、预制阳台、叠合剪力墙、特殊构件等预制构件，是德国最先进的混凝土产品生产企业之一。

Innbau 现代数字化工厂由 Prilhofer 咨询公司精心规划设计，构件设计和生产管理分别使用 Nemencheck 和 bauBIT 软件，工厂自动化程度非常高，钢筋流水线与 PC 流水线无缝对接，施工图数据与生产管理数据全面交互，主控计算机可以直接导入设计数据，自动管理设备的自动化生产，车间生产区域按工序分别布置，呈立体作业方式，工厂有 6 个工人和 8 个模台，日产 1000m^2，合理规划厂区布局实现了半自动化的高效生产。其生产的预制楼板和双面墙在德国市场占有很高份额，目前在中国市场已有成功的项目。

2. 荷兰：Landscape House

2013 年，以神奇的莫比乌斯环为设计灵感和原型，荷兰建筑事务所 Universe Architecture 基于 3D 打印技术建造了“没有起点亦没有终点”的建筑——Landscape House，如图 1–35 所示，该建筑的天花板与地板连成一体并相互轮换，通过扭曲空间给参观者带来奇妙的视觉体验。

（a）

（b）

图 1–35 荷兰 Landscape House

（a）建筑整体；（b）建筑局部

目前世界各国都在以通用构件为基础大力开发新型装配式结构体系，逐步寻求更加低碳化、个性化、绿色化的装配体系。瑞典新建住宅中通用部品部件的使用率已达到 80%，与传统住宅相比，每单位建筑面积新建住宅能耗降低了 25% 以上。丹麦将建筑模数进行法治化，并通过构件标准化减少消耗。日本将欧洲先进的 PC 技术经验进行产业化和规模化，并已经开始向深层次技术体系过渡。美国预制混凝土研究协会（Precast Concrete Institute，简称 PCI）积极推广和应用装配式结构体系，在主体系统和围护系统（外墙）上充分实现了构件大型化和预应力技术相结合，构件之间的连接得到了极大的优化，显著减少了生产制作和施工安装的工作量，推动装配式建筑的标准化、工业化和经济化。目前，大部分发达国家均已经制定了较为完善的预制装配式技术相关规范，如美国的工业化住宅建设和安全标准（National Manufactured Housing Construction and Safety

Standards，简称 HUD），相关科研专家获得政府的资金支持进行深入开发，推进装配式建筑向低碳、环保和绿色方向发展。

1.3.5 中国建筑工业化的发展历程

中国自古代以来就产生了装配式结构的雏形，以“秦砖汉瓦”为代表的砌体结构体现了装配式结构最原始的基本概念。浙江余姚河姆渡文化遗址群中出土的木构榫卯是世界考古迄今为止发现的最早期的预制装配式建筑构件，即最初的“装配式建筑”，并一直传承至今。

现代意义上的中国建筑工业化总体包括发展初期、起伏波动期、恢复提升期三个阶段，目前正处于大力发展期的第四阶段。以下以中华人民共和国成立初期 14 个“五年计划”进行划分，建筑工业化发展特点见表 1-2。

中华人民共和国 14 个“五年计划”建筑工业化发展特点汇总表　　表 1-2

发展阶段	五年计划	年份区间	发展特点	备注
发展初期	第 1 个	1953~1957	建立工业化初步基础；学习苏联，主要为多层砖混	1956 年提出“三化”
	第 2 个	1958~1962	初步实现预制装配化	—
	第 3/4 个	1966~1975	短暂停滞	—
起伏波动期	第 5 个	1976~1980	震后停滞	1978 年提出“四化、三改、两加强”
	第 6/7 个	1981~1990	学习东欧的装配式大板结构；出现现浇体系，装配式质量下滑，再次出现停滞	新型建材（部品化）诞生
	第 8 个	1991~1995	预制装配式建筑前所未有的低潮；预制工厂关闭	《装配式大板居住建筑设计和施工规程》JGJ 1—1991；1995 年出台《建筑工业化发展纲要》
恢复提升期	第 9 个	1996~2000	“住宅产业化”代替“建筑工业化”成为建设部大力发展的方向；多样化（市场化），国家启动康居示范工程；进入新发展阶段	1996 年首次提出“迈向住宅产业化新时代”；出台国务院办公厅 72 号文件；成立建设部住宅产业化促进中心；出台《住宅产业现代化试点工作大纲》
	第 10 个	2001~2005	研究产业化技术；现浇混凝土和预制混凝土构件相结合；产品、部品发展	吸收引进国外技术；国家住宅产业化基地试行建立住宅性能认定制度，2005 年出台《住宅性能评定技术标准》
	第 11 个	2006~2010	现浇体系占主导；企业研发装配式体系；各类试点项目	2006 年出台《国家住宅产业化基地试行办法》；国家住宅产业化基地正式运行
	第 12 个	2011~2015	保障房试验田，装配式建筑快速发展；各地出台政策和标准规范；企业积极性高涨	3600 万套保障房建设目标
建筑工业化大力发展期	第 13 个	2016~2020	发展新型建造方式，大力推广装配式；积极稳妥推广钢结构；倡导发展现代木结构	《关于进一步加强城市规划建设管理工作的若干意见》（中发〔2016〕6 号）
	第 14 个	2021~2025	推进建筑工业化、数字化、智能化升级，加快建造方式转变，推动建筑业高质量发展，打造具有国际竞争力的“中国建造”品牌	2020 年住房和城乡建设部等 9 部门联合印发《关于推动智能建造与建筑工业化协同发展的指导意见》

1. 中国建筑工业化的发展初期

“一五”到“四五”计划期间，中国建筑工业化建造经验主要向苏联学习，应用领域从工业建筑、公共建筑逐步过渡到量大、面广的住宅建筑。

1955 年中国面临工业化建设体系初建任务，当时的建工部在借鉴苏联经验基础上第一次提出要大力发展建筑工业化。1956 年国务院发布了《关于加强和发展建筑工业的决定》文件，文件指出，为从根本上推进中国的建筑工业化进程，必须有步骤地实现建筑机械化和工业化施工，完成对建筑业的工业技术改造，逐步向建筑工业化过渡。这一时期建筑工业化的基本特征是实现“三化”，即设计标准化、构件生产工厂化和施工机械化。在“一五”结束时，全国已经建立了 70 家以上的混凝土预制构件厂，楼梯、门窗等部品部件基本上实现了预制化；标准化设计是本时期另一个重点任务，建设部门编制了相应的专业标准和规范，为后续的建筑工业化发展奠定了坚实基础。

1957 年 ~1965 年中国建筑工业化初步实现了预制装配化，1958 年北京建成国内首栋装配式 2 层大板住宅，但此时期建筑工业化的技术手段及建筑形式较为单一，技术相对简单，作业方式体现为半机械化和改良工具相结合、现场施工和工厂预制化相结合、现场预制和现场浇筑相结合。

1966 年 ~1975 年中国建筑工业化进程产生了短暂停滞，建造标准有所降低。江苏建筑科学研究院和广西建筑科学研究院等机构研制了混凝土空心大板住宅工艺，装配化程度较高，为建筑工业化从工业建筑延伸到民用建筑提供基础。

发展初期，城市基础设施和住房的大规模建设需求客观上积极推动了建筑工业化的快速发展，既展现了预制装配技术的优越性，又节约了建筑材料和能耗。工业建筑方面，苏联援建的 153 个基建项目中大部分是预制装配式混凝土结构，工业化建造程度较高，但墙体仍为手工砌筑黏土砖。居住建筑方面，空心楼板标准化程度最高，构件厂采用机组流水法将混凝土构件在振动台上振筛，并通过蒸汽养护成型，推动了预制技术的突飞猛进。欧洲先进的工业化技术也被积极地引进国内，例如北京引进了德国的预应力空心楼板相关制造机，在长线台座上实现了混凝土的浇筑、振捣、成型（空心）和抽芯等多道工序。

同期，从墙材革新角度产生的预制装配墙体也得到了大力发展，如北京的振动砖墙板、粉煤灰矿渣混凝土内外墙板、内板外砖体系（大板和红砖结合），上海的硅酸盐密实中型砌块，哈尔滨的泡沫混凝土轻质墙板等。

2. 中国建筑工业化的起伏波动期

“五五”到“八五”计划期间，中国建筑工业化经历了停滞、低潮发展、再停滞、又重新提上日程的起伏波动期。

1976 年唐山地震中砌体结构房屋大部分发生了倒塌破坏，造成巨大的生命和经济财产损失，暴露出传统装配式结构抗震性能较差的致命缺陷。此时期多层无筋砌体是城市住宅的主要结构体系，黏土小型砖砌筑承重墙，同时大部分采用了预制空心混凝土楼板，梁则采用砂浆直接放置于砌体墙上，但存在支承长度不够、砌体墙内无配筋、水平方向缺少拉结钢筋等问题，结构抗震性能较差，使得建筑工业化产生了一段停滞阶段。

唐山地震后，行业内开始对现存建筑进行抗震加固，北京和天津等地采用竖向构造柱和现浇圈梁结合形成框架对砌体房屋进行加固，并针对不同地区划分了抗震设防烈度，并在规范中规定高烈度区必须采用现浇板（严禁使用预制板），低烈度区则需在预制板周围设置现浇圈梁，板的缝隙用砂浆灌实并添加拉结钢筋，增强结构整体性。

改革开放后，当时国家建委召开了建筑工业化相关会议，总结前期经验基础上提出了“四化、三改、两加强”措施，其中“四化”即房屋建造体系化、制品生产工厂化、施工操作机械化和组织管理科学化；“三改”即改革建筑结构、改革地基基础和改革建筑设备；“两加强”即加强建筑材料生产和加强建筑机具生产；上述相关措施更加注重建筑工业化的体系化和科学化管理，促使全国各省市均开始加快组建产业链，并采用标准化设计促进了一批大板建筑和砌块建筑的相关项目落地。与此同时，墙体改革也在逐渐深入，中国新型建筑材料总公司、北京新型建筑材料厂等企业先后成立，同时引入石膏板、岩棉等新型建材。

20 世纪 80 年代初期，国内引进了现浇施工并开发了预拌混凝土技术，极大地提升了结构抗侧力性能，技术体系主要包含内浇外砌、内浇外挂和大模板全现浇等，较好地解决了装配式建筑抗震性能相对较差的主要缺陷，并且逐渐向高层建筑结构体系推广。除了抗震性能的原因外，装配式建筑大多采用标准模块，难以满足多样化和个性化的建筑平立面需求；同时当时大量进城务工人员进城工作，为现场施工作业提供了低成本的廉价劳动力；木模、钢模、脚手架的普及更好地推动了现浇结构体系的大规模应用，上述原因综合后使得现浇体系替代装配体系更好地满足大规模建设需求。

从另一方面来看，当时建筑业尚处于计划经济体制下，总体来说相关企业尚缺乏技术创新动力，防水、冷桥、隔声等质量问题日益突出；同时，当时建设规模巨大，并且住宅个性化需求较高，现浇替代装配式成为当时的应用技术体系，导致装配式建筑的发展骤然止步。

3. 中国建筑工业化恢复提升期

“九五”到“十二五”期间，由于建筑能耗和环境污染等问题的陆续出现，使得装配式建筑重新被重视并呈上升发展态势。

1994 年国家“九五”科技计划“国家 2000 年城乡小康型住宅科技产业示范工程”中相对系统地制定了中国住宅产业化科技工作的框架。

1995 年建设部《建筑工业化发展纲要》中定义了工业化建筑体系，主要是指房屋产品生产完整的过程，具体包括设计、生产、施工和组织管理等全过程，明确结构体系主要为框架和剪力墙，施工类型主要为预制装配式、工具模板式以及现浇与预制相结合式等。同时，住宅商品房的大量需求催生了房地产市场，建筑工业化呈现了向大规模住宅产业化方向发展。“住宅产业化”代替了“建筑工业化”成为建设部主推方向。

1996 年建设部《住宅产业现代化试点工作大纲》中提出利用约 20 年时间分三阶段推进住宅产业化，并组建了住宅产业化促进中心，具体推进和指导住宅技术进步和产业现代化工作；1999 年国务院办公厅转发建设部等部委《关于推进住宅产业现代化，提高住宅质量的若干意见》文件，明确了推进住宅产业现代化的指导思想、主要目标、工作重点和实施要求等。

"十五"期间，中国引进和吸收国外先进技术并自主开发，推广试点项目，建筑产品得到了长足发展。2001 年成立国家住宅产业化基地，2005 年出台《住宅性能评定技术标准》。

"十一五"期间，2006 年建设部出台《国家住宅产业化基地试行办法》，通过产业化基地建设来带动住宅产业化发展。以深圳万科为代表的一批房地产开发企业开始全面提升大板体系，2008 年万科两栋装配式剪力墙住宅诞生，预制装配整体式结构体系开始发展。

"十二五"期间住房和城乡建设部确定了 3600 万套保障房建设目标，保障性安居工程开始进入大规模建设时期，住宅产业化呈现大规模增长。与此同时，各级政府密集出台了相关国标、行标和地标，各地预制构件厂重新开启建设。2013 年国家发展改革委、住房和城乡建设部联合发布《绿色建筑行动方案》，密集推出关于推广装配式建筑的政策文件，具体在发展规划、标准体系、产业链管理、工程质量等多方面做出明确要求。

在建造体系方面建筑工业化发展历程如下：2002 年《高层建筑混凝土结构技术规程》JGJ 3—2002 开始实施，鉴于预制混凝土楼板、预制混凝土外墙板节点处理较为复杂，同时整体性较差，规程采用现浇板替代预制板，推动了预拌混凝土和机械化现浇施工，提高结构整体性和抗震安全性，改变了建筑工业化即为预制装配式的狭义概念，证实建筑工业化中也可以采用现浇混凝土。

现浇体系实现建筑工业化的途径主要是推进设计标准化、模板标准化和多样化、商品混凝土及泵送技术、钢筋连接技术、建筑制品标准化和施工全过程机械化等，同时实现了大模板现浇剪力墙等成套技术，同时也拉动了商品混凝土、工具式模板、泵送设备和相关产业的发展。现浇技术同样也存在一些问题：劳动力用工成本随经济发展快速提升而导致出现用工荒；噪声、排水、扬尘等施工现场环境污染日益得到社会高度重视；施工质量通病长时间难以得到根除；可持续发展主题对传统建筑业提出了转型升级要求。因此，以装配式为特征的新型建筑工业化再次被行业关注，国家及各地均密集出台一系列技术与经济政策，制定了明确的发展规划和目标，明确提出要推动装配式建筑，涌现了大量龙头企业，并建立一批装配式建筑试点项目。

4. 中国建筑工业化高速发展期

随着大型复杂装备制造能力与建造技术的日趋成熟，根据建筑业绿色可持续发展的远景需求，近年来中国建筑工业化迎来高速发展时期。

二维码 1-3
智能建造

1）在国家层面大力推广装配式建造方式

2016 年国务院《关于进一步加强城市规划建设管理工作的若干意见》

标志着将推广装配式建筑正式提升到国家发展战略高度，文件强调须大力推广装配式建筑，建设国家级装配式生产基地，加大政策支持力度，力争用约10年时间使装配式建筑占新建比例达30%。文件同时提出了装配式建筑的发展目标，即工业化建造取代手工方式，通过工厂化精细生产提高构件质量，现场装配式提高施工速度，使中国建筑业真正进入可质量回溯、可规模化控制时代。文件同时指出应积极稳妥推广钢结构，并倡导发展现代木结构。

2015年《工业化建筑评价标准》GB/T 51129—2015出台，定义工业化建筑为标准化设计、工厂化生产、装配化施工、一体化装修和信息化管理，但其中的“装配化施工”推行过程遇到困难，经过多次修订后，2017年推出替代版的《装配式建筑评价标准》GB/T 51129—2017，明确用装配式建筑代替了工业化建筑，进入了推广装配式建筑的热潮。

2017年住房和城乡建设部出台《“十三五”装配式建筑行动方案》，到2020年左右，目标一是全国装配式建筑占新建比例达15%以上，重点推进地区达20%以上，积极推进地区达15%以上，鼓励推进地区达10%以上；目标二是培育装配式建筑示范城市50个左右，装配式建筑产业基地200个以上，装配式建筑示范工程500个以上，建设装配式建筑科技创新基地30个以上，充分发挥示范引领和带动作用。

2018年全国政府工作报告中进一步强调要大力发展钢结构和装配式建筑，加快标准化建设，提高建筑技术水平和工程质量。以京津冀、长三角、珠三角城市群为重点大力推广装配式建筑，10年左右使装配式建筑占新建比例达到30%。

2）在行业层面进行多种建造方式探索

装配式建造方式和现浇式建造方式均为建筑工业化的实现途径。目前中国还处于装配式建筑初期阶段，从各地落地情况来看，与现浇式建造方式相比，装配式建造方式目前在资源利用、进度控制、质量控制、成本控制等方面的优势还不够明显。

同时现浇式建造方式在技术积累方面已经进行了有效的变革，逐渐取消了与建筑工业化本意相悖的相关做法，如模板与钢筋现场加工，耗费大量的人力物力，产生大量的建筑垃圾等，积极研发推广新型模板与脚手架技术、钢筋集中加工配送体系、大型集成化施工化施工平台等技术，减少现场劳动作业量和对环境的影响，实现现浇体系的工业化改造。

现浇建造方式实现建筑工业化的代表工程包含：碧桂园SSGF建造体系（图1–36）、万科“5+2+X”建造体系（图1–37）、中建三局空中造楼机（图1–38）和中建八局“六化”现浇结构工业化模式（图1–39）等。以中建八局为例，通过对现场施工工艺和装备进行工业化改造，提出“六化”模式，即材料高强化、钢筋装配化、模架工具化、混凝土商品化、建造智慧化和部品模块化，上海浦东惠南镇民乐大型居住社区二期房建工程、上海国际航空服务中心X–1地块项目等为典型示范项目。

钢结构天然即为工业化预制装配式结构，由于国内钢铁产能过剩，政府鼓励使用钢材，大力推广钢结构建筑。山东建筑大学教学实验综合楼（图1–40）为中国首个钢结构装配式被动式超低能耗建筑（中德合作），同时是山东省首批被动式超低能耗绿色建筑示范工程。

图 1-36 碧桂园 SSGF 建造体系

图 1-37 万科“5+2+X”建造体系

图 1-38 中建三局空中造楼机

图 1-39 中建八局“六化”现浇结构工业化模式

（a）

（b）

图 1-40 山东建筑大学教学实验综合楼

（a）双冷源温湿分控调节系统；（b）实景图

在各项政策的大力支持下，研发单位、房地产开发企业、施工企业、高校等均在积极研发与探索新型建筑工业化结构体系和相关技术，推动了中国建筑工业化的进一步发展。

1.4 本章小结

本章对建筑工业化的产生背景进行分析，指出了传统建造方式存在的突出问题，以及土建行业当前绿色节能环保的可持续发展要求以及工业化和信息化的升级改造要求，同时阐述了建筑工业化的基本概念和内涵，总结了国外建筑工业化的四个发展时代，同时对中国建筑工业化的发展历程进行详细讨论，指明了未来的发展方向。

思考与习题

1-1 传统建筑业目前存在哪些问题？为何要进行建筑工业化？

1-2 建筑工业化在解决当前中国建筑业转型升级过程中具有哪些潜在的优势？

第2章

建筑部品部件的模块化与信息化

建筑部品部件的分类

主体结构系统的部品部件

外围护系统的部品部件

内装系统的部品部件

机电设备与管线系统的部品部件

混凝土部品部件的拆分与模块化

预制装配式混凝土结构体系

装配式混凝土结构的拆分设计简述

装配式混凝土结构的连接方式

夹心保温外墙板外围护系统

陶粒混凝土内隔墙板内装系统

建筑工程部品部件的编码与信息化

标准化部品编码的意义

标准化部品编码的原则

类目代码和类型代码

扫码识别技术

装配式剪力墙结构实践案例

——深圳裕璟幸福家园

全周期低碳示范项目

——苏州城亿绿建3号综合楼项目实践

二维码2-1
第2章　教学课件

本章要点

1. 掌握建筑部品部件的分类方法；
2. 掌握混凝土部品部件的拆分原理和模块化技术；
3. 掌握建筑部品部件的编码规则和扫码识别技术。

教学目标 

1. 学习和理解建筑部品部件的定义和分类原则，培养学生的创新思维，激发对建筑工业化相关部品部件的兴趣；

2. 清楚并了解装配式混凝土构件的分类、连接方法和编码识别技术，能够根据装配式建筑的特点和环境条件进行合理的选择；

3. 能举例说明装配式结构的应用实例，培养学生的批判思维，能够全面评估装配式建筑的优势和不足。

案例引入 

装配式古建筑——山西应县木塔

应县木塔，位于山西朔州应县，建于公元1056年，是国内现存最高、年代最久远的木构塔式建筑，为全国重点文物保护单位，与意大利比萨斜塔、巴黎埃菲尔铁塔并称“世界三大奇塔”，见图2-1和图2-2，塔高67.31m，底层直径30.27m，平面呈平面八角形，采用红松木料3000m^3，2600多吨，纯木结构、无钉无铆。

图2-1　山西应县木塔透视图

图2-2　山西应县木塔实景图

木塔是典型的装配式木结构建筑，卯榫结合，刚柔相济，平面采用内外相套的两个八角形，分内外两槽，之间分别有地袱、栏额、普柏枋和梁、枋等纵横向相连接，构成刚性双层套筒式结构，抗倒塌性能得以增强。木塔外观为五层但实际为九层，每两层间设有暗层，外面看是斗拱平座结构，里面看却是结构层，建筑处理极为巧妙。历代加固中又在暗层内增加了许多弦向和经向斜撑，组成了类似于现代的框架或桁架结构，增强了木塔抗震性能。斗拱为中国古建筑特有结构形式，将梁、枋、柱连成一体，但斗拱间不是严格的刚性连接，外荷载作用下斗拱间产生一定的相对位移和摩擦，使其抗侧力性能异常突出。应县木塔拥有近六十种形态各异、功能有别的斗拱，是中国古建筑中使用斗拱种类最多，造型设计最精妙的建筑，堪称一座斗拱博物馆。

值得我们思考的是：

（1）除了木结构装配式建筑，还有哪些类型的装配式建筑？

（2）各类装配式建筑适用于哪些范围，最常用的是哪类？

（3）装配式混凝土结构的构件之间是如何连接的？

2.1 建筑部品部件的分类

使用现代生产技术将建筑工程所需的各种构件（板、梁、柱、墙等构件或屋盖、整体卫生间、整体厨房等）实现大批量工厂化预制生产，并运输到施工现场进行快速积木式装配，实现工厂预制现场装配，上述各种预制生产的构件（如外挂墙板、保温墙、预制板、叠合板、叠合梁、预制楼梯等）即可称为建筑的部品部件。

房屋按照建筑工程各部分属性分类，可分为主体结构系统、外围护系统、内装系统、机电设备与管线系统四部分；按照建筑材料分类，可分为混凝土结构、钢结构、木结构、砌体结构和组合结构等；按照结构受力体系分类，可分为排架、框架、剪力墙、框架－剪力墙、筒体结构等。

2.1.1 主体结构系统的部品部件

以混凝土结构预制构件为例，目前大体可分为以下八类，具体包括楼板、剪力墙板、外挂墙板、框架墙板、梁、柱、复合构件、其他构件等，但随着开发的深入并不限于此，详见表 2-1。

常用预制混凝土构件分类　　表 2-1

类别	编号	名称	混凝土装配整体式结构				混凝土全装配式结构				
			框架	剪力墙	框剪	筒体	框架	薄壳	悬索	单厂	无梁板
楼板	LB1	实心板	●	●	●	●	●				

续表

类别	编号	名称	混凝土装配整体式结构				混凝土全装配式结构				
			框架	剪力墙	框剪	筒体	框架	薄壳	悬索	单厂	无梁板
楼板	LB2	空心板	●	●	●	●	●				
	LB3	叠合板（半预制半现浇）	●	●	●	●					
	LB4	预应力空心板	●	●	●	●	●	●	●		●
	LB5	预应力叠合肋板（半预制半现浇）	●	●	●	●					
	LB6	预应力双 T 板		●						●	
	LB7	预应力倒槽形板									●
	LB8	空间薄壁板						●			
	LB9	非线性屋面板						●			
	LB10	后张法预应力组合板					●				
剪力墙板	J1	剪力墙外墙板		●							
	J2	T 形剪力墙板		●							
	J3	L 形剪力墙板		●							
	J4	U 形剪力墙板		●							
	J5	L 形外叶板		●							
	J6	双面叠合剪力墙板		●							
	J7	预制圆孔墙板		●							
	J8	剪力墙内墙板		●	●						
	J9	窗下轻体墙板	●	●	●	●	●				
	J10	各种剪力墙夹芯保温一体化板		●							
外挂墙板	W1	整间外挂墙板（有窗 / 无窗 / 多窗）	●	●	●	●	●				
	W2	横向外挂墙板	●	●	●	●	●				
	W3	竖向外挂墙板（单层 / 跨层）	●	●	●	●	●				
	W4	非线性外挂墙板	●	●	●	●	●				
	W5	镂空外挂墙板	●	●	●	●	●				
框架墙板	KI	暗柱暗梁墙板	●	●	●						
	K2	暗梁墙板		●							
梁	L1	梁	●		●	●	●				
	L2	T 形梁	●				●			●	
	L3	凸梁	●				●			●	
	L4	带挑耳梁	●				●			●	
	L5	叠合梁	●	●	●	●					
	L6	带翼缘梁	●				●			●	

续表

类别	编号	名称	混凝土装配整体式结构				混凝土全装配式结构				
			框架	剪力墙	框剪	筒体	框架	薄壳	悬索	单厂	无梁板
梁	L7	连梁	●	●	●	●					
	L8	叠合莲藕梁	●		●	●					
	L9	U 形梁	●		●	●				●	
	L10	工字形屋面梁								●	
	L11	连筋式叠合梁	●		●	●					
柱	Z1	方柱	●		●	●					
	Z2	L 形扁柱	●	●	●	●	●				
	Z3	T 形扁柱	●	●	●	●	●				
	Z4	带翼缘柱	●	●	●	●	●				
	Z5	跨层方柱	●		●	●				●	
	Z6	跨层圆柱								●	
	Z7	带柱帽柱	●							●	
	Z8	带柱头柱	●					●	●		
	Z9	圆柱							●	●	
复合构件	F1	莲藕梁	●		●	●					
	F2	双莲藕梁	●		●	●					
	F3	十字形莲藕梁	●		●	●					
	F4	十字形梁 + 柱	●		●	●					
	F5	T 形柱梁	●		●	●					
	F6	草字头形梁柱一体构件	●		●	●			●		
其他构件	Q1	楼梯板（单跑 / 双跑）	●	●	●	●	●	●	●	●	●
	Q2	叠合阳台板	●	●	●	●					
	Q3	无梁板柱帽								●	
	Q4	杯形基础							●	●	●
	Q5	全预制阳台板	●	●	●	●	●				
	Q6	空调板	●	●	●	●	●				
	Q7	带围栏阳台板	●	●	●	●	●				
	Q8	整体飘窗		●							
	Q9	遮阳板	●	●	●	●	●				
	Q10	室内曲面护栏板	●	●	●	●	●	●	●	●	●
	Q11	轻质内隔墙板	●	●	●	●	●	●	●	●	●
	Q12	挑檐板	●	●	●	●					
	Q13	女儿墙板	●	●	●	●					
	Q13-1	女儿墙压顶板	●	●	●	●					

2.1.2 外围护系统的部品部件

外围护系统是指由建筑外墙、屋面、外门窗及其他部品部件等组合而成，用于分隔建筑室内外环境的部品部件的整体总称。

外围护系统按照建筑部位可分为屋盖、墙体、屋盖墙体一体化三大维护系统；按照结构功能可分为承重外围护、非承重外围护系统；按照材料可分为水泥基、木、金属和玻璃维护系统；按照集成方式可分为门窗、保温、装饰和多功能四大一体化系统；按照立面关系可分为整间板、条板、跨层板、多跨板等系统；除上述构件之外，还包括飘窗、预制阳台、遮阳板等构件。图 2-3 给出装配式建筑外围护系统总概括。

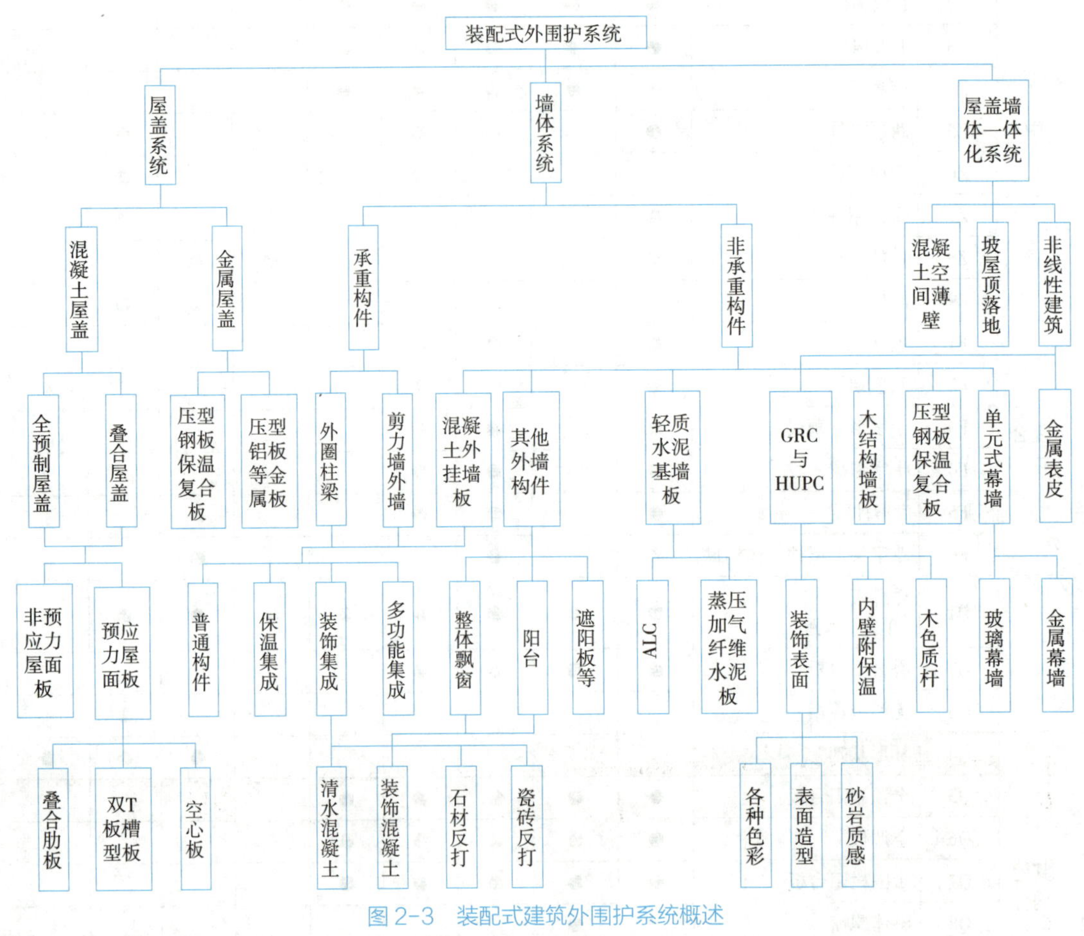

图 2-3 装配式建筑外围护系统概述

2.1.3 内装系统的部品部件

内装原仅指建筑内部装修部分，但随着时代变迁及科技发展，其概念逐渐扩展至建筑内部部品如隔墙、设备以及管线等，因其量大面广、易于产业化而得到迅速发展，目前已经在住宅、办公楼、商场、酒店等各类建筑中被广泛应用。

内装工业化是指在建筑内部空间装修的过程中，应用标准化、模数化、精细化等先进设计技术，大量采用工厂化生产的部品与成品通用材料，综合运用干法施工与装配方式，并由产业工人按照标准工艺与工法完成内装施工的模式。与传统装修相比，内装工业化具有诸多优势：

1）干法施工与装配方式广泛应用，施工效率得到提高，减少传统施工中大量湿作业，减少建筑材料浪费和现场建筑垃圾产生。

2）现场专业人员的管理规范化，工人按照标准工艺进行作业，减少了由人工作业导致的质量问题，提升了内装品质。

3）部品部件在工厂制作生产，有效解决施工误差，全面保证产品质量和性能，有助于产业化发展。

4）采用架空层布线与集中管井等方法，避免传统装修将管线埋设到结构构件内所造成的安全隐患，降低了后期维护和改造的难度。

以百年住宅体系为例，其所采用的内装部品体系如图 2-4 所示。

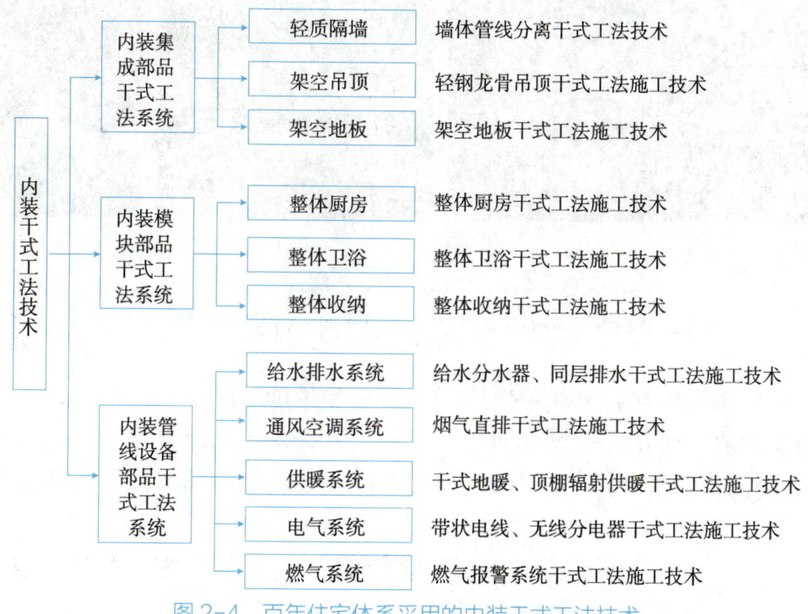

图 2-4 百年住宅体系采用的内装干式工法技术

1. 内装集成部品

内装集成部品是指采用干法施工并由工厂批量化生产的部品以及设备、管线等集成装配而成的单元。在保证满足使用功能的前提下，集成化部品更易于工厂生产或装配施工。内装集成部品主要包括轻质隔墙、架空吊顶和架空地板等，如图 2-5 所示。

2. 内装模块部品

内装模块部品是由系列化、标准化部品所组成的满足住宅建筑相关功能的通用单元。其实质上是由小型部品集成为大型部品的过程，体现出大型化、单元化的发展趋势。

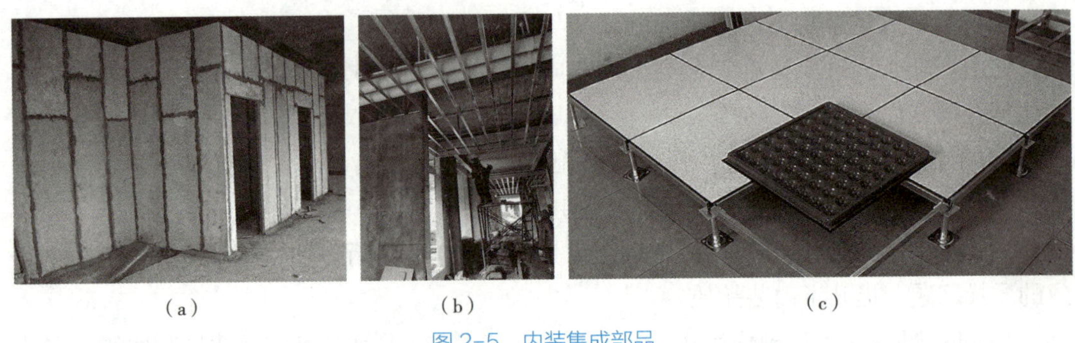

图 2-5　内装集成部品

（a）轻质隔墙；（b）架空吊顶；（c）架空地板

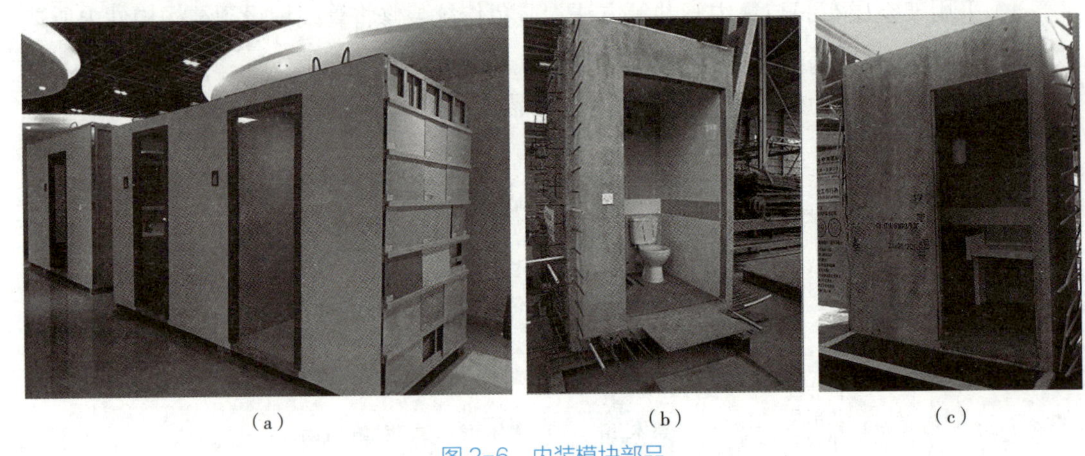

图 2-6　内装模块部品

（a）整体卫浴；（b）独立预制卫生间；（c）独立预制厨房

小型部品是标准化具体控制对象，模块部品则是小型部品的组合。模块部品通用单元可大幅提升部品价值，简化部品设计和订购流程，并提供丰富组合选择，有效解决部品之间连接问题并提升住宅内装质量。内装模块部品主要包括整体卫浴、整体厨房和整体收纳等，如图 2-6 所示。

2.1.4　机电设备与管线系统的部品部件

机电与管线安装工程涵盖工业、民用、公用工程中的各类设备、电气、给水、排水、供暖、通风、消防、通信及自动控制系统及管线的安装，施工活动覆盖设备采购、安装、调试、试运行和竣工验收等各阶段，最终以满足建筑物的使用功能为目标，图 2-7 为工程中常见的内装管线设备部品。

机电与管线安装工程实现工业化具有以下特点：

1）大部分设备和管线已实现工厂预制，但和理想化的工厂制作、装配施工以及模块安装流水线工序存在较大差距，原因是设计方案不完善和施工方式落后。

2）专业工种众多，存在诸如交叉施工、综合布线、管线碰撞等施工问题，需要工业化方式对各专业施工进行有序协调。

3）民用住宅机电安装工程中管道工作量相对较大，但各楼层给水排水、电气、暖通等方案基本相同，有利于管道工厂化预制及机电安装工业化的实践与推广。

4）安装工程技术要求较高，相关工人属于特殊工种且当前尚处于缺乏状态，人工成本较高。

内装管线是实现建筑正常使用性能的关键环节，传统内装施工中管线需要在结构中预埋，其维护检修相对不便。内装工业化则是将管线敷设于架空地板下，以及内置于吊顶或内隔墙中，同时可将强电箱和弱电箱隐藏在门厅柜里，满足功能和美观要求。

（a）

（b）

图 2-7 内装管线设备部品

（a）给水排水及通风系统；（b）地暖系统

2.2 混凝土部品部件的拆分与模块化

2.2.1 预制装配式混凝土结构体系

以混凝土结构为例，表 2-2 为常见的装配式混凝土建筑结构体系。

装配式混凝土建筑结构体系 表 2-2

序号	名称	定义	说明
1	框架结构	由梁、柱为主要构件共同承受竖向和水平作用的结构体系	适用于多层和小高层办公建筑，应用广泛
2	框架－剪力墙结构	由梁、柱和剪力墙共同承受竖向和水平作用的结构体系	适用于高层办公建筑
3	剪力墙结构	由连梁连接的剪力墙组成的承受竖向和水平作用的结构体系	适用于高层住宅建筑，应用广泛
4	框支剪力墙结构	底部若干层为框架，上部剪力墙直接落在下层框支梁上，由框支梁将荷载传至框架柱的结构体系	适用于底部大空间商业、上部住宅的商住一体临街建筑
5	墙板结构	由墙板和楼板组成承重体系的结构。有剪力墙结构和暗柱暗梁的框架板结构	适用于低层、多层住宅建筑

续表

序号	名称	定义	说明
6	筒体结构（密柱单筒）	由密柱框架形成的空间封闭式的筒体	适用于高层和超高层办公建筑
7	筒体结构（密柱双筒）	内外筒均由密柱框筒组成的结构	适用于高层和超高层办公建筑
8	筒体结构（密柱+剪力墙核心筒）	外筒为密柱框筒，内筒为剪力墙组成的结构	适用于高层和超高层办公建筑
9	筒体结构（束筒结构）	由若干个筒体并列连接为整体的结构	适用于高层和超高层办公建筑
10	筒体结构（稀柱+剪力墙核心筒）	外围为稀柱框筒，内筒为剪力墙组成的结构	适用于高层和超高层办公建筑
11	无梁板结构	由柱、柱帽和楼板组成的承受竖向与水平作用的结构	适用于商场、停车场、图书馆等大空间建筑
12	单层厂房结构	由混凝土柱、轨道梁、预应力混凝土屋架或钢结构屋架组成承受竖向和水平作用的结构	适用于工业厂房建筑
13	空间薄壁结构	由曲面薄壳组成的承受竖向与水平作用的结构	适用于大型公共建筑
14	悬索结构	由金属悬索和预制混凝土屋面板组成的屋盖体系	适用于大型公共建筑、机场体育场等

2.2.2 装配式混凝土结构的拆分设计简述

1. 拆分设计原则

1）符合标准规范和政策要求的原则：拆分设计应当依据国家、行业和地方制定的相关标准和规程妥善制定，同时也需要满足地方政府规定的如三板比例等装配式建筑具体政策。

2）全过程多专业协同原则：兼顾使用功能、艺术效果、结构合理、制作、运输和安装环节的可行性和便利性等，同时需要考虑经济性和各环节约束条件，并应当在多专业技术人员协作下完成。

3）结构合理性原则：应综合考虑结构受力特点，构件连接选在应力较小部位切应避开塑性铰位置，尽量统一并减少构件规格，相邻构件拆分应协调一致。

4）符合制作、运输和安装环节约束条件原则：考虑工厂起重能力、生产线尺寸、运输限高限宽限重、道路路况、现场起重机等能力限制等综合制定拆分构件大小。

5）经济性原则：应进行多方案比较和优化，给出技术和经济上双重可行的拆分设计，尽可能减少构件规格。

2. 拆分设计内容及图纸

拆分设计主要内容包括拆分边界确定、连接设计和预制构件设计。

拆分设计图主要包含拆分设计总说明、拆分布置图、连接节点（或梁间）图和构件制作图。

目前拆分设计主流软件包括 PKPM、Tekla、All Plan、盈建科、探索者易装配等。

2.2.3 装配式混凝土结构的连接方式

1. 连接位置

目前工程中常用的预制装配式混凝土结构体系主要包括框架结构、剪力墙结构。对于框架结构来说，连接位置可位于节点处或梁间；连接位于节点处，优点是便于预制构件工厂标准化生产、堆放和运输，但节点受力和施工相对复杂，且施工质量难以保证等同现浇；连接也可位于梁间，优点是简化施工且具有良好受力性能，但不易于工厂标准化生产，同时堆放和运输占用较大空间。对于剪力墙结构来说，连接位置一般位于剪力墙底部或中间。

2. 连接方式

预制装配式结构中最为核心的技术即为连接方式，常见连接方式一般分为湿式连接和干式连接两大类。

1）湿式连接：连接位置采用水泥基灌浆料或混凝土与钢筋现浇结合形成的连接方式，其核心是钢筋的直接连接，常见如套筒灌浆、浆锚搭接、机械套筒连接、注胶套筒连接、绑扎连接、焊接、锚环钢筋连接、钢索钢筋连接、后张法预应力连接等，适用于装配整体式混凝土结构的连接。同时，湿式连接还包括预制构件与现浇接触界面的构造处理，如键槽和粗糙面等，以及型钢螺栓连接等其他方式的辅助连接。

2）干式连接：连接位置采用金属进行连接，过程中不采用湿作业，常见如螺栓连接、焊接和搭接等，适用于全装配式混凝土结构的连接，以及装配整体式混凝土结构中的外挂墙板等非主体结构构件的连接。

图 2-8 为预制装配式混凝土结构的常见连接方式一览。

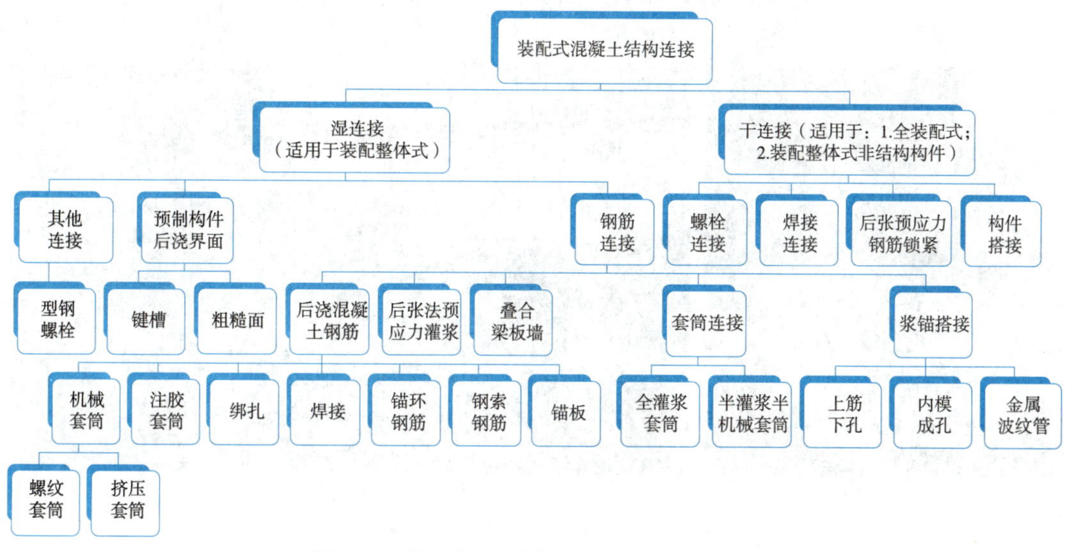

图 2-8 装配式混凝土结构常见连接方式一览

3. 钢筋套筒灌浆连接

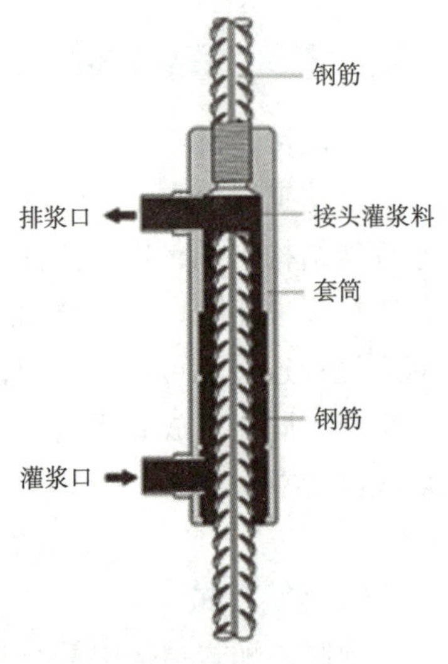

图 2-9　半套筒灌浆接头

装配整体式混凝土结构中最为成熟且应用最多的一种连接方式，由美籍华裔科学家余占疏博士于 1960 年提出，迄今已经有 60 多年历史，在各国实际工程中得到了广泛应用，并真实经受住了多次实际地震考验。

套筒灌浆连接的工作原理如图 2-9 和图 2-10 所示：将需要连接的带肋钢筋插入金属套筒内对接，在套筒内注入高强、早强且具有微膨胀特性的灌浆料，灌浆料在套筒筒壁与钢筋之间形成较大正向应力，在带肋钢筋的粗糙表面产生较大摩擦力，由此传递钢筋的轴向力。

以柱子为例进行介绍，如图 2-11 和图 2-12 所示，下端柱（现浇或预制均可）向上伸出预埋钢筋，上端柱（预制）底部对应位置预先埋置套筒，上端柱的钢筋插入到套筒上部一半位置，套筒下部一半空间预留给下端柱的钢筋插入，上端柱中套筒对准下端柱伸出钢筋进行安装，使下端柱伸出钢筋插入套筒，与上端柱的钢筋形成对接。然后通

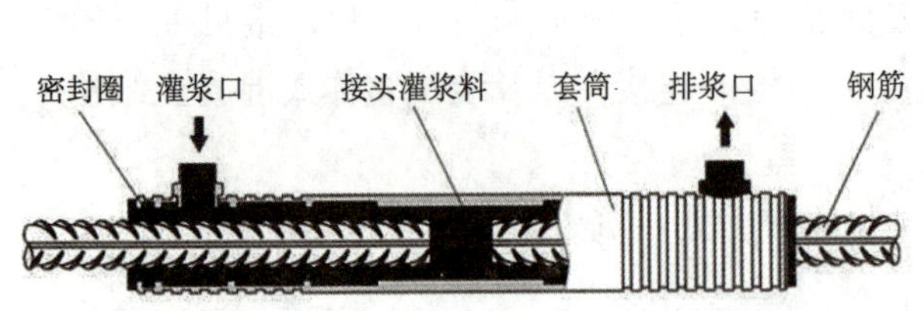

图 2-10　全套筒灌浆接头

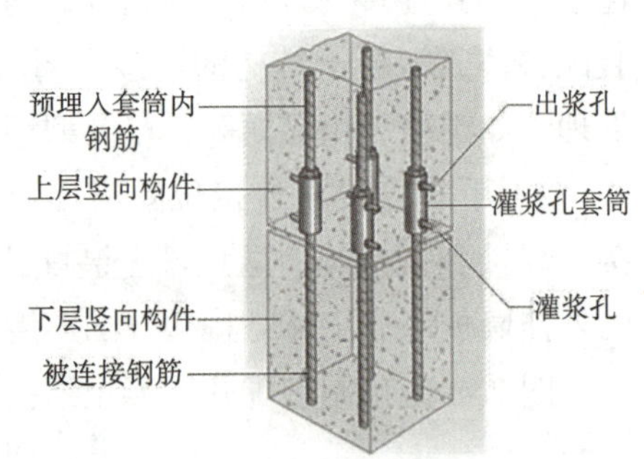

图 2-11　框架柱连接示意图

（a）

（b）

图 2-12　预制混凝土框架柱连接

（a）上下端柱子对接；（b）灌浆过程

过套筒灌浆口注入压力灌浆料，使套筒内充满灌浆料，最后使用橡皮塞将溢浆孔逐个堵住，直至所有钢套管灌满灌浆料时停止灌浆。

在欧洲、北美和日本等地，钢筋套筒灌浆连接技术已经出台了成熟标准，并进行了大量工程应用。国内也进行了大量的试验研究，主要集中于柱、剪力墙等竖向构件。《装配式混凝土结构技术规程》JGJ 1—2014 对套筒灌浆连接的设计、施工和验收等提出了具体要求，《钢筋连接用套筒灌浆料》JG/T 408—2013、《钢筋连接用灌浆套筒》JG/T 398—2019、《钢筋套筒灌浆连接应用技术规程》JGJ 355—2015（2023 年版）等相关行业标准也为套筒灌浆的推广应用提供了技术依据。

4. 钢筋浆锚搭接

两个预制构件之间预留孔道，将预制构件的外伸钢筋深入预留孔道内，在钢筋与孔道壁之间灌注专用灌浆料，从而形成钢筋浆锚搭接方式，其搭接构造又具体分为螺旋箍筋浆锚搭接（图 2–13a）和金属波纹管浆锚搭接（图 2–13b），主要用于剪力墙竖向分布钢筋（非主要受力钢筋）的连接。

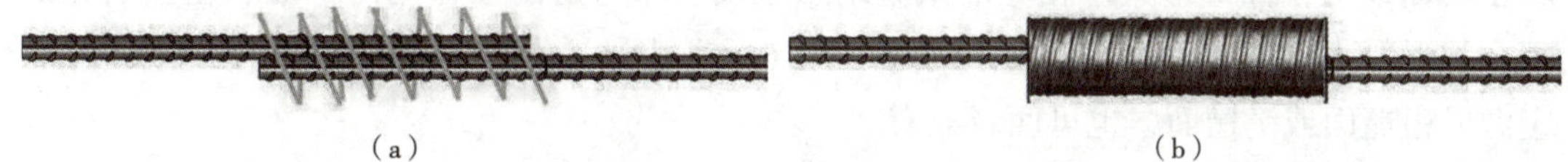

（a）　　（b）

图 2–13　钢筋浆锚搭接

（a）螺旋箍筋浆锚搭接；（b）金属波纹管浆锚搭接

螺旋箍筋浆锚搭接：在接头范围内预埋螺旋箍筋，并与构件钢筋同时预埋在孔道模板内；通过抽芯方式制成带肋孔道，并通过预埋 PVC 软管制成灌浆孔与排气孔，用于后续灌浆作业；将不连续钢筋伸入孔道后，从灌浆孔采用压力法灌注专用灌浆料；不连续钢筋通过灌浆料、混凝土与预埋钢筋形成搭接连接，如图 2–14 所示。

（a）

（b）

图 2–14　螺旋箍筋浆锚搭接

（a）叠合压光面板处理粗糙面；（b）叠合梁端部模具形成键槽

金属波纹管浆锚搭接连接：在预制构件模板内预埋金属波纹管形成孔洞，波纹管与预埋钢筋紧密贴合并绑扎固定；波纹管在高处向模板弯折至构件表面，形成灌浆料灌注口；将不连续钢筋伸入波纹管后，从灌注口向管内灌注专用灌浆料；不连续钢筋通过灌浆料、金属波纹管及混凝土与预埋钢筋形成搭接连接接头。

5. 后浇混凝土

装配整体式混凝土结构中一种重要的连接方式。在装配式结构中，基础、首层、裙楼和顶层等部位一般可采用现浇方式，相应的混凝土可称为“现浇混凝土”；预制构件安装后，在预制构件连接区或叠合层现场浇筑的混凝土则称之为“后浇混凝土”。

钢筋连接是后浇混凝土连接节点最重要的环节。后浇区钢筋连接方式包括：机械（螺纹）套筒连接，注胶套筒连接，钢筋搭接，钢筋焊接等。

6. 粗糙面与键槽

为提高预制装配式混凝土构件与后浇混凝土界面之间的抗剪能力，两者接触面应做成粗糙面或键槽面等形式。相应的试验结果证实：不考虑配筋作用的平面、粗糙面和键槽面的混凝土抗剪能力的比例关系约为 1∶1.6∶3，因此，预制构件与后浇混凝土接触面应做成粗糙面或键槽面，也可两者兼有。

粗糙面的具体做法：对于混凝土叠合板或叠合梁，表面初凝前可采用对压光面进行“拉毛”，从而形成粗糙面；对于梁端、柱端表面，可在模具上涂刷缓凝剂，拆模后用水冲洗尚未凝固的水泥浆，露出骨料，从而形成粗糙面。

7. 连接方式适用范围

预制装配式混凝土结构连接方式及适用范围见表 2-3。

装配式混凝土结构连接方式及适用范围　　表 2-3

<table>
<tr><th colspan="2">类别</th><th>序号</th><th>连接方式</th><th>可连接的构件</th><th>适用范围</th></tr>
<tr><td rowspan="7">湿连接</td><td rowspan="3">灌浆</td><td>1</td><td>套筒灌浆</td><td>柱、墙</td><td rowspan="3">房屋高度小于三层或 12m 的框架结构，二、三级抗震的剪力墙结构（非加强区）</td></tr>
<tr><td>2</td><td>浆锚搭接</td><td>柱、墙</td></tr>
<tr><td>3</td><td>金属波纹管浆锚搭接</td><td>柱、墙</td></tr>
<tr><td rowspan="4">后浇混凝土钢筋连接</td><td>4</td><td>螺纹套筒钢筋连接</td><td>梁、楼板</td><td>适用各种结构体系高层建筑</td></tr>
<tr><td>5</td><td>挤压套筒钢筋连接</td><td>梁、楼板</td><td>适用各种结构体系高层建筑</td></tr>
<tr><td>6</td><td>注胶套筒连接</td><td>梁、楼板</td><td>适用各种结构体系高层建筑</td></tr>
<tr><td>7</td><td>环形钢筋绑扎连接</td><td>墙板水平连接</td><td>适用各种结构体系高层建筑</td></tr>
</table>

续表

类别		序号	连接方式	可连接的构件	适用范围
湿连接	后浇混凝土钢筋连接	8	直钢筋绑扎搭接	梁、楼板、阳台板、挑檐板、楼梯板固定端	适用各种结构体系高层建筑
		9	直钢筋无绑扎搭接	双面叠合板剪力墙、圆孔剪力墙	适用剪力墙体结构体系高层建筑
		10	钢筋焊接	梁、楼板、阳台板、挑檐板、楼梯板固定端	适用各种结构体系高层建筑
	后浇混凝土其他连接	11	套环连接	墙板水平连接	适用各种结构体系高层建筑
		12	绳索套环连接	墙板水平连接	适用多层框架结构和低层板式结构
		13	型钢	柱	适用框架结构体系高层建筑
	叠合构件后浇混凝土连接	14	钢筋折弯锚固	叠合梁、叠合板、叠合阳台等	适用各种结构体系高层建筑
		15	钢筋锚板锚固	叠合梁	适用各种结构体系高层建筑
	预制混凝土与后浇混凝土连接界面	16	粗糙面	各种接触后浇筑混凝土的预制构件	适用各种结构体系高层建筑
		17	键槽	柱、梁等	适用各种结构体系高层建筑
干连接		18	螺栓连接	楼梯、墙板、梁、柱	楼梯适用各种结构体系；主体结构构件适用框架结构或组装墙板结构低层建筑
		19	构件焊接	楼梯、墙板、梁、柱	楼梯适用各种结构体系；主体结构构件适用框架结构或组装墙板结构低层建筑

2.2.4 夹心保温外墙板外围护系统

建筑外墙保温主要包含外墙外保温、外墙内保温、填充保温（夹心保温）三种类型。

外墙外保温：在外围护墙体外敷设保温层，保温效果相对最好，冷桥少，墙体可以蓄热，不影响室内装修和改造等，一般可采用基苯乙烯板保温材料粘在外墙上，外表面挂玻纤网抹薄灰浆保护层，但可能存在保护层脱落、保温材料脱落、防火性能差、易受潮等缺陷。

外墙内保温：在外围护墙体内敷设保温层。

填充保温：外围护墙体由内外两层板组成，保温层填充其间，如压型复合保温钢板、木结构和钢结构外墙龙骨间敷设保温层等。

预制装配式混凝土结构中采用填充保温相对最为合理，比外墙外保温安全，同时比外墙内保温节能效果好。三明治夹心保温墙板（简称“夹心保温墙板”）是指把保温材料夹在两层混凝土墙板（内叶墙、外叶墙）之间形成的复合墙板，见图 2–15，可达到增强外墙保温节能性能，减小外墙火灾危险，提高墙板保温寿命，从而减少外墙维护费用的目的。夹心保温墙板一般由内叶墙、保温板、拉接件和外叶墙组成，形成类似于三明治的构造形式，内叶墙和外叶墙一般为钢筋混凝土材料，保温板一般为 B1 或 B2 级有机保温材料，拉接件一般为 FRP 高强复合材料或不锈钢材质。夹心保温墙板可广泛应用于预制墙板或现浇墙体中，但预制混凝土外墙更便于采用夹心保温墙板技术。

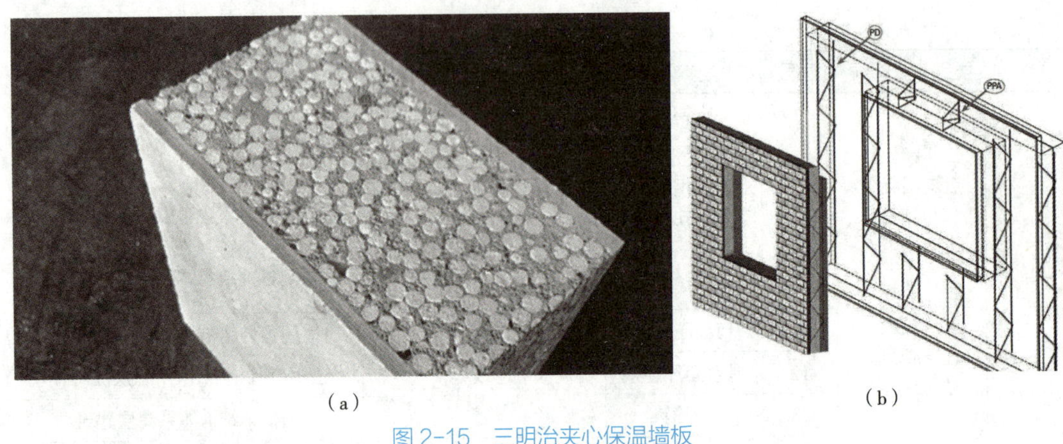

（a） （b）

图 2-15　三明治夹心保温墙板

（a）保温材料；（b）内部构造

根据受力特点，夹心保温外墙可分为非组合夹心保温外墙、组合夹心保温外墙和部分组合夹心保温外墙。其中非组合夹心保温外墙的内外叶混凝土受力相互独立，易于计算和设计，可适用于各种高层建筑的剪力墙和围护墙；组合夹心保温外墙的内外叶混凝土需要共同受力，一般只适用于单层建筑的承重外墙或作为围护墙；部分组合夹心保温外墙的受力介于组合和非组合之间，受力非常复杂，计算和设计难度较大，其应用方法及范围有待进一步研究。

非组合夹心墙板一般由内叶墙承受所有的荷载作用，外叶墙起到保温材料的保护层作用，两层混凝土之间可以产生微小的相互滑移，保温拉接件对外叶墙的平面内变形约束较小，可以释放外叶墙在温差作用下产生的温度应力，从而避免外叶墙在温度作用下产生开裂，使得外叶墙、保温板与内叶墙和结构同寿命。中国装配混凝土结构预制外墙主要采用的是非组合夹心墙板。

夹心保温墙板中的保温拉接件布置应综合考虑墙板生产、施工和正常使用工况下的受力安全和变形影响。

夹心保温墙板的设计应与建筑结构同寿命，墙板中的保温拉接件应具有足够的承载力和变形性能。非组合夹心墙板应遵循“外叶墙混凝土在温差变化作用下能够释放温度应力，与内叶墙之间能够形成微小的自由滑移”的设计原则。

对于非组合夹心保温外墙的拉接件在与混凝土共同工作时，承载力安全系数应满足以下要求：对于抗震设防烈度为 7 度、8 度地区，考虑地震组合时安全系数不小于 3.0，不考虑地震组合时安全系数不小于 4.0；对于 9 度及以上地区，必须考虑地震组合，承载力安全系数不小于 3.0。

非组合夹心保温墙板的外叶墙在自重作用下垂直位移应控制在一定范围内，内、外叶墙之间不得有穿过保温层的混凝土连通桥。

夹心保温墙板的热工性能应满足节能计算要求。拉结件本身应满足力学、锚固及耐久等性能要求，拉结件的产品与设计应用应符合国家现行有关标准的规定。

其适用于高层及多层装配式剪力墙结构外墙、高层及多层装配式框架结构非承重外墙、高层及多层钢结构非承重外墙等外墙形式，可用于各类居住与公共建筑。

2.2.5 陶粒混凝土内隔墙板内装系统

陶粒混凝土又称为轻骨料混凝土，是以陶粒（图 2–16）代替石子作为粗骨料而制成的混凝土，密度不大于 1900kg/m^3，具有重量轻、抗渗性好、保温性能好、耐火性好、施工适应性强等特点，目前已经广泛应用于房建、桥梁等领域。利用陶粒混凝土制作而成的陶粒空心板（图 2–17）适用于除楼梯间、电梯井道等存在双面临空墙体外的其他内隔墙。

图 2–16 陶粒

图 2–17 陶粒空心板

以装配式整体卫浴为例，如图 2–18 所示，以聚氨酯复合陶粒板（蜂窝板、竹木纤维板等）为基材，同时复合各种风格的瓷砖、人造石、大理石等面材，从而得到具备一体化防水底盘、墙体等构成的整体卫浴框架，并在现场直接拼装，再装配定制洁

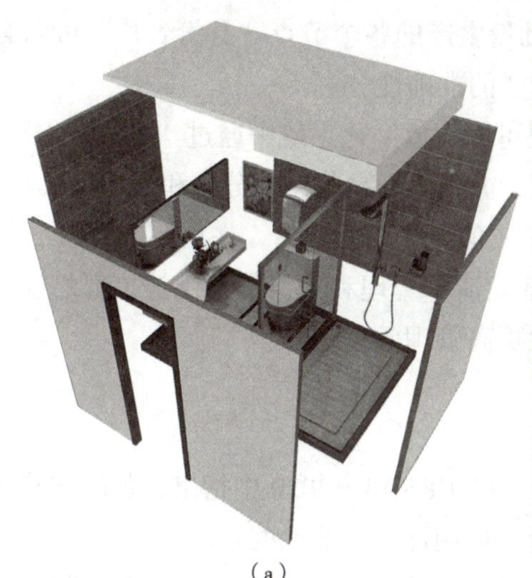

（a）

（b）

图 2–18 装配式整体卫浴

（a）装配整体卫浴图；（b）实景图

具辅件等形成独立的卫浴空间；因其具有个性化定制、标准化生产、快速化安装、使用功能好等多种优点，可在最小空间内达到最佳效果。

2.3 建筑工程部品部件的编码与信息化

最常规的构件标识方法是采用书写和印刷的方式直接在构件表面标注其规格和型号，构件运输到工地后，现场工人可方便地识别和定位构件位置，便于现场安装施工。从现代信息技术角度出发，采用构件编码标识系统，并在构件表面粘贴或悬挂信息标牌是预制装配式结构中辨识构件最常用的方式。

编码是信息从一种形式或格式转换为另一种形式的过程。部品编码，即采用现代科技方法，为每个部品编一个唯一的代码，以便计算机或扫描设备进行辨认、接收和处理。装配化标准化部品编码是基于部品的设计、生产、施工、运维追溯等需求，为部品建立编码，并确保编码的唯一性，从而实现装配化部品的信息化管理和智能化应用，为建筑工业化赋能。

为部品赋码的前提是部品标准化。一方面，标准化的过程是化繁为简的过程，将繁琐的操作“极简化”，解决依赖人的问题；另一方面，标准化是模块化的过程，通过各模块的多样排列组合，能够更好地满足客户个性化的需求。部品编码作为线下产业实体与线上产业数字化系统衔接的关键，重要性不言而喻。

2.3.1 标准化部品编码的意义

信息传递的准确性：让每个部品部件拥有专属的“身份名片”。在部品的生产、施工环节，需要对部品进行多处搬运周转，大批量生产的各个节点“身份名片”可以有效减少人为传递信息时出现的失误，确保信息传递的准确性。

信息分享的便捷性：标准化部品的编码可以在数字化系统中通过“一键导出”功能，生成项目涉及的相关部品编码信息电子表格，方便对部品信息的分享和使用。

信息管理的高效性：标准化部品编码完成信息化转化之后，在后台的 BIM 云计算平台中，可以实现设计和施工过程中均进行部品清单管理和项目信息维护，部品生产和使用情况一目了然，直观传达给生产端，大大提高管理效率。

2.3.2 标准化部品编码的原则

《装配式建筑部品部件分类和编码标准》T/CCES 14—2020 中指出，装配式建筑部品部件编码应符合唯一性、可扩充性、简明性、适用性与规范性的要求。

1. 唯一性：编码作为装配式部品部件的唯一标识，应该遵循唯一性原则，即一物一码。

2. 可扩充性：在合理的编码长度内为今后新的产品预留出一定的编码空间，可以方便扩充。

3. 简明性：编制编码的主要目的是实现部品实体向数字转化，方便管理和检索，如果编码过于复杂，就违背了编制编码的初衷。

4. 适用性；编码须与预制装配式生产企业的产品具体特点相一致，并准确表达各企业相关部品部件的信息和状态，并能满足数字化系统对部品部件信息管理的需求。

5. 规范性：部品编码需严格依照固定的编码标准，做井然有序的组织与排列，以便随时可以从部品编码中查知某项部品部件的详细属性。

2.3.3 类目代码和类型代码

装配式建筑构件的编码应包括以下组成部分：类目代码、项目代码、楼（区）号代码、层（节）号代码、构件类型代码、构件名称代码、轴线位置代码、识别码。表 2-4~表 2-6 分别为结构构件的类目代码、构件类型的专业代码和预制混凝土构件类型代码，其余代码详见相关规范。

结构构件的类目代码　　表 2-4

类目编码	类目中文名称
01.10.00	预制混凝土制品及构件
01.10.10	预制混凝土柱
01.10.20	预制混凝土梁
01.10.30	预制混凝楼板
01.10.40	预制混凝土墙板
01.10.40.10	钢筋混凝土板
01.10.50	预制混凝土屋面板
02.00.00	砌体
02.10.00	砖
02.20.00	砌块
02.30.00	石料
02.40.00	砌筑砂浆
03.00.00	金属
03.10.00	钢筋
03.20.00	钢丝
03.30.00	型材
03.40.00	板材
03.50.00	棒材
03.60.00	线材

续表

类目编码	类目中文名称
03.70.00	管材
03.80.00	金属制品
04.00.00	木结构
04.10.00	方木、原木结构
04.20.00	胶合木结构
04.30.00	轻型木结构

构件类型的专业代码　表 2-5

构件类型	专业代码
预制混凝土构件	PC
钢结构构件	GJ
预制砌体构件	PM
预制木构件	PW

预制混凝土构件类型代码　表 2-6

构件名称	类型代码
混凝土板	PC-B
混凝土梁	PC-L
混凝土柱	PC-Z
混凝土剪力墙	PC-JLQ
混凝土楼梯	PC-T
阳台	PC-YT
混凝土空调板	PC-KTB
女儿墙	PC-NEQ
混凝土支撑	PC-ZC
混凝土承重墙	PC-CZQ
混凝土延性墙板	PC-YXQB
混凝土围护墙	PC-WHQ
混凝土内隔墙	PC-NGQ
其他	PC-QT

2.3.4 扫码识别技术

构件编码标识系统，如图 2-19 所示，属于一种无线射频 RFID（Radio Frequency Identification 的缩写，简称 RFID 芯片）识别通信技术，可通过无线电信号识别特定目标

（a）

（b）

图 2-19 构件编码标识系统

（a）预制构件编码；（b）预制构件扫码

并读写相关数据，而无须识别系统与特定目标之间建立机械或光学接触，可制成芯片预埋在预制构件中，详细记录构件设计、生产、施工过程中的全部信息。市场上常见的芯片使用寿命一般在 5~10 年。

1）芯片信息录入：采用 RFID 芯片可通过编码转换软件记录每一块构件的设计参数和生产过程信息，并将这些信息储存到芯片内。

芯片的基本信息需包含但不限于：工程名称与用户单位，构件规格、型号（楼号、楼层、构件名称、体积和重量等），混凝土强度等级，生产单位，生产日期，检验员与检验合格状态，生产班组等。

2）芯片的埋设：芯片录入各项信息后，将芯片浅埋在构件成形表面，埋设位置宜建立统一规则，便于后期识别读取。

埋设方法如下：竖向构件收水抹面时，将芯片埋置在构件浇筑面中心距楼面 60~80cm 高处，带窗构件则埋置在距窗洞下边 20~40cm 中心处，并做好标记。脱模前将打印好的信息表粘贴于标记处，便于查找芯片埋设位置；水平构件一般放置在构件底部中心处，将芯片粘贴固定在平台上，与混凝土整体浇筑；芯片埋深以贴近混凝土表面为宜，埋深不宜超过 2cm，具体以芯片供应厂家提供数据实测为准。

3）实现信息共享、质量追溯和监控：预制构件生产企业信息化生产系统宜与管理部门网络平台对接，可在管理平台上实现信息查询与质量追溯；同时可以在预埋 RFID 芯片的基础上增加振动传感器或位移传感器等装置；当构件发生变形错位，甚至可能发生断裂时，可以第一时间提取出现问题的构件所在区域、楼层、位置等信息并及时采取补救措施，实时进行质量监控；但提取信息不能过分依赖芯片，工程整个过程信息的跟踪完全是通过建立工程档案（含电子档案）来实现的，每个构件的质量跟踪信息通过建立隐蔽工程档案来记录，现场所能融入的信息应该均包含在工程档案中。

4）芯片的采购：芯片采购宜建立统一的原料、生产、存储、物流编码规则，便于后期管理和维护。

2.4 装配式剪力墙结构实践案例——深圳裕璟幸福家园

深圳裕璟幸福家园项目（图2–20和图2–21）包含3栋单体保障房高层住宅，面积6.5万m^2，造价2.1亿元，中建科技集团有限公司为项目承包方，项目预制率50%以上、装配率70%以上，该项目是全国预制装配式房屋建筑领域第一个工程总承包（Engineering Procurement Construction，简称EPC）住宅项目，并被指定为全国装配式建筑质量提升大会上指定唯一观摩项目。

项目结构体系为预制装配整体式剪力墙结构，预制构件包括剪力墙、叠合梁、叠合楼板、阳台、楼梯、内隔墙板等，现浇节点及核心筒则采用铝模现浇施工。

（a）

（b）

图2–20 深圳裕璟幸福家园项目

（a）效果图；（b）实景图

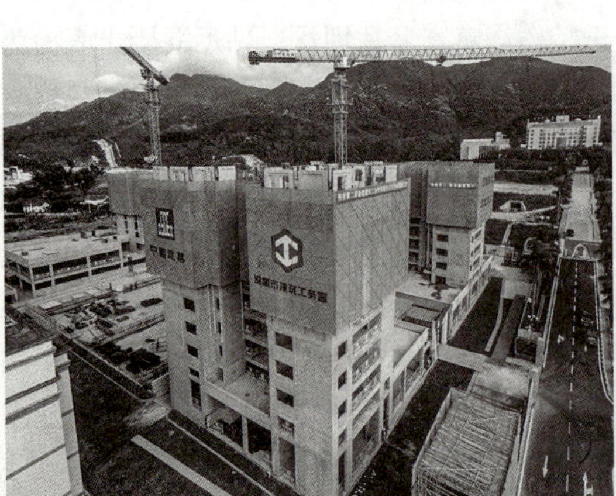

（a）

（b）

图2–21 深圳裕璟幸福家园施工过程

（a）建造过程；（b）预制剪力墙构件吊装

项目以“三个一体化”发展理念、“四个标准化”设计方法为建造路径，以总部“两院一站一中心”为智库支撑，大力开展科研、设计攻关，创新实践了“REMPC 五位一体”工程总承包模式、“三全 BIM”应用技术，极大提升了项目建造品质，超预期完成项目建设任务，一举打造了全国装配式建筑领域示范项目，突破了诸多阻碍装配式建筑发展的“卡脖子”难题。

在设计技术上，项目坚持“建筑、结构、机电、装修一体化”原则，基于面积标准化和户型标准化模块，通过模数协调建立基本户型模块单元，将单元组合来实现户型无限重复生长。在结构方面，制定标准化结构布置规则，使结构在规则约束下实现可变，使标准化不等于结构固化，而是实现各种开放结构空间，提供建筑设计的无限可能，有效地解决了标准化设计和多样化组合的设计难题。

在制造和装配技术上，针对工厂制造智能化水平不高的问题，研发出基于 BIM 的 CAM、MES 工厂自动化生产和信息化管理技术，实现了 BIM 信息直接导入工厂制造生产系统，有力促进了设计生产一体化；针对装配式建筑在抗震技术、连接技术和防水技术等方面的特殊要求，项目结合装配整体式剪力墙结构特点，对结构体系的整体受力性能进行了抗震性能优化设计，突出薄弱部位的抗震加强措施；在节点连接上，通过开展有限元模拟实验，采用坐浆法施工安装预制剪力墙，灌浆套筒单独灌浆，更好保证了套筒灌浆的密实度；在防水构造方面，采用结构防水、构造防水和材料防水三道防水工艺，解决了不同类型节点的防水难题。

在项目施工过程中，充分结合装配式建造的特点，创新性地设计出钢筋定位框、套筒定位器、套筒平行试验箱等一系列加快吊装速度、提升吊装准确性的工装系统，大大提高了建造效率，加快了工期并节省了成本。

在项目建设过程中，中建科技集团有限公司以设计科研一体化为技术支撑，以企业全产业链发展为依托，改革传统施工总承包模式，创新提出并践行“REMPC 五位一体”工程总承包模式，有效改善了工程项目建造过程中长期普遍存在的设计、科研、制造、采购及工程管理多过程相互之间协同差的现状，实现了全产业链无缝对接，使得项目整体效益最大化，并真正发挥出预制装配式建造优势。

与传统现浇建造模式相比，该项目的建筑垃圾减少了 80%，节水 60%，节材 20%，节能 20%，用工数量节省 30%，脚手架和支撑架减少 70%，安装控制误差小于 4mm，工程进度满足合同工期要求。

2.5 全周期低碳示范项目——苏州城亿绿建 3 号综合楼项目实践

苏州城亿绿建科技股份有限公司 3 号综合楼为全装配式建筑，如图 2-22 和图 2-23 所示，地下一层，地上四层，集办公、示范展示、技术体验以及科技实验于一体；总建

（a）

（b）

图 2-22　城亿绿建 3 号综合楼

（a）建筑概念图；（b）建筑实景图

（a）

（b）

图 2-23　城亿绿建 3 号综合楼内部结构细节展示

（a）梁柱节点展示；（b）结构装配式技术显示

筑面积 9063.02m^2，2021 年 1 月 11 日开工，2022 年 3 月 28 日竣工，EPC 总承包商为苏州二建建筑集团有限公司。

设计上采用“御窑金砖、匠心传承”的理念，地上各层之间采用金砖错落叠砌的意向，并形成建筑自遮阳。项目外立面采用少规格、多组合的标准化设计的装配式预制板，形成类似金砖镂空风格的立面造型，展示中西融合、古今辉映的建筑形态。错落的小窗可以增加室内采光均匀性，同时借助零能耗较厚的外墙客观属性，转换高太阳角直射光线为漫反射光线，避免眩光，外墙构造通过性能化设计优化了自遮阳效果，降低空调能耗。采用模数化预制外墙可以避免大量小窗带来的施工困难，节约建材。

结构形式为新型装配式组合结构，包含预制柱、预制梁和大跨度预应力叠合板；外围护系统为一层采用预制混凝土夹心保温墙板和轻钢龙骨保温结构一体化墙板，二层～四层采用木龙骨保温结构一体化墙板，预制率达 70%，装配率达 90.7%。

快速装配式组合结构体系为企业与东南大学合作开发，集合预应力、空心楼板、钢管混凝土等相关技术，集成了各技术优势，钢管混凝土柱和预制混凝土叠合梁两端均采用型钢接头，中间则采用预应力混凝土梁，利用钢结构栓焊特点进行连接，便于快速安装建造；楼板采用大跨预应力夹芯叠合楼板，新型结构体系应用使综合楼预制率达 70% 以上；同时，该体系抗震性能好，高度工厂化预制生产，成本可控，安装快速且方便。

同时合作研发了模块化高性能外围护体系——木龙骨装饰结构一体化墙板；轻钢龙骨装饰结构一体化墙板，节能高效、质量可控、自由组合应用、模块化拆装。

内装采用装配式内装技术（SI 体系），采用干式作业为主，应用技术包括集成地面系统、集成墙面系统、集成吊顶系统、高性能门窗系统、快装给水系统、薄法排水系统、集成卫浴系统。综合楼整体装配率达 90.7%，集成应用涵盖绿色、健康、零能耗、海绵、新型结构体系、机电系统、智慧系统七大板块，涉及 1 项国际领先技术，15 项国内领先技术，27 项国内先进技术，该项目已获得国家级中美清洁能源示范项目、住房和城乡建设部科技示范工程、住房和城乡建设部重大科技攻关与能力建设项目、江苏省高品质绿色建筑实践项目。

综合楼创新性地将绿色化、工业化、数字化技术进行了有机融合，经过测算，相比基准建筑可减碳 14 796t，约合 1.63t/m^2。建筑寿命全周期碳排放量相较基准建筑降低了 65.25%，达到低碳建筑的建设目标。

1. 绿色化

按照绿色建筑三星级、健康建筑二星级以及零能耗建筑等要求进行高标准设计，通过被动式设计，合理优化方案，充分利用自然通风、采光、高性能保温和电动遮阳隔热等措施，并通过精细化施工落实无热桥设计及整体气密层连续。最大幅度降低建筑终端能源需求，最大幅度提高能源设备和系统转化效率，结合智能化技术，最大幅度降低建筑终端能耗。同时，充分利用场地内可再生能源布置光伏系统，通过系统优化设计和控制技术降低对常规电源峰值的需求，实现电力输入和输出的平衡，进一步达到实现零能耗低碳建筑的建设目标。

与此同时，项目在展厅内打造“光储直柔”示范点，电能供给侧采用“太阳能光伏组件直供 + 储能电池柔性调节 + 交流直流（AC/DC）变换器补充”的方式，配电侧采用“直流配储控一体机 + 电压自适应直流排插”的方式，末端用电设备全部选用兼容直流电的设备，实现展厅的直流化应用。在传统建筑光伏系统的基础之上，有目的性地将一部分传统光伏系统更换为光储直柔系统，在同一项目上对两个系统进行对比、研究和示范，对未来在长三角地区推广整县制光伏应用、转变建筑用能模式均有很强的示范作用。

2. 工业化

项目采用装配式组合结构体系，预制装配率达 90.3%，满足《江苏省装配式建筑综合评定标准》DB32/T 3753—2020 中三星级的要求。工业化的生产建造方式可以有效减少材料损耗，缩短工期，是实现低碳的重要手段之一。

外围护系统根据不同的建筑部位及功能需要，选用了三明治混凝土外墙、轻钢龙骨外墙、木龙骨外墙等三种预制外墙板作为围护系统构件。

内装采用装配式装修，开发了适用于公建的集成卫生间系统，实现了快速、环保的工业化装修。

3. 数字化

采用 BIM 技术对项目进行全过程管理，结合物联网、人工智能等技术集成，实现八大智能化基本应用场景和 25 项智能化升级场景，打造智慧建筑科技示范楼。

BIM 技术应用贯穿设计、施工、运营全过程。在设计阶段，采用 BIM 技术针对建筑、结构、机电、装修等全专业精细化建模。在施工阶段，通过 BIM 技术实现高精度、高效率的信息传递与交付，保证施工进度。在运营阶段，前期形成的 BIM 成果会应用于智能化运维平台，实现全方位无死角运维管理。

项目建立一套能耗与碳排放管理系统，以不同时间尺度实时展示建筑总能耗、分项能耗和能耗计量设备工作状态，以及建筑年能耗指标在同类建筑中所处的水平。采用基于完备物理模型的 AI 大数据分析算法，与楼宇自控系统联动，实现项目能耗水平、节能潜力、运行问题的智能诊断。在此基础上，实现实时碳排放精准监控、全生命周期碳排放预测和减排收益分析，达成低碳示范的总体目标。

2.6 本章小结

本章对建筑主体结构、外围护系统、内装系统、机电和管线系统四大模块的部品部件进行系统分类，同时针对常用的混凝土结构部品部件，阐述了结构体系和结构拆分设计原则，重点对装配式混凝土结构的连接方式进行详细说明，同时以夹心保温外墙板外围护系统和陶粒混凝土内隔墙板内装系统为例进行讲解；最后阐述建筑工程部品部件的编码意义，并举例给出类目代码和类型代码和对应的扫码识别技术。

思考与习题

2-1　按照建筑工程各部分属性分类，房屋如何划分？

2-2　建筑工程四大系统中具体包含哪些部品部件？

2-3　装配式混凝土结构是如何连接的？

2-4　装配式结构构件为何需要进行编码？如何进行编码？

第3章

建筑部品部件预制工厂总体规划

工厂基本设置
前期准备
厂区规划和生产规模
预制构件工厂生产设备配置
工厂管理系统
流水线工艺及车间布置
流水线工艺概况
固定式生产工艺流程
流动式生产工艺流程
质检试验室配置
试验能力
试验室人员配置
试验室设备配置

二维码 3-1
第 3 章　教学课件

本章要点

1. 掌握预制工厂设置的相关基础知识；
2. 掌握流水线工艺和车间布置的基础知识；
3. 掌握质检实验室相关试验能力、人员和设备的需求。

教学目标

1. 学习和理解预制工厂的前期规划、生产规模、设备配置等相关知识，培养学生的辩证思维，对预制工厂相关规划设计投产有全面理解和认识；

2. 清楚并理解预制工厂各种流水线工艺及相应车间布置原则，能够根据企业需求和外部条件进行合理的选择；

3. 能理解质检实验室试验能力、人员和设备配置相关需求，能够全面评估预制构件的质量检验。

福特汽车第一条生产流水线

美国著名的福特汽车公司于1903年创立，创始人为亨利·福特，该公司为全世界第一个采用生产线流水方式生产汽车。1908年福特公司开发并生产出世界上第一辆T形车，五年后该公司又成功开发了世界上第一条汽车流水线，并缔造了下线1500万辆T形车的辉煌历史（图3-1）。流水线生产方式出现之前，所有汽车工业均采用手工方式生产，据统计，手工方式装配一辆汽车平均要花费728个小时，导致汽车年产量仅为12辆，其生产速度远远无法满足巨大消费市场需求，汽车只能供富人使用。福特汽车欲改变这种不合理现状，实现让汽车成为大众化的交通工具的梦想，1913年福特公司将反向思维运用到汽车组装过程中，首先将汽车底盘固定在传送带上，并以固定速度和顺序向前行进，

图3-1　福特汽车流水生产线

行进中由各类工人按照步骤装上发动机、操控系统、车厢、方向盘、仪表、车灯、玻璃和车轮等，当传送带行进完毕，一辆完整的汽车也随之组装完成。提前将相关汽车零件装在配件箱里，放置于运输带上直接运送到工人面前，节省往返取零件时间；底盘装配时，按照工序预先排列一系列零件，装配工人直接进行安装，加快了装配速度。流水线把一个重复生产过程分为若干个子过程，各子过程之间可以并行进行。流水线的出现使每辆 T 形汽车的组装时间由原来约 13h 缩短至 90min。福特公司新的生产组织方式既有效又经济，使汽车逐渐成为大众产品。

值得我们思考的是：

（1）能否采用流水线生产汽车的模式来生产建筑？PC 预制工厂是否由施工企业或建材企业直接转型而来？建厂需要注意哪些事项？

（2）PC 预制工厂需要哪些基本配置？相关要求有哪些？

（3）PC 预制工厂能生产哪些构件，其对应流水线工艺有哪些？

（4）PC 预制工厂中相关部品部件如何进行质量检验？

3.1 工厂基本设置

3.1.1 前期准备

第一是确定项目定位和管理思路。由于大部分预制混凝土（Precast Concrete，简称 PC）工厂都是从建筑施工企业或建筑材料企业转化而来，原有管理模式相对比较粗放，一旦落实到 PC 工厂后，如果仍按照原行业管理模式去定位和运营，显然无法达到 PC 工厂本身应有的标准和效率，无法满足实际管理要求。因此，建设装配式 PC 工厂项目一定要站在工厂的角度去考虑定位和管理，才能从根本上解决问题，具体涉及预制产品体系、产能规划、工艺设计、管理体系、生产体系、人员配置、设备维护等诸多方面。

第二是 PC 工厂项目避免“先建设再规划”，目前还是存在很多企业在没有相对系统性的规划分析和完善方案的前提下甚至是不规划就匆忙建设，在工艺和产能方面由于规划存在不合理，生产设备一旦完成安装调试后，基本上无法再进行有效的扩容和改造，由于养护窑的位置都是做的专项基础，有些养护窑甚至采用桩基础，还有布置双皮墙翻转设备，改造的投资费用太大，在一定程度上造成资源浪费，后期想改进也非常难。在管理方面由于没有系统性的规划，导致预制构件品种、质量都滞后于市场采购，产能受到较大限制。因此，工厂的工艺、生产、物流等系统规划环节是项目建设期的核心，涉及构件种类、产能、设备投资等重要指标，应该全面地考量市场需求和发展趋势，并在建设期投入精力并重视工艺和技术体系、生产管理体系。

第三是不能过于依赖生产设备厂家。现阶段行业内大部分设备厂家的侧重点基本不在于规划而在于实现，只是把在其他工厂使用过的工艺复制过来，导致其他工厂存在的弊端和隐患也会遗留下来，即使设备厂家都会在局部进行调整和完善，还有部分有实力的设备厂家也会进行一定程度的深化调整，但整体规划和管理还是不够全面，较多地方只能按“传统做法”，而“传统做法”存在很多不合理，从根本上无法改变工艺、技术、生产等现状。设备厂家主要的优势在于设备设计和制造能力，通过工厂企业提供专业和系统化的工艺设计，设备厂家则不需要大量的细化工作，能够很专注地投入设备集成与技术要求的匹配度，可以比较清楚地执行设计思路，尤其在设备机械性能的创新和实践方面，大部分设备厂家都有一定的合作经验。优秀工艺设计方案的实现需要设备厂家协助和落实，有利于执行设备部署安装计划，保障按时完成现场设备调试及最终投产。

第四是尽量减少企业独立规划整个项目。部分企业通过聘请其他工厂专业人员来任职，想通过他们的经验来负责项目建设的整体规划和管理，这种方式的基本思路是正确的，但过程中存在一定的局限性和隐患，大部分专业人员由于长期只在一家工厂任职，没有较全面的观念或思维，只对自身负责的业务比较熟悉，现在要做的项目工作已经远远超出原来业务范围，对工艺、技术、生产、成本等规划和管理没有较大幅度改善，并且大部分人员的流动性较大，离任后会对企业造成一定程度的困难和隐患。因此，减少专业人员的工作量，不是不能交给专业人员去做，而是需要在过程中给予一定程度的支持、协助、监督和管理。如果企业有一定条件，应聘请专业的技术服务团队协助，针对项目开展系统性和专业性的规划分析以及成体系的质量、安全标准管理的支持。

通以上述分析，PC 工厂生产能力、质量和效率的基础条件不仅是投资尖端的生产设备，还要依靠技术、管理和意识。企业投资 PC 工厂项目建设除了对行业趋势的掌握，建设时机有效的判断力以及企业自身资源的有效利用外，还要对项目定位和管理有足够正确的重视。在建设期需要系统性的设计规划以及技术、生产管理体系的选择和建立，保障项目在设备、人力、物资等方面投资的合理程度以及准确性。

3.1.2 厂区规划和生产规模

厂区规划原则：选址上应因地制宜，充分利用现有场地条件，做到交通便利、物流通畅；技术上，生产线适用性强，设备性能稳定可靠、运转安全、操作维修方便；经济上，建设成本可控，后期运行维护成本低，生产线可塑性强；环境上，绿化与空间组合协调，改善工厂和工作环境，符合环保要求。

鉴于大城市工程建设量大面广，预制工厂应优先考虑在大城市建设；考虑土地价格和原材料资源及能源供应情况，建议均衡布置在远离大城市核心区的工业区内，考虑运费成本，预制工厂的市场半径以 50~150km 为宜。

预制工厂的生产规模一般应以混凝土立方米来计算，生产板式构件的工厂也可以采用平方米来计算。经营理念是确定预制工厂生产规模的主要因素，同时还需考虑市场半径内建筑总体规模、装配式混凝土结构占比和其他预制构件工厂的情况。预制构件工厂的规模宜采取逐步发展壮大的策略，避免贪大求新，不宜以建设世界领先的“高大上”工程为荣，以防止因盲目投资造成巨大浪费。

两类 PC 工厂的建设规模应区别对待。综合 PC 工厂产能一般可按 10 万 ~15 万 m^3 设计，占地面积宜为 150~250 亩，土建设备总投资宜控制在 2 亿元以内；专业 PC 工厂产能一般可按 3 万 ~8 万 m^3 设计，占地面积宜为 60~120 亩，土建设备总投资宜控制在 4000 万 ~8000 万元。

3.1.3 预制构件工厂生产设备配置

根据生产工艺和产品类型来选用预制构件工厂的生产设备，一般主要包括混凝土搅拌站设备、钢筋加工设备、固定模台工艺设备、集约式立模工艺设备、预应力工艺设备、流水线工艺设备、自动化流水线工艺设备等。

1. 混凝土搅拌站设备

工厂可自行配置专用混凝土搅拌站，也可以选择直接购买商品混凝土；目前，很多预制构件工厂均拥有独立的混凝土搅拌站，可以直接对外出售商品混凝土，也同时供应预制构件工厂，但注意预制构件工厂对混凝土质量要求较高，一般建议设置独立的搅拌站。

预制构件工厂建议采用盘式或立轴式行星搅拌机（图 3-2），搅拌容量建议 1.0~3.0m^3，还需配备合适的水泥储存仓、骨料储存仓以及添加剂储存仓；为保证浇筑质量，建议选用自动化程度较高的设备。

考虑搅拌系统不宜一直处于满负荷工作状态，搅拌站宜按工厂设计生产能力 1.3 倍进行配置；工厂如需同时搅拌不同的混凝土，可以设置容量不同的两套搅拌系统。

搅拌站设备应注意满足环保要求，主要包含废水和废料处理要求。搅拌站应当设置废水处理系统，用于处理清洗搅拌机以及运料斗、布料机所产生的废水，通过沉淀的方式来实现废水再回收利用；同时也应建立废料回收系统，用于处理残余的混凝土，通过砂石分离机把石子、中砂分离出来再进一步回收利用。

对于搅拌站到布料机之间混凝土的运输，可以采用自动化设备运输（如轨道式自动鱼雷罐等，如图 3-3 所示），或直接采用混凝土罐车运输，也可以采用电动轨道车运输或人工叉车配合料斗接料运输。

图 3-2 立轴式行星搅拌机

图 3-3 轨道式自动鱼雷罐

2. 钢筋加工设备

钢筋加工一般可分为钢筋调直、切断、弯曲成型、组装骨架等环节，根据自动化程度高低可分为全自动、半自动和人工加工三种工艺。

1）钢筋全自动加工工艺

目前技术水平下实现钢筋全自动加工工艺的钢筋部品较少，主要有应用于叠合楼板、双面剪力墙叠合板的钢筋网片和桁架筋等，通常与全自动化生产线配套使用，图 3-4 为数控钢筋全自动弯曲设备。钢筋加工设备和混凝土流水线通过计算机程序无缝对接在一起，只需要将构件图样输入流水线计算机控制系统，钢筋加工设备会自动识别钢筋信息，完成钢筋调直、剪切、焊接、运输、入模等各道工序，可以避免错误，保证质量，提高效率，降低损耗。

图 3-4　数控钢筋全自动弯曲设备

2）钢筋半自动加工工艺

利用各种自动加工设备将单体钢筋按要求加工后，通过人工组装成各类钢筋骨架，称之为钢筋半自动加工。

半自动钢筋加工是目前国内应用最为常见和最为广泛的钢筋加工工艺，国内大部分该工厂流水线都是这种钢筋加工工艺，常用的钢筋加工设备主要有棒材切断机、钢筋弯折机、自动箍筋加工机、自动桁架筋加工机、大直径箍筋加工机等，如图 3-5~ 图 3~8 所示。

3）钢筋人工加工工艺

从下料、成型、制作、焊接及绑扎全过程不借助自动化设备而全部由人工完成称之为钢筋人工加工工艺，可制作所有部品部件，缺点是制作效率低、劳动强度高、质量不稳定。

图 3-5　棒材切断机

图 3-6　钢筋弯折机

图 3-7 自动桁架筋加工机

图 3-8 自动箍筋加工机

3. 固定模台工艺设备

1）设备配置

固定模台工艺设备常规配置见表 3-1。

固定模台工艺设备常规配置　　表 3-1

类别	序号	设备名称	说明
搬运设备	1	小型辅助起重机	辅助吊装钢筋笼或模板
	2	运料系统	运输混凝土
	3	运料罐车或叉车	运输混凝土
	4	产品运输车	从车间把构件运到堆场
钢筋加工	5	钢筋校直机	钢筋调直
	6	棒材切断机	钢筋下料
	7	钢筋网焊机	钢筋网片的制作
	8	箍筋加工机	钢筋成型
	9	桁架筋加工机	桁架筋的加工
模具设备	10	固定模台	作为生产构件用的底模
浇筑设备	11	布料斗	混凝土浇筑用
	12	手持式振动棒	混凝土振捣用
	13	附着式振动器	大体积构件或叠合板用
养护设备	14	蒸汽锅炉	养护用蒸汽
	15	蒸汽养护自动控制系统	自动控制养护温度及过程
其他工具	16	空气压缩机	提供压缩空气
	17	电焊机	修改模具用
	18	气焊设备	修改模具用
	19	磁力钻	修改模具用

2）模台尺寸

固定模台一般推荐采用钢制模台，也可用钢筋混凝土模台或超高性能混凝土模台。常用模台尺寸：预制墙板模台 4m×9m；预制叠合楼板、外挂墙板模台一般 4m×12m；预制柱梁构件 3m×12m。

3）生产规模与模台数量的关系

对于常规构件，一般来说模台最大有效使用面积约 70%，对于异形构件，模台有效使用面积仅能达到 40%，因此固定模台占地面积较大。产量越高，模台数量越多，厂房面积越大。

4）模台数量与产能关系

模台数量与产能的关系：

$$M_S=C_mH_n \tag{3-1}$$

式中 M_S——标准固定模台数量；

C_m——系数，板式构件取 6~8；梁柱式构件取 4~6；

H_n——产能（万 m^3/a）。

4. 集约式立模工艺设备

集约式立模工艺设备的配置、车间要求和劳动力配置等与固定模台流程基本一致，仅是模具和组模环节不同，其组成部分有：

1）带有导轨的底座：底座由钢架制成，并和地基连接在一起，模板可直接固定安装在底座上。

2）中间的固定模板：固定模板由横向和纵向的支架制成，和底座固定安装在一起，在模板内部安装有内壁。

3）可移动模板：可移动模板的结构和固定模板基本相同，模板在液压装置的帮助下，通过拉杆在底座的导轨上移动。

4）可加热的模板内壁：内壁是作为养护室来使用的。内壁两侧的护板有 8mm 厚，焊接在钢架上。内壁可以通过一个连接在底座上的滚动装置来移动。底部安装有一层绝缘材料。内壁可以通过蒸汽加热。安装内壁侧翼上的进气口与蒸汽管道连接，输入蒸汽。

5）支撑结构：由两侧的侧翼杠组成，通过液压系统来起到支撑作用。

6）液压装置：液压装置由移动油缸和支撑油缸组成。

7）模板底部和隔层的挡板：预制构件的厚度尺寸是通过模板底部和隔层板挡板完成的，模具挡板可以在内壁之间转动，通常在 100~200mm 进行选择。

5. 预应力工艺设备

主要是预应力钢筋张拉设备和条形平台，其他环节的设备配置与固定模台工艺相同。预制楼板预应力生产线条形平台宽为 0.6~2m，长度在 60~100m，可并排布置。预应力楼板生产线张拉设备宜用 20~300t，门式起重机 10t。

6. 流水线工艺设备

流水线工艺设备配置见表 3-2。其中有些设备是可选项目，包括模台清扫、模台画线、清扫机、拉毛机、赶平机等，可由人工代替这些设备功能。

流水线工艺设备配置　　表 3-2

类别	序号	设备名称	说明
搬运	1	小型辅助起重机	辅助吊装钢筋笼或模板
	2	运料系统	运输混凝土
	3	产品搬运运输车	从车间把构件运到堆场
钢筋加工	4	棒材切断机	钢筋下料
	5	箍筋加工机	钢筋成型
	6	桁架筋加工机	桁架筋的加工
生产线	7	中央控制系统	控制设备运转
	8	清理装置	清理模台上的残余混凝土，可选项目
	9	画线装置	画线，可选项目
生产线	10	喷涂机	喷涂脱模剂，可选项目
	11	布料机	混凝土布料
	12	振捣系统	360° 振捣
	13	叠合板拉毛机	表面拉毛，可选项目
	14	抹平机	内隔墙板抹平，可选项目
	15	码垛机	码垛
	16	养护窑	养护
	17	翻转设备	生产双层墙板
	18	倾斜装置	翻转墙板脱模用
	19	底模运转系统	运送模台
模具	20	模台	在生产线流动的模台
	21	磁性边模	产品边模
养护	22	蒸汽锅炉	提供养护用蒸汽
	23	蒸汽养护自动控制系统	自动控制养护温度及过程
其他工具	24	空气压缩机	提供压缩空气

3.1.4　工厂管理系统

1. 工厂管理系统总体架构

主要管理工作一般包括生产管理、技术管理、质量管理、成本管理、安全管理、设备管理、人事管理等，具体如图 3-9 所示。

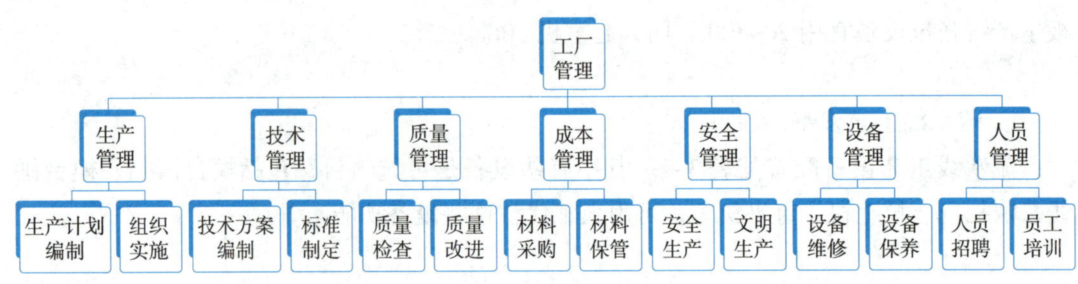

图 3-9 工厂管理系统架构

2. 生产管理

主要目的是按照生产合同约定的交货期来交付相关产品，主要工作内容如下：

1）编制具体生产计划

（1）根据合同目标、施工现场安装顺序与进度要求编制详细的构件生产计划。

（2）根据生产计划编制模具制作计划。

（3）根据生产计划编制材料计划、配件计划、劳保用品和工具计划。

（4）根据生产计划编制劳动力计划。

（5）根据生产计划编制设备使用计划。

（6）根据生产计划进行场地分配等。

2）组织协调计划实施

组织各部门各个环节执行预定的生产计划。

3）对实际生产进度进行检查、统计和分析

（1）建立统计体系和复核体系，准确掌握实际生产进度。

（2）对生产进程进行预判，提前发现影响计划顺利进行的障碍。

4）调整、调度和补救

及时解决影响生产进度的相关问题，对于尚未完成计划部分应做以下工作：

（1）优化和调整计划。

（2）调动资源，如适当加班、增加人员、增加模具等。

（3）采取补救措施，例如生产线节拍慢，可以增加固定模台，增加临时木模或水泥模等。

3. 技术管理

1）预制构件工厂技术管理内容

主要目的是按照设计图纸和行业标准、国家标准的要求，生产出安全可靠品质优良的相关构件，其主要工作内容包括：

（1）根据产品特征确定生产工艺，按照生产工艺编制各环节操作规程。

（2）建立技术与质量管理体系。

（3）制定技术与质量管理流程，进行常态化管理。

（4）全面深入理解设计图纸和行业标准、国家标准关于生产制作的要求，并制定落实措施。

（5）设计各作业环节和各类构件制作的具体技术方案。

2）技术管理流程与常态化管理

制定一套完善的技术管理流程和操作规程，是企业技术管理的前提条件和技术管理水平的体现。技术管理流程中应建立并保持与技术管理有关文件的形成和控制工作程序，该程序应包括技术文件的编制（获取）、审核、批准、发放、变更和保存等。

文件可展现在各种载体上，与技术管理有关的文件包括：

（1）法律法规和规范性文件，以及企业标准。

（2）各类技术标准及要求。

（3）企业制定的产品生产工艺流程、操作规程、注意事项等体系文件。

（4）与预制构件产品有关的设计文件和资料。

（5）与预制构件产品有关的技术指导书和质量管理控制文件。

（6）操作规程以及其他技术文件相关的培训记录。

（7）其他相关文件。

（8）建立技术管理组织构架和管理流程等，确保衔接管理畅通。

（9）建立相应的技术管理职责，明确各级层面的岗位责任制，做到职责和权利具体而明确。

3）制定技术档案形式与归档程序

预制装配式建筑部品部件中的相关工程检验项目将从工地转移到工厂，因此原本需要在工地形成的一些技术档案也要同步转移到工厂，包括构件隐蔽工程验收记录、构件工序检查资料等。

（1）技术档案内容：预制构件资料应与产品生产同步形成、收集和整理。

（2）技术档案形式：技术档案包括纸质文档和电子文档两种形式。

①纸质文档要求：构件隐蔽工程验收资料和工序检查资料应由相关工序负责人验收并签字，也可采用电子签名，但应有电子签名内部流程审批文件和签名复核流程，相关流程审批资料需提前存档。

②电子文档要求：预制构件的所有生产环节均应在生产工厂内完成，使用电子照片或视频的方式记录构件隐蔽工程关键环节（图 3-10），如钢筋入模后不同角度的照片、吊装用预埋件的相关照片等，能清晰而直观地呈现构件成型前的作业状态，隐蔽作业环节质量可追溯，上述记录对于未来可能出现的争议解决具有重要意义。

（3）技术档案归档程序如下：

①生产企业应建立完善的技术资料管理体系，编制技术资料归档的内容、形式和流程，确定档案保管场所、设备，并指派专门的技术资料管理负责人。

②技术资料的收集由预制构件生产企业各部门分别收集和保管。

③技术资料档案宜根据不同类型进行汇编、标识和存档；应做到分类清晰，标识明

（a）

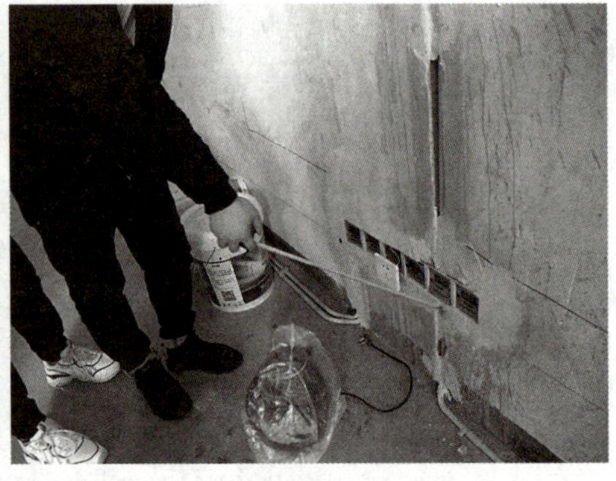

（b）

图 3-10　隐蔽工程检查

（a）钢筋间距检查；（b）墙壁开关高度检查

确，查找方便，便于阅读，妥善保存。

④技术资料的使用应经过相关管理负责人的同意。

⑤技术资料的保管期限应符合资料管理的规定，超过保管期限的技术资料方可销毁处理。

（4）资料及交付。

4. 质量管理

1）质量管理组织

预制构件生产过程必须配置足够的质量管理人员，建立质量管理组织，宜按照生产环节分工。

2）制定质量标准

（1）以国家、行业或地方标准为依据制定各种类产品的详细标准。

（2）细化生产过程控制标准和工序衔接的半成品标准。

（3）将规范规定之外的相关要求编制到产品标准中，如质感标准、颜色标准等。

3）编制操作规程

操作规程编制应符合产品的制作工艺，具有针对性、可操作性和可推广性。

4）技术交底与质量培训

技术要求、操作规程等由技术部门牵头质量部门共同参与对一线生产工人进行技术培训，并经过考试确定工人知识水平。

5）质量控制环节

对各生产程序和生产过程进行监控，并认真执行检验方法和检验标准。原材料、模具、浇筑前、预埋件、首件等重要环节必须严格控制。

6）质量管理人员责任细化

按照生产程序安排质量管理人员，进行严格的过程质检，要求上道工序对下道工序负责，不合格品不得流转到下一个工序。

按照原材料进厂、钢筋加工、模具组装、钢筋吊入、混凝土浇筑、产品养护、产品脱模、产品修补、产品存放、产品出厂等环节合理配置必要的管理人员。

7）质量标准、操作规程上墙公示（图 3–11）。

质量标准、操作规程等张贴在生产车间醒目处，方便操作工人及时查看，或形成文件以新媒体（微信等）形式发到工人手机以便于随时查看。

（a）

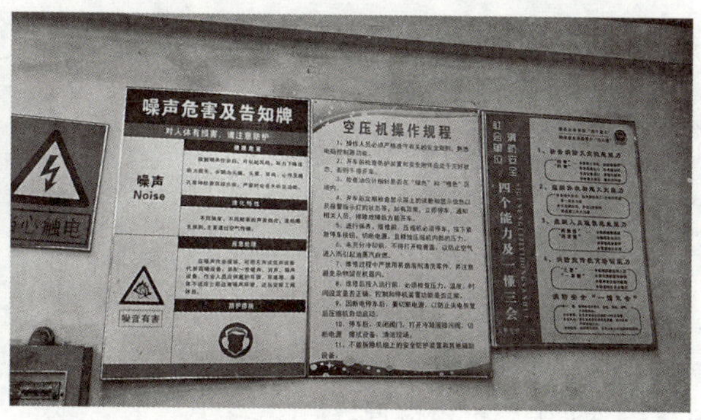

（b）

图 3–11　操作规程上墙

（a）操作指引上墙；（b）操作规则上墙

8）质检区和质检设施、工具设计

车间内应当设立质量检验区，质检区要求光线明亮，配备相关的质检设施如各种存放架、模拟现场的试验装置等，脱模后的产品应转运到质检区。

质检人员配备齐全检验工具，如卷尺、直尺、拐尺、卡尺、千分尺、塞尺、白板及其他特殊量具等，质检员均应配备摄像设备，用于需要记录的隐蔽节点拍照。

9）不合格品标识、隔离、处理方案

不合格产品应进行明显的标识，并隔离放置；如经过适当修补仍不合格的产品必须予以报废处理，对不合格品进行原因分析，采取应对措施防止再次发生。

10）合格证设计

合格证内容应包含产品名称、编号、型号、规格、设计强度、生产日期、生产人员、合格状态、质检员等相关信息，合格证可以是纸质形式，也可将信息形成二维码或条形码，或通过预埋芯片来记录产品信息。

11）合格产品标识

经过检验合格的产品出货前应进行产品标识，张贴合格证。

产品标识内容应包含产品名称、编号（应当与施工图编号一致）、型号、规格、设计强度、生产日期、生产人员、合格状态、质检员等，相关详细标识方式可用记号笔手写，必须清晰正确，也可以预埋芯片或者 RFID 无线射频识别标签。图样设计应简洁且美观大方。标识位置应统一，标识在容易识别的地方，同时不能影响表面美观。

5. 工厂管理流程清单

1）技术

（1）产品技术标准制定。

（2）产品制作操作规程编制和审批。

（3）原材料标准制定。

（4）模具标准制定。

（5）技术交底。

（6）图样审核。

（7）编制生产技术方案。

（8）生产技术培训。

2）质量

（1）原材料进厂检验。

（2）模具进厂检查。

（3）首件检查。

（4）生产过程检查。

（5）隐蔽节点检查。

（6）成品出厂检查。

（7）产品质量事故分析。

（8）制定预防改进措施。

（9）制定质量手册、程序文件、规章制度等质量体系文件。

（10）质量记录与统计分析。

3）生产

（1）原材料采购。

（2）生产方案编制、生产计划安排。

（3）劳动力组织。

（4）模具、设备、工器具组织。

（5）生产过程统计分析问题原因。

（6）提出整改措施。

（7）及时调整生产计划。

（8）安全文明生产。

6. 工厂操作规程清单

1）操作规程

（1）原材料进厂检验操作规程。

（2）模具、预埋件、灌浆套筒、铝窗、面砖、石材等材料进厂检验操作规程。

（3）钢筋加工操作规程。

（4）反打面砖、石材套件制作的操作规程。
（5）模台清理和模具组装工序操作规程。
（6）脱模剂喷涂操作规程。
（7）混凝土搅拌操作规程。
（8）钢筋骨架入模操作规程。
（9）浇筑前质量检验操作规程。
（10）混凝土浇捣操作规程。
（11）蒸汽养护操作规程。
（12）构件脱模起吊操作规程。
（13）构件装卸、驳运操作规程。
（14）构件清理及修补操作规程。
（15）混凝土成品存放、搬运操作规程。
（16）混凝土计量设备操作规程。
（17）原材料日常检验操作规程。
（18）混凝土性能检验操作规程。
（19）品质检查操作规程。
（20）瓷砖套件制作检查操作规程。
（21）石材涂刷界面剂和植入石材连接件的操作规程。
（22）瓷砖、石材模具内铺设操作规程。
（23）企业内各种工具、设备（包括特种设备）的操作规程等。

2）操作规程的培训

各作业人员上岗前应先接受“上岗前培训”和“作业前培训”，培训完成并考核通过后方能正式进入生产作业环节。

（1）上岗前培训，对各岗位人员进行岗位标准培训。
（2）作业前培训，对各工种人员进行操作规程培训，培训工作应秉持循序渐进原则。
（3）培训工作应有书面的技术培训资料。
（4）将操作流程和常见问题用视频的方式对人员进行培训。
（5）及时留存书面培训记录，经受培训人签字后及时归档。
（6）对于不识图样的工人，还要进行常用图样标识方法等简单培训。

7. 工厂岗位标准清单

1）各岗位质量员的岗位标准。
2）各岗位技术员的岗位标准。
3）组模工的岗位标准。
4）混凝土搅拌工的岗位标准。
5）钢筋工的岗位标准。

6）混凝土浇捣工的岗位标准。

7）蒸养工人的岗位标准。

8）起重工的岗位标准。

9）装卸、驳运工种的岗位标准。

10）外场辅助工的岗位标准。

11）修补工的岗位标准。

12）试验室各类试验员的岗位标准。

13）面砖套件和石材制作工种的岗位标准。

14）铺设面砖套件和石材工种的岗位标准。

15）企业其他管理和职能部门的岗位标准等。

3.2 流水线工艺及车间布置

3.2.1 流水线工艺概况

预制构件中最常见的制作工艺主要有两种（图 3-12）：固定式和流动式。

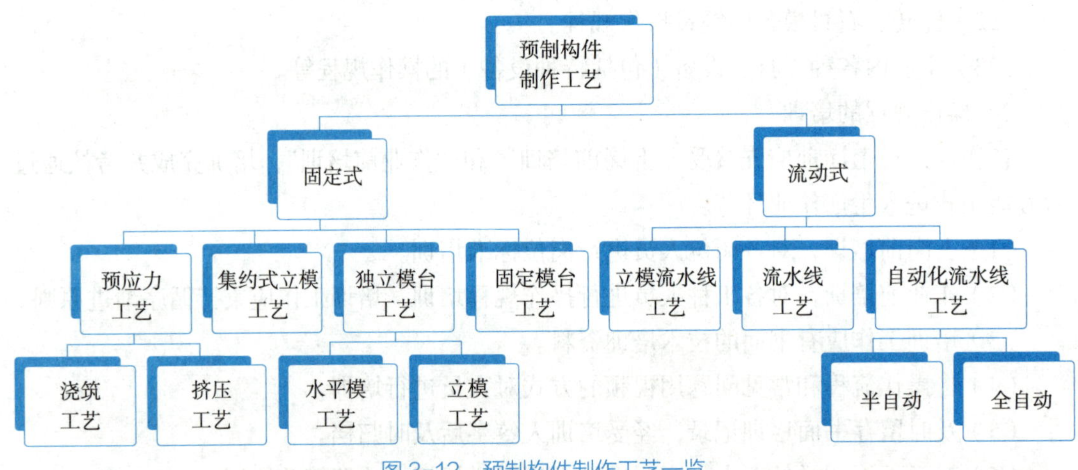

图 3-12 预制构件制作工艺一览

通常情况下，预制构件在工厂内进行制作加工（图 3-13），制作工艺可以选择上述任何一种方式。如边远地区无法建厂，但确有建设预制装配式混凝土建筑的需求，也可选择游牧式工厂（图 3-14），即在项目施工工地周边建设简易形式的生产工厂，项目结束后再将该简易工厂设备转移到下一个项目。如果施工工地距离预制工厂过远，或通往工地道路无法通行运送构件的大型车辆，也可以选择在施工工地现场建立生产区直接生产（图 3-15）。工地临时工厂和移动式工厂只能选择固定模台工艺。

图 3-13　固定式生产工厂

图 3-14　游牧式生产工厂

（a）

（b）

图 3-15　工地现场加工生产区

（a）钢筋加工区；（b）木工加工区

3.2.2　固定式生产工艺流程

固定式生产工艺流程主要包含固定模台工艺、独立立模工艺、集约式立模工艺、预应力工艺四种形式。

1. 固定模台工艺

固定模台工艺是固定式生产中最主要的一种工艺，也是预制构件制作和应用中最为广泛的工艺。

固定模台（图 3-16）已经在国际上得到广泛应用，在北美、欧洲、日本以及东南亚等地区应用比较多。固定模台一般是采用一块平整的钢结构平台，也可以采用高平整度及高强度的水泥基材料平台，以固定模台作为预制构件的底模，在模台上

图 3-16　固定模台

固定构件侧模，组合成完整的模具来制作预制构件。

固定模台工艺的设计主要是根据生产规模的要求，在车间里布置一定数量的固定模台，组模、放置钢筋与预埋件、浇筑振捣混凝土、养护构件和拆模都在固定模台上进行。固定模台工艺模具是固定不动的，作业人员在各个固定模台间“流动”。钢筋骨架用起重机送到各个固定模台处；混凝土用送料车或送料吊斗送到固定模台处，养护蒸汽管道也通到各个固定模台下，预制构件就地养护；构件脱模后再用起重机送到构件存放区。

固定模台生产工艺流程如图 3-17 所示。

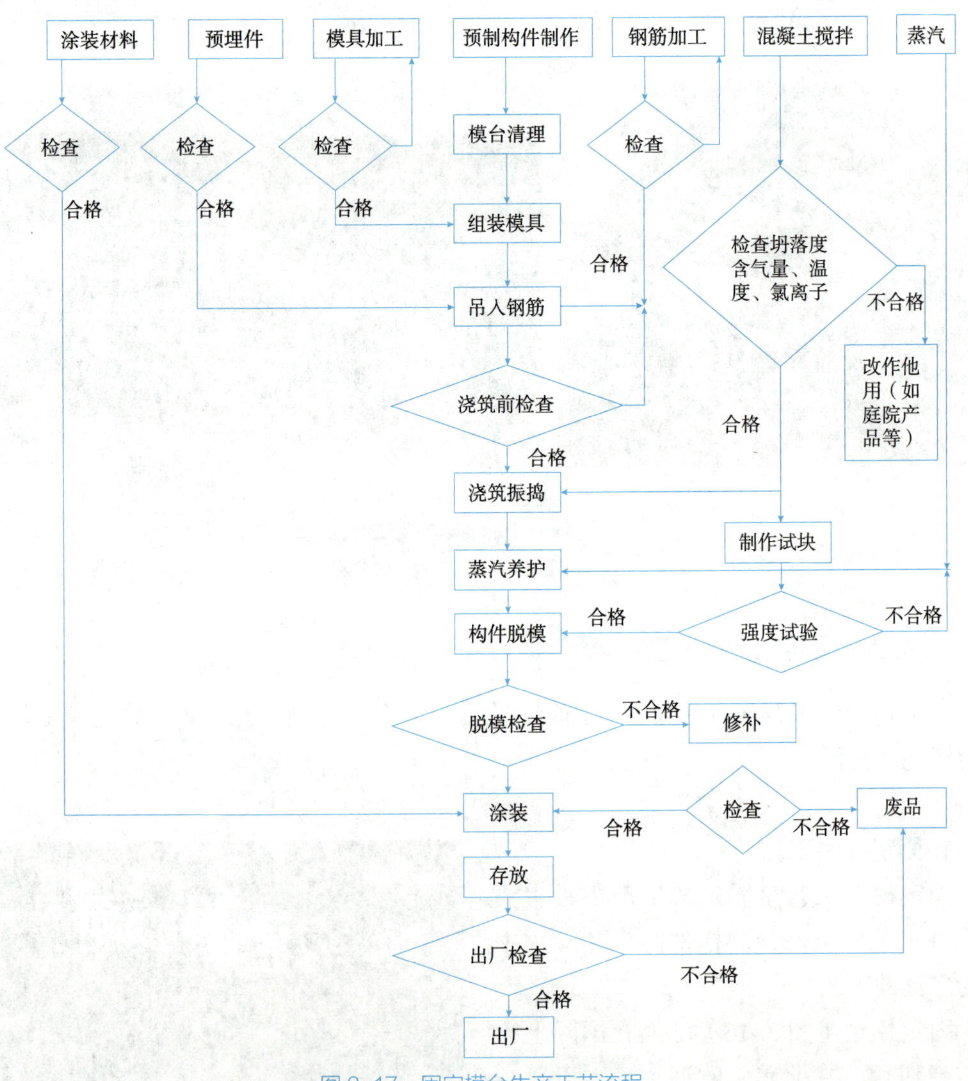

图 3-17　固定模台生产工艺流程

固定模台工艺适用于各种构件，包括标准化构件、非标准化构件和异形构件。具体构件包括柱、梁、叠合梁、后张法预应力梁、叠合楼板、剪力墙板、三明治墙板、外挂墙板、楼梯、阳台板、飘窗、空调板、曲面造型构件等。

固定模台工艺的优点：适用范围广，可生产复杂构件，生产安排机动灵活，限制少，投资少见效快，可租用厂房也可采用工地临时工厂。

固定模台工艺的缺点：与流水线相比同样产能占地面积大 10%~15%，可实现自动化的环节少，生产同样构件时振捣、养护、脱模环节比流水线工艺用工多，养护耗能高。

2. 独立立模工艺

独立立模可用于柱、剪力墙板、楼梯板、T 形板和 L 形板的制作。

以立式浇筑的柱子和侧立浇筑的楼梯板为例，如图 3–18 所示。

（a）

（b）

图 3–18 独立立模工艺

（a）柱子立式浇筑；（b）楼梯立式浇筑

独立立模由侧板和独立的底板组成，组模、放置钢筋与预埋件、浇筑振捣混凝土、养护构件和拆模与固定模台一致，产品是立式浇筑成型。

独立立模工艺流程大致与固定模台相似，如图 3–19 所示。

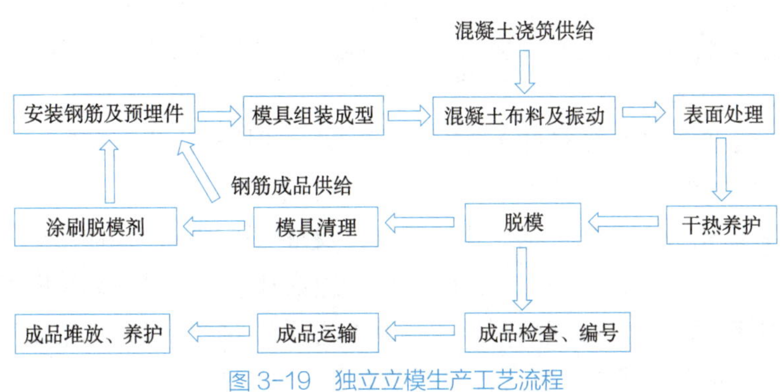

图 3–19 独立立模生产工艺流程

独立式立模的优点：①产品没有抹压立面；②适合生产 T 形板和 L 形板等三维构件，对剪力墙结构体系减少工地后浇混凝土有利；③构件不用翻转；④与固定模台比占地面积小。

独立式立模的缺点：无法实现自动化，组模、钢筋入模、浇筑比固定模台工艺麻烦，生产同样构件时振捣、养护、脱模环节比流水线工艺用工多，养护耗能高。

3. 集约式立模工艺

集约式立模工艺指的是将多个相同构件组合在一起同步制作的工艺，可用来生产规格标准、形状规则的板式构件，如不出筋的剪力墙内墙板、轻质混凝土空心墙板、复合隔墙、楼梯等，如图 3–20 和图 3–21 所示。

图 3–20　叠合板集约式立模

图 3–21　复合隔墙板集约式立模

集约式立模由底模和可移动模板组成，通过液压开合模具，在移动模板内壁之间形成用来制造预制构件的空间，可根据构件尺寸调整模具的空间大小。

集约式立模工艺流程（图 3–22）大致与固定模台相似，优点如下：工厂占地面积小，产品没有抹压立面，模具成本低，节约人工和能源，构件不用翻转，生产效率高。

4. 预应力工艺

装配式预应力构件主要是指预应力楼板，包括带肋的预应力板、预应力空心板、预应力双 T 板等。

预应力构件生产工艺主要有浇筑工艺（图 3–23）和挤压工艺（图 3–24）两种。

1）浇筑工艺：在固定的钢筋张拉台上制作构件。

固定好的钢筋张拉台两端分别设置钢筋张拉设备和固定端，钢筋固定并张拉后在张拉台上浇筑混凝土，养护达到要求强度后，拆卸边模和肋模，然后卸载钢筋拉力，切割预应力楼板。除钢筋张拉和楼板切割外，其他工艺环节与固定模台工艺接近，浇筑工艺流程基本与固定模台工艺相同，其优点是工艺简单。

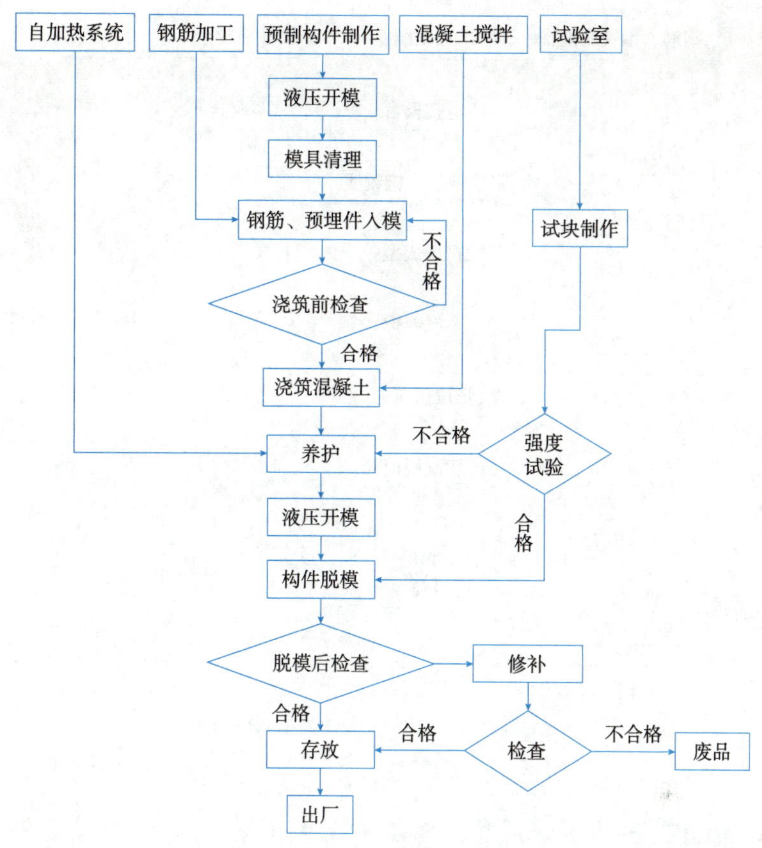

图 3-22 集约式立模工艺流程

图 3-23 浇筑工艺生产预应力叠合楼板

图 3-24 预应力混凝土楼板挤压机

2）挤压工艺：主要生产空心楼板，钢筋张拉后设备在轨道上移动，振动挤压出干硬性混凝土，即刻成型，其优点是自动化程度高。

预应力挤压工艺流程如图 3-25 所示。

预应力工艺的缺点是适用范围窄和产品单一。

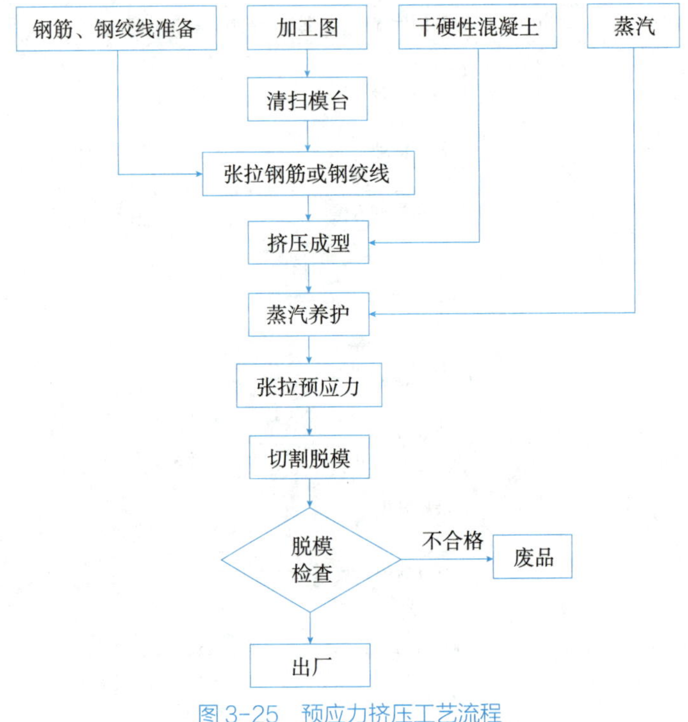

图 3-25　预应力挤压工艺流程

3.2.3　流动式生产工艺流程

流动式生产工艺包含流水线工艺和自动化流水线工艺，自动化程度低称之为流水线工艺，自动化程度高称之为自动化流水线工艺。

1. 流水线工艺

将标准规格钢平台（一般为 4m × 9m）放置在滚轴或轨道上，移动至组模区进行组模，再移动到钢筋和预埋件作业区段内进行钢筋和预埋件入模作业，然后移动到浇筑振捣平台上进行混凝土浇筑和振捣，模台移动到养护窑进行养护；养护结束出窑后移到脱模区脱模，构件被吊起或在翻转台翻转后吊起，然后运送到构件存放区。

流水线工艺主要设备有固定脚轮或轨道、模台、模台转运小车、模台清扫机、画线机、布料机、拉毛机、码垛机、养护窑、翻转机等，每台设备均需要专人操作，独立运行。流水线工艺在画线、喷涂脱模剂、浇筑混凝土、振捣环节部分实现了自动化，可以集中养护，在制作大批量同类型板式构件时，可以提高生产效率、节约能源、降低工人劳动强度。

流水线工艺流程：模台通过滚轮或轨道移动到每个工位，由该工位工人完成作业，然后转移至下一个工位，直到被码垛机送进养护窑。流水线的基本工位有：模台清扫、画线、喷涂脱模剂、组装模具、钢筋入模、浇筑混凝土同时振捣、拉毛或抹平、养护、翻转脱模等。

流水线生产工艺流程如图 3-26 所示。

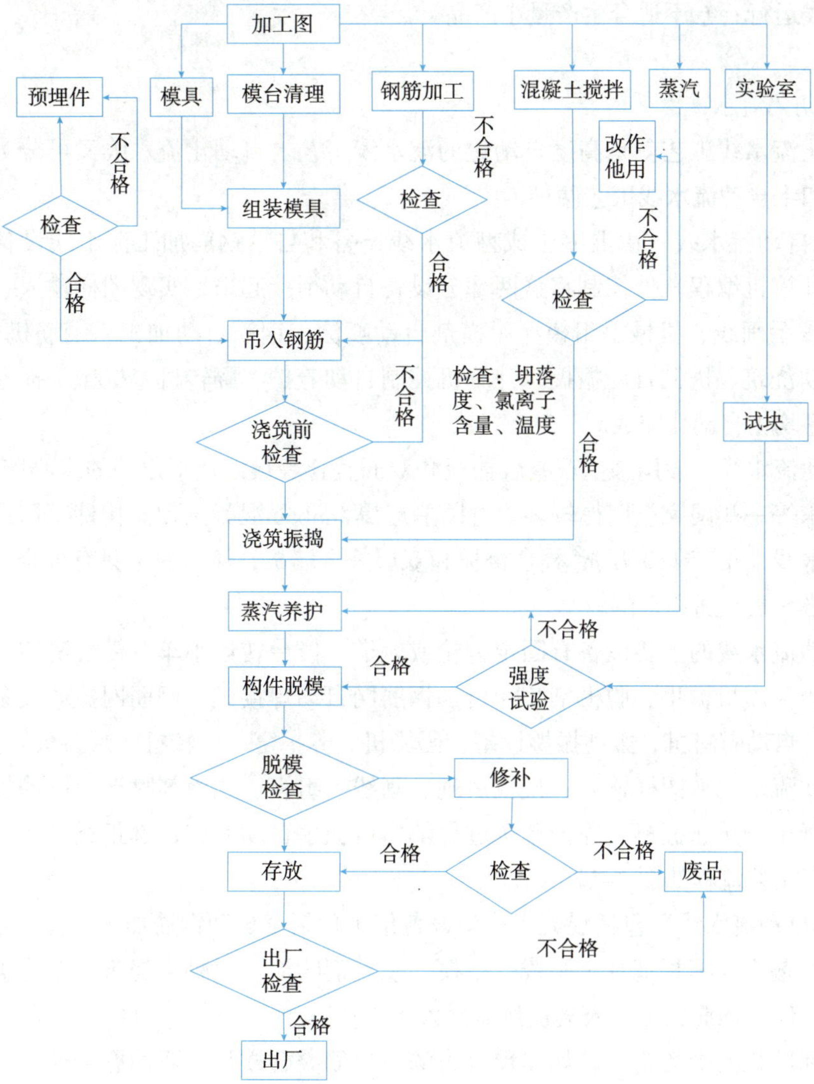

图 3-26　流水线生产工艺流程

流水线工艺适合生产标准化板类构件，如叠合楼板、剪力墙外墙板、剪力墙内墙板、夹芯保温板（三明治墙板）、外挂墙板、双面叠合剪力墙板、内隔墙板等。对于装饰一体化的板类构件（带装饰层的墙板、瓷砖反打、石材反打等墙板）也能生产，但效率较低。

流水线工艺的优点：①与固定模台工艺相比节约用地；②在放线、清理模台、喷脱模剂、振捣、翻转环节等实现了自动化；③钢筋、模具和混凝土定点运输，运输线路没有交叉；④部分环节实现了自动化，节约劳动力；⑤集中养护可以节约能源；⑥制作过程质量管控点固定，方便管理。

流水线工艺的缺点：①仅适用于板式构件；②投资较大；③制作不同种类构件时生产效率变慢；④要求生产具备均衡性，缺乏机动灵活；⑤如果一个环节出现问题会影响整个生产线运行；⑥不适合生产量小产品。

2. 自动化流水线工艺

自动化流水线工艺就是高度自动化的流水线工艺。自动化流水线又可分为全自动流水线工艺和半自动流水线工艺两种。

1）全自动流水线：由混凝土成型流水线设备和自动钢筋加工流水线设备两部分组成。通过计算机编程软件控制将这两部分设备自动衔接起来，实现图样输入、模板自动清理、机械手画线、机械手组模、脱模剂自动喷涂、钢筋自动加工、钢筋机械手入模、混凝土自动浇筑、机械自动振捣、计算机控制自动养护、翻转机、机械手抓取边模入库等全部工序均由自动化完成。

全自动流水线一般用来生产叠合楼板和双面叠合墙板以及不出筋的实心墙板。欧洲、南亚、中东等一些国家应用得较多，德国慕尼黑 Innbau 混凝土预制构件工厂采用智能化全自动流水线，年产 110 万 m^2 叠合楼板和双层叠合墙板，流水线上只有 6 个工人，但其缺点是价格昂贵且适用范围较窄。

全自动流水线的主要设备有固定脚轮或轨道、模台转运小车、模台清扫设备、机械手组模、边模库机械手、脱模剂喷涂机、钢筋网自动焊接机、钢筋网抓取设备、桁架筋抓取设备、自动布料机、柔性振捣设备、码垛机、养护窑、翻转机、倾斜机等。

全自动流水线从图样输入、模板清理、画线、组模、脱模剂喷涂、钢筋加工、钢筋入模、混凝土浇筑、振捣、养护等全过程都由机械手自动完成，真正意义上实现全部自动化，生产工艺流程如图 3-27 所示。

2）半自动流水线：包括混凝土成型设备但不包括全自动钢筋加工设备。半自动化流水线将图样输入、模板清理、画线、组模、脱模剂喷涂、混凝土浇筑、振捣等工序实现了自动化，但是钢筋加工、入模仍然需要人工作业。

适合标准化的板类构件，如非预应力的不出筋叠合楼板、双面叠合墙板、内隔墙板等。夹芯保温墙板也可以生产，但是不能实现自动化和智能化，组模、放置保温材料、安放拉结件等工序需要人工操作。

半自动流水线的主要设备有固定脚轮或轨道、模台转运小车、模台清扫设备、组模机械手（含机械手放线）、边模库机械手、脱模剂喷涂机、自动布料机、柔性振捣设备、码垛机、养护窑、翻转机、倾斜机等。

自动化流水线工艺优点：①自动化和智能化程度高；②产品质量优良；③生产效率高；④节省大量劳动力。

自动化流水线工艺缺点：①适用范围较窄；②市场规模需要很大；③造价很高；④投资回收周期长或者较难。

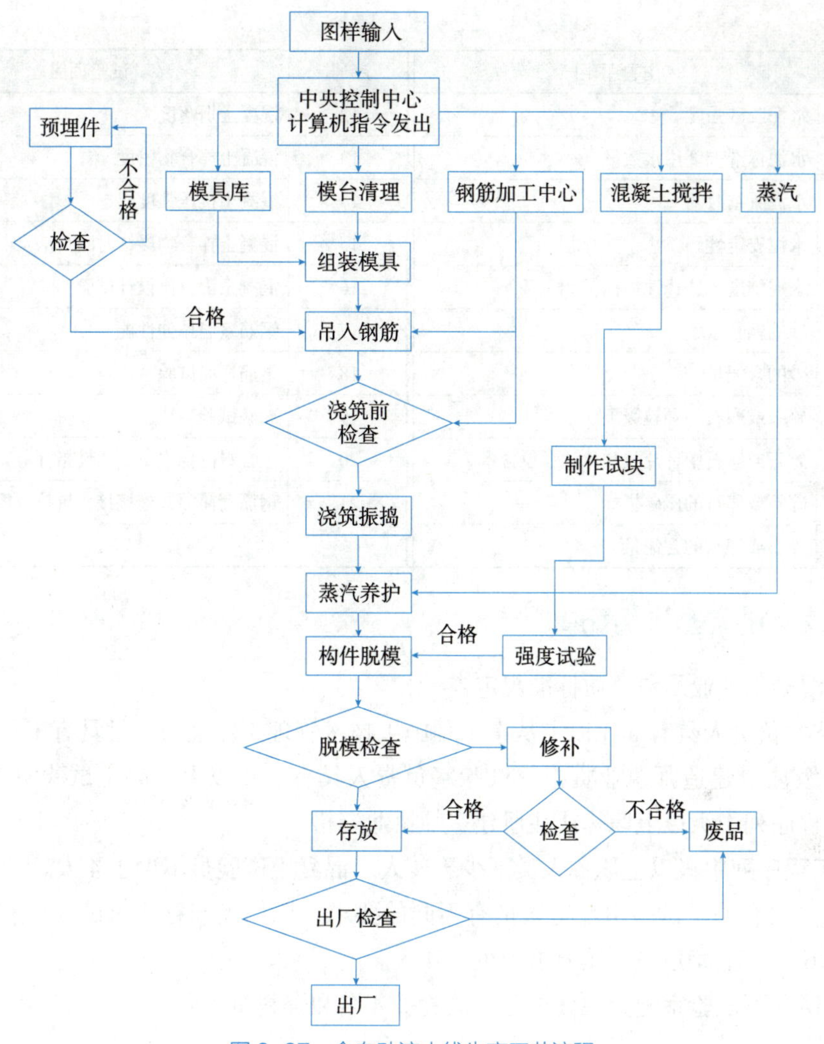

图 3-27 全自动流水线生产工艺流程

3.3 质检试验室配置

建筑部品部件预制构件工厂一般需设立质检试验室，试验能力满足产品质检需求，试验室应配备具备试验技能的工作人员和试验设备。

如果工厂暂时不具备条件设立试验室，可以选择与有试验资质的试验机构合作。

3.3.1 试验能力

预制构件工厂试验室基本试验项目见表 3-3。

如企业不具备试验能力的检验项目，应委托具有相应资质的第三方工程质量检测机构进行试验。

预制构件工厂试验室基本试验项目　　表 3-3

序号	试验项目	序号	试验项目
1	水泥胶砂强度	12	混凝土坍落度
2	水泥标准稠度用水数量	13	混凝土拌合物密度
3	水泥凝结时间	14	混凝土抗压强度
4	水泥安定性	15	混凝土拌合物凝结时间
5	水泥细度（选择性指标）	16	混凝土配合比设计试验
6	砂的颗粒级配	17	钢筋室温拉伸性能
7	砂的含泥量	18	钢筋弯曲试验
8	碎石或卵石的颗粒级配	19	冻融试验
9	碎石或卵石中针片状和片状颗粒含量	20	掺合料的烧失量、活性指标等
10	碎石或卵石的压碎指标	21	钢筋套筒灌浆连接接头抗拉强度
11	碎石或卵石的含泥量		

3.3.2　试验室人员配置

预拌混凝土专业承包资质标准规定：

1）技术负责人具有 5 年以上从事工程施工技术管理工作经历，且具有工程序列高级职称或一级注册建造师执业资格。试验室负责人具有 2 年以上混凝土试验室工作经历，且具有工程序列中级以上职称或注册建造师执业资格。

2）工程序列中级以上职称人员不少于 4 人。混凝土试验员不少于 4 人。

各地方政府关于试验室配置人员有不同的要求，比如辽宁省要求试验员有资格证书的不少于 6 人，上海乙级资质要求不少于 4 人。

一般情况下试验室配置主任 1 名、试验员 4 名和资料员 1 名。

3.3.3　试验室设备配置

生产企业的检测、试验、张拉、计量等设备及仪器仪表均应检定合格，并在有效期内使用。预制构件工厂试验室基本设备配置可见表 3-4。

预制构件工厂试验室基本设备配置　　表 3-4

序号	设备名称	序号	设备名称
1	水泥全自动压力试验机	8	混凝土标准养护室恒温恒湿程控仪
2	混凝土压力试验机	9	水泥恒温水养箱控制仪
3	水泥胶砂搅拌机	10	钢筋标点仪
4	水泥净浆搅拌机	11	水泥细度负压筛析仪
5	水泥胶砂试体成型振实台	12	万能试验机
6	水泥试体恒温恒湿养护箱	13	电子天平
7	混凝土拌合物维勃稠度仪	14	电子称

续表

序号	设备名称	序号	设备名称
15	雷氏测定仪	26	电热恒温干燥箱
16	混凝土振实台	27	混凝土贯入阻力仪
17	混凝土强制型搅拌机	28	水泥抗折试验机
18	保护层厚度测定仪	29	针片状规准仪
19	自动调压混凝土抗渗仪	30	坍落度筒
20	雷式沸煮箱	31	新标准石子压碎指标测定仪
21	振击式标准振筛机	32	钢板尺
22	净浆标准稠度及凝结时间测定仪	33	游标卡尺
23	冷冻箱	34	温湿计
24	砂石标准筛	35	智能型带肋钢丝测力仪
25	水泥抗压夹具		

试验室常用设备如图 3-28 所示。

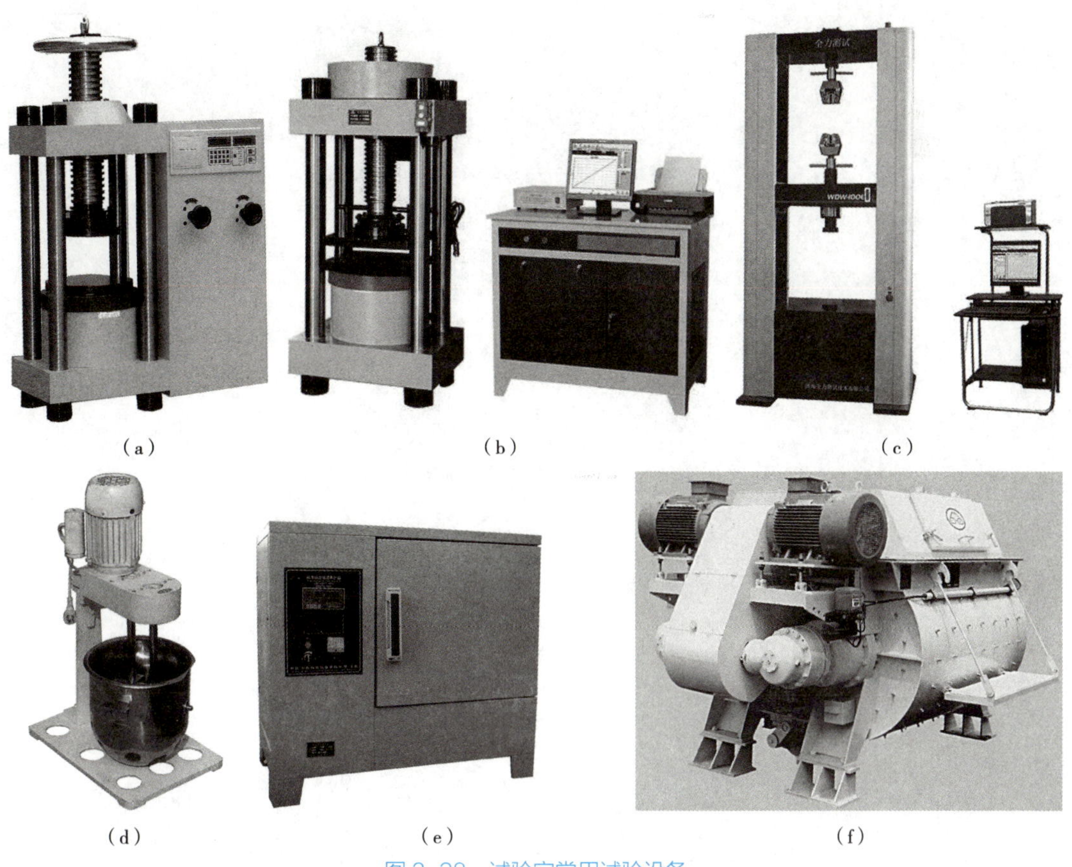

图 3-28 试验室常用试验设备

（a）混凝土压力试验机；（b）水泥压力试验机；（c）万能试验机；（d）砂浆搅拌机；（e）恒温恒湿养护箱；（f）混凝土搅拌机

3.4 本章小结

本章讨论了建筑部品部件预制工厂的厂区规划和生产规模，给出常规的生产设备配置和工厂管理系统；对固定式、流动式两类流水线工艺进行对比分析，给出了不同工艺方法的优缺点，最后对预制工厂配置的质检试验室相关人员、设备和试验能力要求进行分析。

思考与习题

3-1 预制工厂基本设置需要考虑哪些因素？

3-2 预制工厂流水线包含哪些工艺？其具体特点是什么？

3-3 预制工厂质检试验室包含哪些内容？

第4章

建筑部品部件智能一体化设计与生产

建筑部品部件的智能化设计方法
BIM 全过程协同设计
施工图二次深化设计
技术交底与图样会审
混凝土部品部件的智能化生产过程与技术
生产计划制定
材料采购验收与保管
钢材与门窗预埋件加工
模具组装与涂刷
入模固定与隐蔽工程验收
混凝土搅拌与浇筑
混凝土养护
成品脱模与翻转
成品表面检查处理与涂料作业
成品吊装存放与运输
实时总控管理平台与安全文明生产
混凝土部品部件质量检验与验收
常见质量问题及解决方法
见证检验项目
预制构件严重缺陷标准
预制构件尺寸允许偏差及检验方法
套管灌浆抗拉试验
预埋件、预留孔检验

二维码 4-1
第 4 章　教学课件

本章要点

1. 掌握建筑部品部件的智能化设计方法；
2. 了解建筑部品部件的智能化生产过程与技术；
3. 了解建筑部件的质量验收项目。

教学目标

1. 学习和了解建筑部品部件生产的常用设备，培养学生的创新思维和实践操作能力；
2. 清楚并掌握建筑部品部件的智能化设计方法，培养学生具有一定的计划、组织与协调能力；
3. 学习并了解建筑部件的质量验收项目，逐步养成严谨认真的工作态度。

案例引入

震撼世界的中国奇迹——火神山、雷神山医院建设

仅用十天建成的武汉火神山和雷神山两大医院（图4–1），堪称“奇迹”，已成为“中国速度”的代表，更是“中国实力”的象征。

（a）

（b）

图4-1　武汉火神山医院和雷神山医院

（a）火神山医院；（b）雷神山医院

值得我们思考的是：

（1）为何能在这么短时间内成功建成两所医院？“中国速度”背后的科技支撑是什么？

（2）如此神速的建设背后，除了受中国速度的加持外，也离不开中国建造新模式。据了解这两座医院的建设，均采用了行业最前沿的建筑工业化技术，最大限度地采

用拼装式工业化成品。这些工业化成品是如何进行设计和生产，将医院建成“三头六臂”的？

4.1 建筑部品部件的智能化设计方法

4.1.1 BIM 全过程协同设计

1. BIM 的基本概念及特点

BIM 的全称是 Building Information Modeling，其概念是伴随多维度信息建模技术的研究，在建设领域的应用和发展而诞生的，有五个主要特点。

1）三维可视化

BIM 的三维可视化是指将 BIM 模型转换为可视化的三维图形或动画，以便用户更好地理解建筑项目的结构和布局。从物理现实世界中采集物体、材料和空间结构信息，将这些信息转换为 3D 计算机图形，然后以可视化的形式在屏幕上展示出来。该模式利用计算机生成实际建筑的三维图像，可以在设计、施工和管理的整个过程中执行。

2）协调性

BIM 的协调性是指建设项目在规划、实施、管理和运行这几个阶段之间所采取的一系列协调方式，以保证工程顺利完成。BIM 系统信息共享，各环节信息互相衔接，如果有不协调会立即暴露；如果一个因素发生变化，其他相关因素也会随之变化，或给出不协调信息。

3）模拟性

BIM 的模拟性主要体现在全周期和多维度两个方面。通过 BIM 技术，可以将建筑修建过程中设计、施工、运维、整改和拆除等实现事前模拟，例如常见的前期的光照模拟、能耗模拟、人流动线模拟，施工阶段的施工模拟、工序模拟、方案模拟，运维阶段的系统工作模拟、紧急疏散模拟、维修整改模拟、火灾模拟等，贯穿建筑的全生命周期。

4）优化性

BIM 可以通过信息分析、模拟、比较，选择优化方案。由于 BIM 系统集中了整个工程的信息，其优化过程获得了多因素信息的支持，又有计算机强大的工具支持，可以比人工优化做得更好。

5）输出性

BIM 可以方便地输出信息，包括电子信息、图样、视频等。

2. BIM 在建筑部品部件设计阶段的应用

相比于现浇建筑，装配式建筑需要对建筑结构体系进行建筑部品部件的拆分，以达到工厂生产、现场组装的目的。由于设计协同难度大，传统的二维设计方法无法满足工业化的要求。

装配式建筑设计应充分考虑与内装设计、现场施工安全措施及现场施工设备的关系，精装修设计应提前进行，相应点位需在建筑部品部件图中定位并预留预埋。

BIM 技术操作总流程如下：①收集数据，并确保数据的准确性；②依照设计要求或者二维设计图纸建立各专业模型；③校验各专业模型准确性、完整性、专业性及设计信息是否满足模型深度要求；④按照统一规定和要求对模型文件进行命名，以便于模型文件的识别和协同管理；⑤将各阶段模型文件等成果提交项目参建单位审核确认，并按照参建单位意见修改和完善各阶段设计成果。

在项目的不同阶段，不同利益相关方利用 BIM 软件对模型中的相关信息进行提取、应用和更新，并将修改后的信息赋予 BIM 模型中，支持和反映各自职责的协同工作，从而提高设计、建造和运行的效率和水平，如图 4–2 所示。

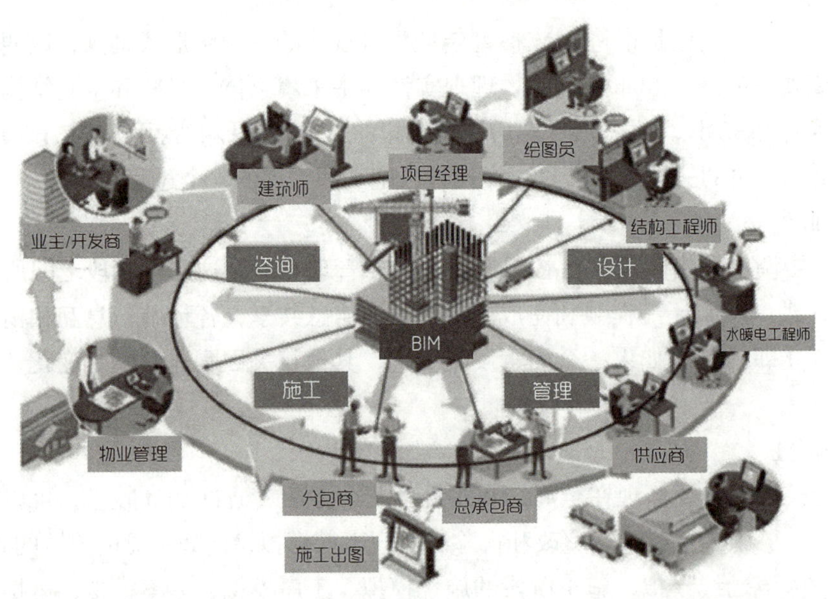

图 4–2　各相关方协同作业

1）方案设计阶段

方案设计阶段的 BIM 应用主要是利用 BIM 技术对项目的设计方案进行可视化展示以及主要经济指标分析，确定建造目标与技术实施方案，并根据技术策划实施方案初步确定建筑平面、立面方案以及结构体系、建筑部品部件种类。

（1）场地分析

利用软件对建筑项目所处的场地环境进行必要的分析，如坡度、坡向、高程、纵横断面、挖填量、等高线、流域等，作为方案设计的依据。根据分析结果，评估场地设计方案，对于不合理或存在缺陷之处，重新调整方案并分析评估。

（2）方案模型

该阶段建立装配式户型库和装配式 BIM 建筑部品部件库，并区分表达现浇部分和预制部分；尚应根据项目实际需求创建集成厨房、集成卫生间、标准化户型模型、全装修、机电一体化以及单元式幕墙模型等，如图 4–3 所示。

（3）性能分析

建筑性能分析主要是利用专业的模拟软件对建筑采光、通风、能耗、应急疏散等进行分析，如图 4–4 所示。

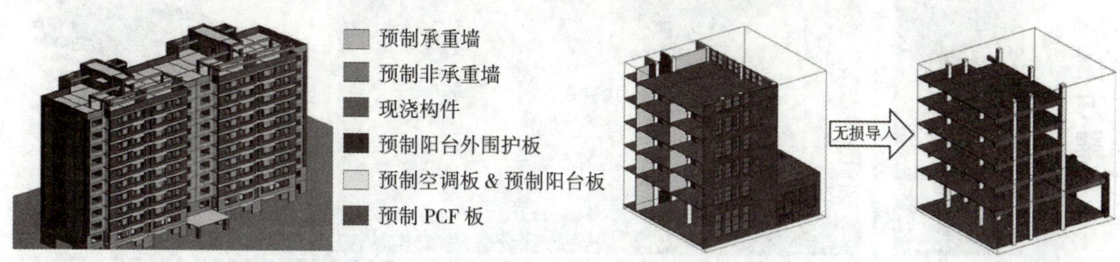

图 4–3　方案阶段模型搭建区分示意图

图 4–4　BIM 模型导入性能分析软件

（4）主要经济指标分析

利用 BIM 模型，快速准确地计算出总用地面积、总建筑面积、各子建筑面积、容积率、建筑密度、绿地率、停车位，以及主体或核心建筑的层数、层高、总高度等指标，提高项目决策效率。

（5）可视化展示

设计模型核查及优化，模型展示内容包括：①预制构件的组合关系、分布、种类及数量；②集成厨房、集成卫生间的形式、分布、种类、数量以及与主体建筑的相应关系；③标准化户型分布、种类及数量；④全装修、机电一体化与预制构件的相应关系；⑤单元式幕墙的形式，与主体建筑及预制构件之间的相应关系；⑥复杂节点的设计与美学、合理性相关的内容，如图 4–5 所示。

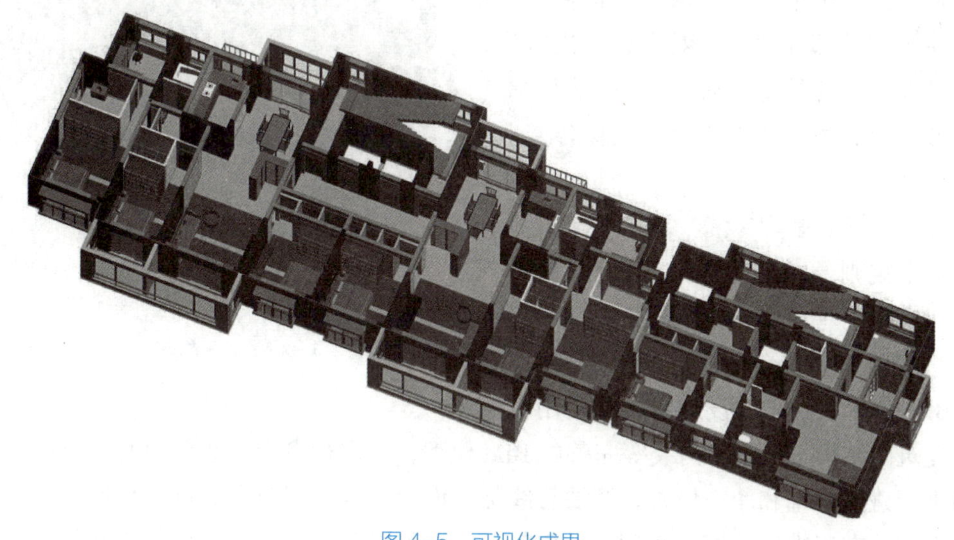

图 4–5　可视化成果

（6）方案比选

搭建方案模型，对建筑户型的标准化、模数协调性、空间流线合理性、结构体系的可行性进行分析；对建筑的物理性能进行分析；对相关技术经济指标的快速统计，以及成本的可量化分析，如图 4–6 所示，形成方案比选报告以及最终设计方案模型。

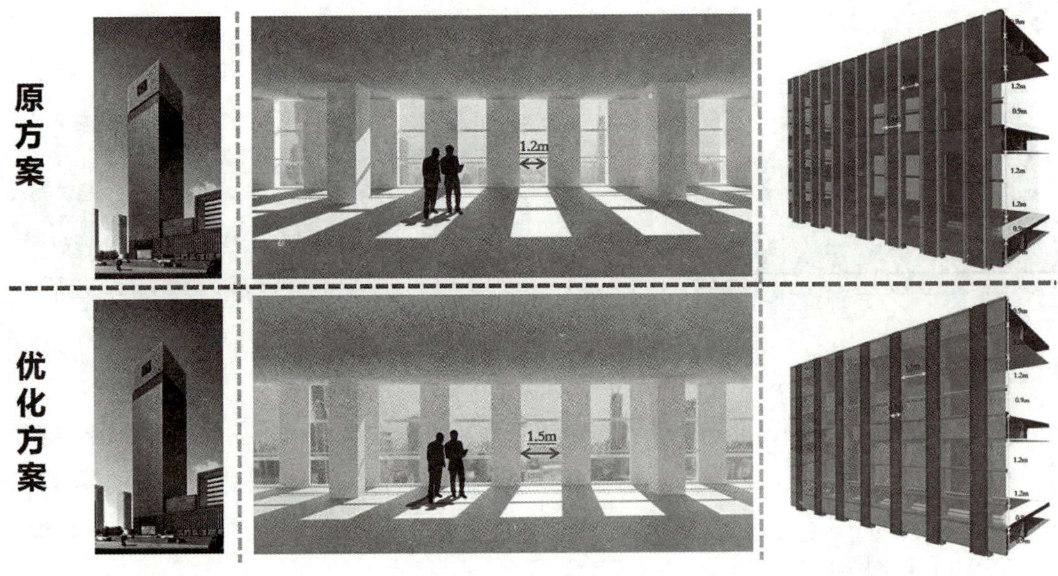

图 4–6　采光方案比选

2）初步设计阶段的 BIM 技术应用

BIM 技术在初步设计阶段的应用主要包括：进一步完善各专业 BIM 模型，各专业开展三维可视化设计，确保各专业模型的完整性、准确性和专业间设计信息的一致性。

（1）初步设计模型

完善、细化建筑和结构主要构件，优化预制建筑部品部件种类；对主管线进行设计建模，并配合建筑专业协调机房、管井等功能区域划分，如图 4–7 所示，确保各专业模型的完整性和规范性。

图 4–7　机电专业初步设计模型

（2）概算工程量

确定规则要求，完善构件属性参数，形成设计概算模型，编制概算工程量表。

3）施工图设计阶段的 BIM 技术应用

BIM 技术在施工图设计阶段的应用包括：建立建筑、结构、机电、内装等完整的 BIM 模型，并进行多个专业模型的整合；各专业之间进行碰撞检查和净空检查，开展管线优化设计；各连接节点的可视化信息表达，并指导出图。在三维设计模型基础上的建筑部品部件拆分，并对各类型预制部品部件数量进行统计，降低预制部品部件的类型和数量；精确统计预制部品部件的体积和重量，指导装配率的计算。

（1）施工图设计模型

细化各专业部品部件及预制部品部件的模型，模型应体现机电预留预埋、门窗幕墙预埋，墙体与机电、装修一体化模型应体现末端点位布置。集成厨房、集成卫生间模型宜包含地面、墙面、顶棚、厨卫设备、五金配件、插座、照明、通风、给水排水管线等，如图 4–8 所示。

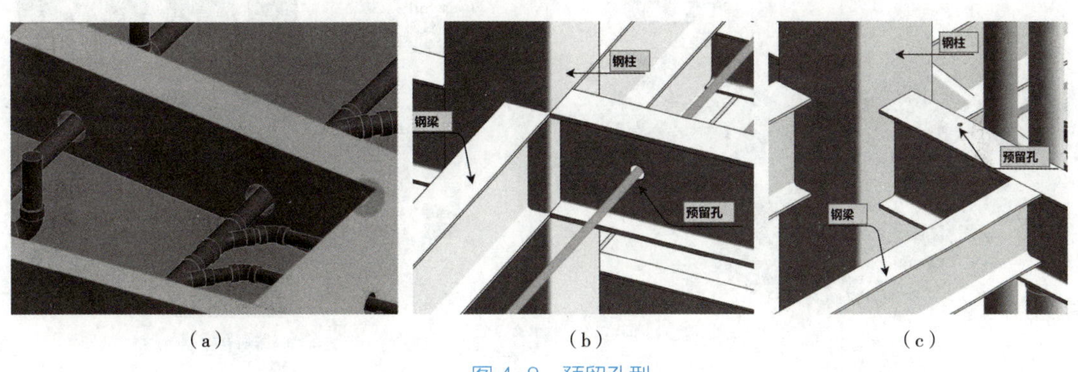

（a）　　（b）　　（c）

图 4–8　预留孔型

（a）混凝土结构梁上表达套管的预留；（b）钢梁腹板预留孔；（c）钢梁翼缘预留孔

（2）结构分析

搭建模型进行分析计算，应注意考虑拆分方案对装配式结构计算影响的相关参数；计算完成后保存分析模型和计算书，按传统审核方式完成该步骤审核，将结构计算模型导入至 BIM 建模软件，如图 4–9 所示，注意检查模型转化过程中是否有主要构件丢失，检查主要构件尺寸是否正确，检查导入后的构件是否完整带有分析模型信息等。

（3）节点设计

搭建节点模型，如图 4–10 所示，根据模型生成节点详图，导出工程量表。

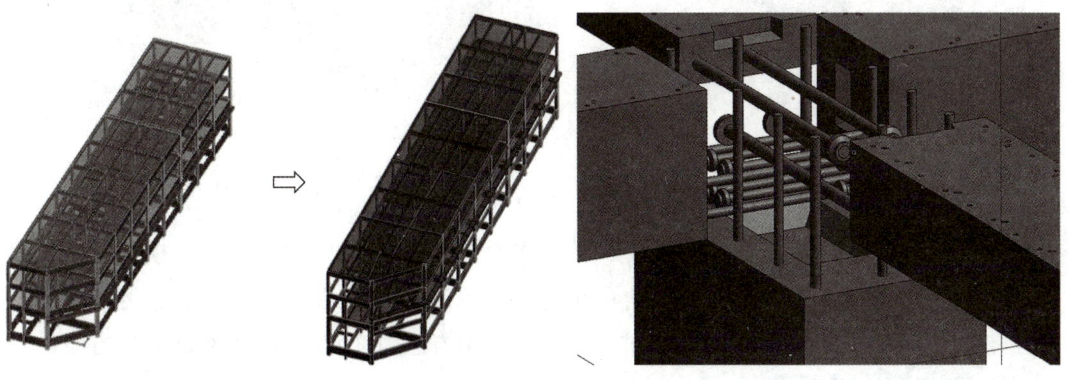

图 4–9　结构计算模型导入至 BIM 建模软件

图 4–10　装配式混凝土结构梁柱节点设计模型

（4）碰撞检查及三维管线综合

整合建筑、结构、给水排水、暖通、电气、内装等专业模型，形成整合的建筑信息模型，如图 4–11 所示。校核土建专业的预留预埋、点位布置与机电、内装专业的一致性，进行各专业间的碰撞检查，检查内容包括：土建与机电之间、主体和内装之间、集成卫生间、集成厨房与主体之间、单元式幕墙与主体之间，如图 4–12 所示。设定管线综合原则，逐一调整模型，解决各专业之间的碰撞问题。

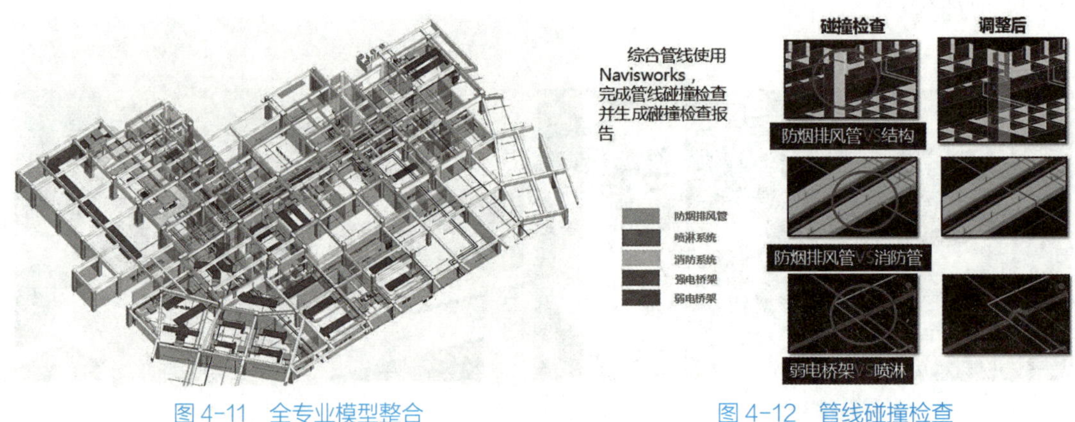

图 4–11　全专业模型整合　　　　图 4–12　管线碰撞检查

（5）空间检查

整合建筑专业、结构、机电、内装等专业设计模型，通过软件完成净高符合性检查，检查完成后分别导出主要空间净高分析报告，如图 4–13 所示。

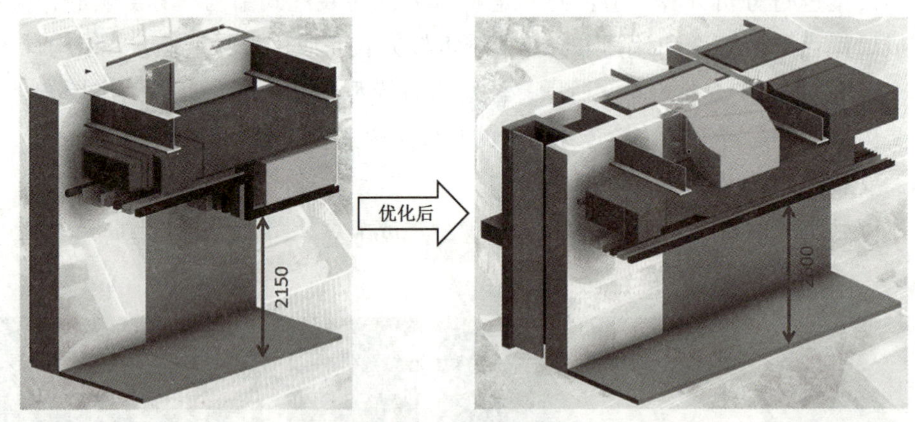

图 4–13　净高核查及优化

（6）拆分方案设计

在施工图三维设计模型的基础上，建立各个建筑部品部件的三维实体模型，基于连接简单、施工方便、少规格、多组合的拆分原则，确定满足在脱模、吊装、运输等多种施工工况下的验算，符合装配率要求，具备生产和施工可行性的部品部件拆分方案，如图 4–14 所示。

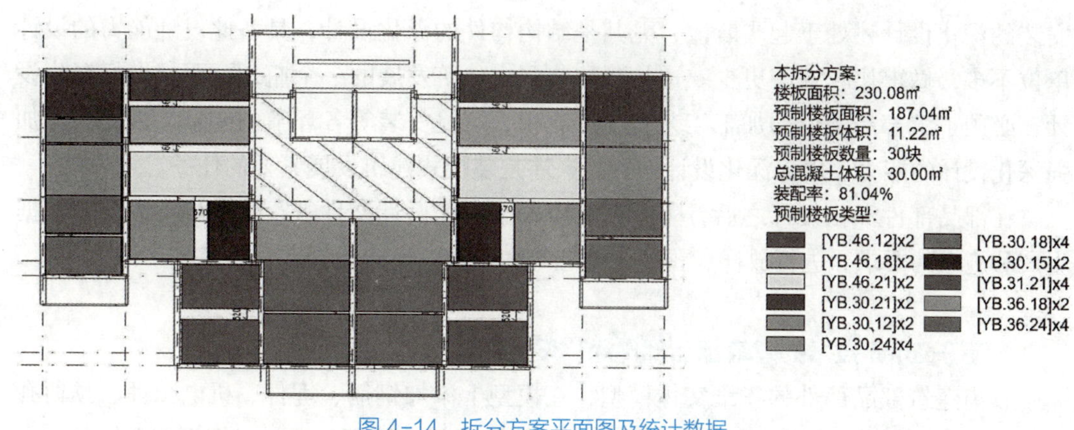

图 4-14 拆分方案平面图及统计数据

（7）二维制图表达

模型搭建完成后，通过剖切、调整视图深度、隐藏构件等步骤，搭建相关图纸；添加文字注释、尺寸标注、图例、施工图设计说明等，对复杂节点宜增加三维透视图和轴测图进行表达，根据项目需求通过 BIM 模型提取相关构件信息形成统计表格，如预制构件统计表等。

（8）三维模型交付

收集项目合同、BIM 实施策划等文件中相关交付要求。根据要求，在上个步骤完成的模型基础上，增加或删减各专业模型内容和信息进行成果交付。

（9）施工图工程量

根据招标投标阶段工程量计算范围、清单要求及依据，确定工程量清单所需的构件编码体系、重构规则与计量要求；在施工图设计模型基础上，确定符合工程量计算要求的部品部件与部分分项工程的对应关系，并进行工程量清单编码映射，将部品部件与对应的工程量清单编码进行匹配，完成模型中部品部件与工程量计算分类的对应关系；完善预算模型中部品部件的属性参数，如尺寸、材质、规格、部位、工程量清单规范约定、特殊说明、经验要素、项目特征、工艺做法等；形成施工图预算模型，设定工程量清单计算规则，进行部品部件重构与计算参数设置，最终生成“施工图预算模型”，编制工程量清单。

4.1.2 施工图二次深化设计

部品部件深化设计是装配式建筑设计独有的设计阶段，主要作用是将建筑各系统的结构构件、内装部品、设备和管线部件以及外围护系统部件进行深化设计，完成能够指导工厂生产和施工安装的深化设计图纸和加工图纸。

目前国内外围护系统中的幕墙设计相对比较成熟，形成了以专业幕墙设计单位和幕墙生产厂家提供深化设计服务的格局；以湿法作业为主的传统装修也有相对成熟的设计服务。而结构构件的深化加工设计、装配式内装的深化设计、设备和管线装配化加工和安装的深化设计还处于起步阶段，尤其是结构构件的深化设计，具备此设计能力的设计单位不多，做得比较好的更少。这是制约装配式建筑发展的一个瓶颈。要想做好深化设计，必须了解部品部件的加工工艺、生产流程、运输安装等各环节的要求。因此大力加强深化设计的能力、培养深化设计的专门人才是装配式建筑发展紧要的任务。

在部品部件深化设计之后，生产企业应根据深化设计文件进行生产加工设计，根据生产和施工的要求，进行放样、预留、预埋等加工前的生产设计。

1. 基于 BIM 技术的建筑部品部件深化设计模型

收集建筑部品部件的三维实体模型，在模型上添加钢筋、埋件、机电预埋、预留孔洞等内容，如图 4–15 所示。最终由模型直接统计混凝土体积与重量，钢筋与金属件的类别、型号与数量等材料信息，如图 4–16 所示。

图 4–15　装配式混凝土建筑深化设计模型

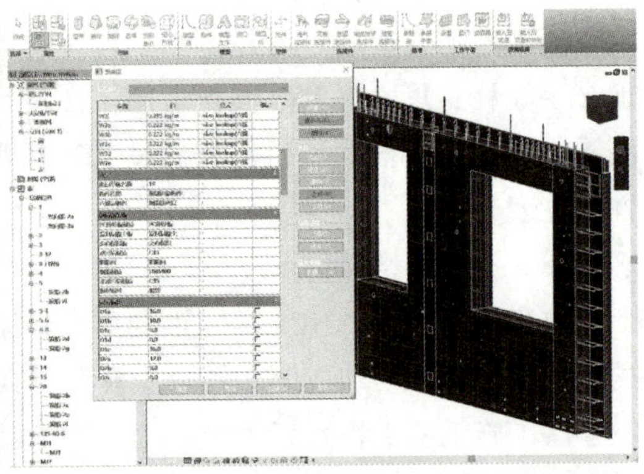

图 4–16　预制剪力外墙深化设计模型

2. 深化设计图纸

建筑部品部件深化模型搭建完成后，通过剖切、调整视图深度、隐藏构件等步骤，搭建相关图纸，如图 4–17 所示。添加文字注释、尺寸标注、图例等，对复杂节点宜增加三维透视图和轴测图进行表达。最终提取相关部品部件信息形成统计表格，如预制构件统计表、预制构件钢筋料表、预埋件明细表等，如图 4–18 和图 4–19 所示。

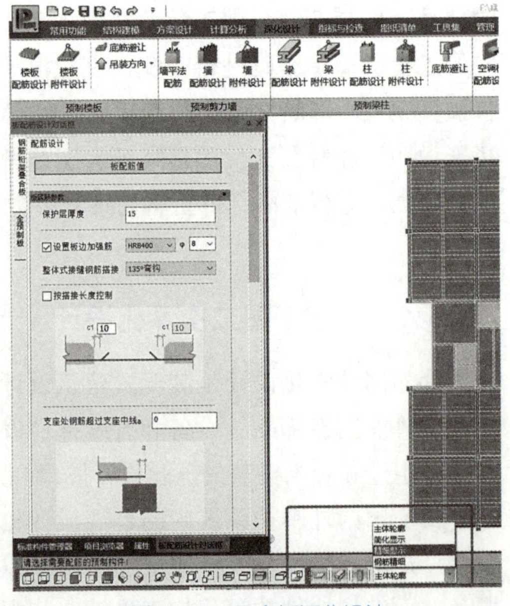

图 4–17　叠合板深化设计

3. 建筑部品部件碰撞检查

建筑部品部件的碰撞检查包括部品部件内、部品部件间、部品部件与现浇部位、部品部件与机电管线等内容进行碰撞检查。以

<000-埋件统计>

A	B	C	D	E	F
构件编号	编号	名称	规格	备注	合计
YWQ1	DH	PVC线盒	PVC		2
YWQ1	GT12	套筒12	GTZB4 12/12C	现代营造	14
YWQ1	MJ1	吊钉			6
YWQ1	MJ2	斜支撑埋件	M16X80	预埋镀锌螺母	8
YWQ1	MJ3	PCF固定埋件	φ12,L=70线耳	预埋镀锌螺母	8
YWQ1	支模穿孔	支模穿孔	φ20	φ20穿墙通孔	24
YWQ1	水槽	水槽	30*30		2
YWQ1	锁母	锁母	20锁母		4
YWQ2	DH	PVC线盒	PVC		4
YWQ2	GT12	套筒12	GTZB4 12/12C	现代营造	24
YWQ2	MJ1	吊钉	5T		12
YWQ2	MJ2	斜支撑埋件	M16X80	预埋镀锌螺母	16
YWQ2	MJ3	PCF固定埋件	φ12,L=70线耳	预埋镀锌螺母	16
YWQ2	支模穿孔	支模穿孔	φ20	φ20穿墙通孔	48
YWQ2	锁母	锁母	20锁母		8
YWQ2	防腐木	防腐木	30*50*25	防腐木	64
YWQ3	DH	PVC线盒	PVC		1
YWQ3	GT12	套筒12	GTZB4 12/12C	现代营造	7
YWQ3	MJ1	吊钉			3
YWQ3	MJ2	斜支撑埋件	M16X80	预埋镀锌螺母	4
YWQ3	MJ3	PCF固定埋件	φ12,L=70线耳	预埋镀锌螺母	4
YWQ3	支模穿孔	支模穿孔	φ20	φ20穿墙通孔	12
YWQ3	水槽	水槽	30*30		1
YWQ3	锁母	锁母	20锁母		2
YWQ4	DH	PVC线盒	PVC		1
YWQ4	GT12	套筒12	GTZB4 12/12C	现代营造	7
YWQ4	MJ1	吊钉			3
YWQ4	MJ2	斜支撑埋件	M16X80	预埋镀锌螺母	4
YWQ4	MJ3	PCF固定埋件	φ12,L=70线耳	预埋镀锌螺母	4
YWQ4	支模穿孔	支模穿孔	φ20	φ20穿墙通孔	12
YWQ4	水槽	水槽	30*30		1
YWQ4	锁母	锁母	20锁母		2

图 4-18 埋件统计

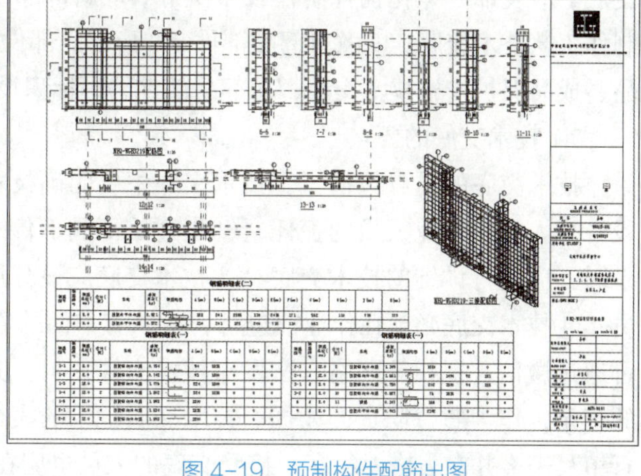

图 4-19 预制构件配筋出图

预制构件为例，预制构件内的碰撞检查内容有：钢筋之间、钢筋与预埋件之间、钢筋与预留孔洞之间是否发生碰撞。预制构件间的碰撞检查是对于拼接位置，包括水平连接之间和竖向连接之间的碰撞检查，检查内容有：钢筋与钢筋之间、钢筋与构件之间、构件与构件之间是否发生碰撞，如图 4-20 所示。

图 4-20 主梁柱钢筋碰撞检查

4.1.3 技术交底与图样会审

1. 技术交底

1）技术交底的含义

技术交底有两个层面：①设计单位向工厂技术团队进行技术交底，提出设计要求与制作环节的重点；②工厂技术主管在项目开工前向有关管理人员和作业人员介绍工程概况和特点、设计意图、采用的制作工艺、操作方法和技术保证措施等情况。

2）工厂内技术交底的主要内容

工厂内技术交底的主要内容包括：①原、辅材料采购与验收要求技术交底；②配合比要求技术交底；③套筒灌浆接头加工技术交底；④模具组装与脱模技术方案；⑤钢筋骨架制作与入模技术交底；⑥套筒或浆锚孔内模或金属波纹管固定方法技术交底；⑦预埋件或预留孔内模固定方法技术交底；⑧机电设备管线、防雷引下线埋置、定位、固定技术交底；⑨混凝土浇筑技术交底；⑩夹芯保温外墙板的浇筑方式（一次成型法或二次成型法）、拉结件锚固方式等技术交底；⑪混凝土构件蒸养技术交底；⑫各种部品部件吊具使用技术交底；⑬非流水线生产的构件脱模、翻转、装卸技术交底；⑭各种部品部件场地存放、运输隔垫技术交底；⑮形成粗糙面方法技术交底；⑯部品部件修补方法技术交底；⑰装饰一体化构件制作技术交底；⑱新部品部件、大型部品部件或特殊部品部件制作工艺技术交底；⑲敞口部品部件、L形部品部件运输临时加固措施技术交底；⑳半成品、成品保护措施技术交底；㉑部品部件编码标识设计与植入技术交底等。

3）技术交底的要点

技术交底的要点包括：①技术交底中要明确技术负责人、质量管理人员、车间和工段管理人员、作业人员的责任；②当建筑部品部件采用新技术、新工艺、新材料、新设备时，应进行详细的技术交底；③技术交底应该分层次展开，直至交底到具体的作业人员；④技术交底必须在作业前进行，应该有书面的资料，最好有示范、样板等演示资料，可通过微信、视频等网络方法发布技术交底资料，方便员工随时查看；⑤做好技术交底的记录，作为履行职责的凭据。技术交底记录的表格应有统一标准格式，交底人员应认真填写表格并在表格上签字，接受交底的人员也应在交底记录上签字。

2. 图样会审

制作图是工厂制作建筑部品部件的依据。所有拆分后的主体结构构件和非结构构件都要进行制作图设计。建筑部品部件制作图设计须汇集建筑、结构、装饰、水、电、暖、设备等各个专业和制作、存放、运输、安装各个环节对预制构件的全部要求，在制作图上无遗漏地表示出来。工厂收到建筑部品部件制作图之后应组织技术部、质量部、生产部、物资采购部等相关部门和人员认真消化和会审建筑部品部件制作图，主要审核内容包括以下 8 个方面：

1）建筑部品部件制作允许误差值。

2）部品部件所在位置标识图。

3）建筑部品部件各面命名图，以方便看图，避免出错。

4）部品部件模具图：①部品部件外形、尺寸、允许误差；②部品部件混凝土体积、重量与混凝土强度等级；③使用、制作、施工所有阶段需要的预埋螺母、螺栓、吊点等预埋件位置、详图，预埋件编号和预埋件表；④预留孔眼位置、构造详图与衬管要求；⑤粗糙面部位与要求；⑥键槽部位与详图；⑦墙板轻质材料填充构造等。

5）配筋图：①套筒或浆锚孔位置、详图、箍筋加密详图；②钢筋、套筒、浆锚螺旋约束钢筋、波纹管浆锚孔箍筋的保护层要求；③套筒（或浆锚孔）出筋位置、长度和允许误差；④预埋件、预留孔及其加固钢筋；⑤钢筋加密区的高度；⑥套筒部位箍筋加工详图，依据套筒半径给出箍筋内侧半径；⑦后浇区机械套筒与伸出钢筋详图；⑧部品部件中需要锚固的钢筋的锚固详图；⑨各型号钢筋统计。

6）夹芯保温墙板内外叶墙体的拉结件：①拉结件布置；②拉结件埋设详图；③拉结件材质及性能要求。

7）常规部品部件的存放方法以及特殊构件的存放搁置点和码放层数的要求。

8）非结构专业的内容。与部品部件有关的建筑、水、电、暖、设备等专业的要求必须一并在部品部件中给出，包括（不限于）：①门窗安装构造；②夹芯保温外墙板保温层构造与细部要求；③防水构造；④防火构造要求；⑤防雷引下线材质、防锈蚀要求与埋设构造；⑥装饰一体化构造要求，如石材、瓷砖反打构造图；⑦外装幕墙构造；⑧机电设备预埋管线、箱槽、预埋件等。

3. 设计图未包括问题处理程序

在建筑部品部件制作图消化、会审过程中要谨慎核对图样内容的完整性，对发现的问题要逐条予以记录，并及时和设计、施工、监理、业主等单位沟通解决，经设计和业主单位确认答复后方能开展下一步的工作。审图除上述内容，应重点注意以下问题：

1）建筑部品部件的型号、规格和数量是否与合同的约定相吻合。

2）建筑部品部件脱模、翻转、吊装和临时支撑等预埋件设置的位置是否合理。

3）预埋件、主筋、灌浆套筒、箍筋等材料的相互位置是否会“干涉”或因材料之间的间隙过小而影响到混凝土的浇筑。

4）建筑部品部件会不会因预埋件、主筋、灌浆套筒、箍筋等材料位置不当而导致表面开裂。

5）建筑部品部件的外形设计上有没有造成部件脱模困难或无法脱模的地方。

6）所有相关的图样之间有没有矛盾，有没有不清楚、不明确或者错误的地方。

4.2 混凝土部品部件的智能化生产过程与技术

4.2.1 生产计划制定

二维码 4-2
自动化高频柔性生产线（衬砌管片生产）

完善的生产计划是确保项目顺利实施的关键，在生产开始前必须制定详细的生产计划。生产计划主要包括以下内容：

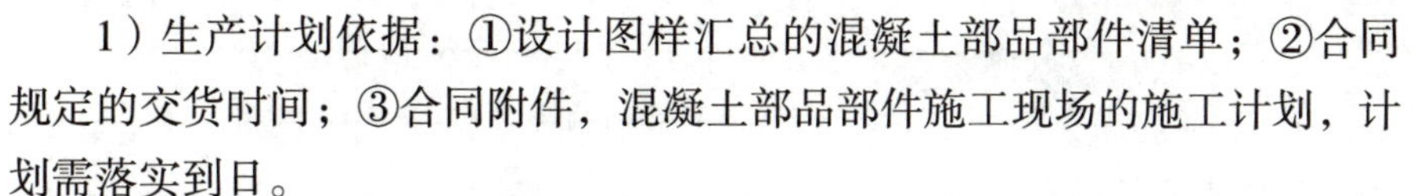

1）生产计划依据：①设计图样汇总的混凝土部品部件清单；②合同规定的交货时间；③合同附件，混凝土部品部件施工现场的施工计划，计划需落实到日。

2）生产计划要求：①确保按时交货；②有确保产品质量的生产时间，还要有富余量（防止意外事件发生）；③尽可能降低生产成本；④尽可能实现生产均衡；⑤每天、每件产品的生产计划都要详细执行；⑥生产计划需要量化；⑦要找出制约生产计划的关键因素，重点标识清楚。

3）影响生产计划的因素：①设备设施的生产能力；②劳动力资源；③生产场地；④工厂隐蔽节点及时验收；⑤原材料交付时间；⑥模具、工具、设备的影响；⑦生产技术能力。

生产计划分为总计划和分项计划。

1）总计划：应当包含年度、月、周计划。其主要包括以下项目：①制作设计时间；②模具加工周期；③原材料进厂时间；④试生产（人员培训、首件检验）；⑤正式生产；⑥出货时间；⑦每层混凝土部品部件的生产时间。表 4–1 给出了某项工程预制混凝土部品部件生产总计划表。

某项工程预制混凝土部品部件生产总计划表　　表 4–1

项目	制作与供货制度											
	2 月			3 月			4 月			5 月		
	上旬	中旬	下旬	上旬	中旬	下旬	上旬	中旬	下旬	上旬	中旬	下旬
第 14 层											生产	发货
第 13 层											生产	发货
第 12 层										生产	发货	
第 11 层										生产	发货	
第 10 层									生产	发货		
第 9 层									生产	发货		
第 8 层								生产	发货			
第 7 层								生产	发货			
第 6 层							生产	发货				
第 5 层							生产	发货				
第 4 层						生产	发货					
第 3 层						生产	发货					
第 2 层					生产	发货						
第 1 层					生产	发货						
技术准备												
模具制作												
原材料准备												
机具设施准备												
套筒强度试验												
首件检验												

2）分项计划：要根据总计划落实到天、落实到件、落实到模具、落实到人员。分项计划主要包含以下项目：①制定模具计划，组织模具设计和制作，绘制模具图纸并进行验收；②制定材料计划，选用和组织材料进厂并检验；③制定劳动力计划，根据生产平衡或流水线合理流速安排各环节劳动力；④制定设备、工具计划；⑤制定能源使用计划；⑥制定安全设施、防护设施计划。

4.2.2 材料采购验收与保管

1. 原材料采购

混凝土部品部件制作所用原材料采购须符合以下原则：①必须符合国家、行业和地方有关标准的规定；②必须符合设计图纸要求；③设计单位或建设单位指定原材料生产企业或者产品品牌的，应按照设计或建设单位的要求采购；没有指定厂家或品牌的，由工厂技术部门、试验室和采购部门共同选择厂家和品牌，由总工程师或工厂技术负责人决定；④禁止采购没有质量保证和检验文件的原材料；⑤混凝土部品部件主要原材料如钢筋、套筒、预埋件、内埋式螺母、拉结件、水泥、粗细骨料、外加剂、混合物、保护层垫块、修补料等，应选用优质产品。

2. 原材料入场验收

1）核对：对照订单，核对名称、厂家、规格、型号、生产日期等。

2）数量验收：①水泥、钢材、外加剂按重量验收，计量单位为“t”，水泥和外加剂材料需要用地秤称重，钢材则需分规格进行检斤称重；②骨料按体积验收数量，计量单位为“m^3 或 t”，材料进场需用电子地磅进行检斤称重，骨料的实际体积是根据实验室测量的骨料密度计算的；③预埋件、套筒、拉结件按个数验收数量，计量单位为个，生产厂家提供进货数量，由仓库保管员进行清点核实数量；④保温材料由仓库保管员进行清点核实数量；⑤窗与混凝土部品部件集成，窗框验收，按套核实数量；⑥装饰面材石材或面砖按面积或块数验收，计量单位为“m^2”或块。

3. 原材料储存

1）水泥存放：①水泥应根据强度等级和品种分别存放在完好的散装水泥仓内，仓外要挂有标识牌，标明进库日期、品种、强度等级、生产厂家和存放数量；②储存日期不能超过 90d；③储存 90d 以上的水泥应重新测定强度，合格后可根据实测值调整配合比进行使用。

2）钢材存放：①钢材应存放在防雨、干燥环境中；②钢材要按品种、规格分别堆放；③每堆钢筋要有标识牌，标明进场日期、型号、规格、厂家和数量。

3）骨料的存放：①骨料存放要按品种、规格分别堆放，每堆要挂有标识牌，标明规格、产地、存放数量；②骨料存储应有防混料和防雨措施。

4）外加剂存放：①外加剂存放要按型号、产地分别存放在完好的罐内，并确保雨水等不会混进罐中；②大多数液体外加剂有防冻要求，冬季必须存放在 5℃以上环境；③外加剂要挂有标识牌，标明名称、型号、产地、数量和进场日期。

5）装饰材料存放：①反打石材和瓷砖宜在室内储存，如果在室外储存必须遮盖，周围设置车挡；②反打石材一般规格不大，装箱运输存放；无包装箱的大规格板材直立码放时，应光面相对，倾斜度不应大于 15°，底面与层间用无污染的弹性材料支垫；③装饰面砖的包装箱可以码垛存放，但不宜超过 3 层。

6）预埋件、套筒、拉结件的存放：应存放在防水、干燥环境中。

7）保温材料存放：①保温材料应存放在防火区域，存放处应配备灭火器；②存放时应防水防潮。

8）修补料存放：①液体修补材料应存放在室温高于 5℃的避光环境中；②粉状修补材料应存放在防水、干燥的环境中，并应进行遮盖。

4.2.3 钢材与门窗预埋件加工

1. 钢筋制作

1）全自动制作

钢筋全自动加工主要加工各种箍筋、钢筋网片以及桁架筋，设备通过计算机控制识别输入进来的图样，按照图样要求从钢筋调直、成型、焊接、剪断等全过程实现自动化，大大减少人工作业，提高工作效率，如图 4–21~ 图 4–23 所示。

图 4–21 自动钢筋网片加工设备

图 4–22 自动箍筋加工设备

加工好的钢筋网片以及桁架筋由机械手自动吊入模具内，实现钢筋加工成型全过程自动化，如图 4–24 所示。

2）半自动制作

钢筋半自动制作是通过自动化设备对每根钢筋进行加工，然后手动组装成一个完整的钢筋骨架，通过人工搬运到模具内。钢筋半自动制作适合所有产品的生产，也是目前最常见的钢筋加工方式。

3）人工制作

钢筋人工制作是指在没有自动化设备的情况下，从下料、成型、制作、焊接或绑扎的整个过程，全部由人工完成，适用于所有产品。缺点就是效率低、劳动强度大、质量不稳定。

图 4-23 自动桁架筋加工设备

图 4-24 机械手将钢筋吊入模具

2. 预埋件制作

混凝土部品部件中预埋件和预留孔的形状尺寸以及中线定位偏差非常重要，在生产过程中应根据要求逐一检查。

定位方法应当在模具设计阶段考虑周全，增加固定辅助设施，特别要注意控制灌浆套筒及连接用钢筋的位置和垂直度。如果需要在模具上开孔固定预埋件及预埋螺栓的，应由模具厂家根据图样要求使用激光切割机或钻床开孔，严禁工厂自行使用气焊开孔。

预埋件应固定牢固，以防止在混凝土浇筑振捣的过程中出现松动和偏差。质检员应进行专项检查。表 4–2 列出了固定在模具上的预埋件和预留孔洞中心位置的允许偏差。

固定在模具上的预埋件预留孔洞中心位置的允许偏差　　表 4–2

项次	检查项目及内容	允许偏差（mm）	检验方法
1	预埋件、插筋、吊环预留孔洞中线位置	3	用钢尺量
2	预埋螺栓、螺母中心线位置	2	用钢尺量
3	灌浆套筒中心线位置	1	用钢尺量

注：来自《装配式混凝土结构技术规程》JGJ 1—2014。

4.2.4 模具组装与涂刷

1. 模具组装

1）固定模台工艺组模

（1）模具组装前要清理干净模台与模具。

（2）模具组装前，脱模剂应均匀地喷涂在每一块模板上，包括连接部位。对于有粗糙面要求的模具面，如果采用缓凝剂方式，须涂刷缓凝剂。

（3）模具组装应稳定牢固。

（4）应选择正确的模具进行拼装，在拼装部位粘贴密封条来防止漏浆。

二维码 4-3
蒸压陶粒墙板自动化生产线

（5）模具组装在固定台模上，模具与台模的连接应选用螺栓和定位销。

（6）组装模具应按照组装顺序进行组装，对于需要先吊入钢筋骨架的部件，应在吊入钢筋骨架后再进行组装。

（7）组装好的模具应对照图样自检，然后由质检员复检。

固定模台模具组装如图 4–25 所示。

2）流水线组模

（1）清理模具

在自动流水线上有一种用于清洁模具的清洁装置。当模台通过该装置时，刮板下降清除残留的混凝土，如图 4–26 所示。另一侧用圆盘滚刷将表面的浮灰扫掉。残余的大块混凝土应提前清理干净，并分析原因，提出整改措施。边模由边模清洗设备清洗，清洗后的边模通过传送带送到模具库，机械手按照一定规格存放备用。

图 4–25 固定模台模具组装

图 4–26 模台清理设备

人工清理模具需要用腻子刀或其他铲刀清理，需要注意清理模具要清理彻底，对残余的大块的混凝土要小心清理，防止损伤模台，并分析原因提出整改措施。

（2）放线

自动放线是由机械手根据输入的图样信息在模具台上绘制模具的边缘线，如图 4–27 所示。人工放线需要注意先放出控制线，从控制线引出边线。放线所用量具必须经验收合格。

（3）组模

①机械手组模。通过模具库机械手将模具库的边模取出，由组模机械手将边模按照放好的边线逐个摆放，并按下磁力盒开关，通过磁力把边模与模台连接牢固，如图 4–28 所示。

②人工组模。人工组装一些非标准的复杂模具、机械手不方便的模具，如门窗洞口的木模等。

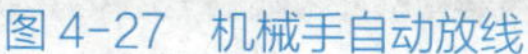
图 4-27　机械手自动放线

图 4-28　机械手自动组模

③组模的要求。无论采用哪种方法组装模具，都应符合下列要求：模板接缝应紧密；模具内不应有杂物、积水或冰雪等；模板与混凝土的接触面应平整洁净；组模前应检查模具各部件、部位是否洁净，脱模剂喷涂是否均匀；模具组装完成后，尺寸允许偏差应符合表 4-3 的要求。

预制构件模具尺寸的允许误差表和检验方法　　表 4-3

项次	检查项目及内容		允许偏差（mm）	检验方法
1	长度	≤ 6m	1，-2	用钢尺量平行构件高度方向，取其中偏差绝对值较大处长度
		> 6m 且≤ 12m	2，-4	
		> 12m	3，-5	
2	截面尺寸	墙板	1，-2	用钢尺测量两端或中部，取其中偏差绝对值较大处
3		其他构件	2，-4	
4	对角线差		3	用钢尺量纵、横两个方向对角线
5	侧向弯曲		L/1500 且≤ 5m	拉线，用钢尺量测侧向弯曲最大处
6	翘曲		L/1500	对角线测量交叉点间距离值的两倍
7	底模表面平整度		2	用 2m 靠尺和塞尺量
8	组装缝隙		1	用塞片或塞尺量
9	端模与侧模高低差		1	用钢尺、拐尺量

注：L 为模具与混凝土接触面中最长边的尺寸。此表出自《装配式混凝土结构技术规程》JGJ 1—2014。

2. 涂刷脱模剂（或缓凝剂）

1）涂刷脱模剂

（1）涂刷前检查

在涂刷脱模剂前要检查模具是否洁净。

（2）脱模剂类型

常用脱模剂有油性和水性两种材质，制作混凝土部品部件应选用不污染产品表面的脱模剂。

（3）自动涂刷

流水线配有自动喷涂脱模剂设备（图4–29），模台运转到该工位后，设备开始喷涂脱模剂，设备上有多个喷嘴保证模台每个地方都均匀喷到，当模台离开设备工作面时设备自动关闭。

图 4-29　自动喷涂脱模剂设备

（4）人工涂刷

人工涂抹脱模剂要使用干净的抹布或海绵，均匀涂抹后的模具表面不允许有明显的痕迹，不允许有堆积和漏涂现象。

（5）其他要求

喷涂脱模剂后不要立即作业，应在脱模剂成膜后进行下一道工序。

2）涂刷缓凝剂

模具面需要形成粗糙面，一个办法是在模具上涂刷缓凝剂，混凝土脱模后再用水冲洗去除表面没有固化的灰浆，形成粗糙面。涂刷缓凝剂须做到：①应选用专业厂家生产的粗糙面专用缓凝剂；②对设计要求的粗糙面部位进行涂刷；③按照产品使用要求进行涂刷。

4.2.5　入模固定与隐蔽工程验收

1. 钢筋入模

1）钢筋骨架尺寸与位置允许偏差

钢筋入模有全自动入模和通过起重机人工入模两种方式。无论采用何种方式，钢筋网片或者钢筋骨架应符合表 4–4 的要求。

2）保护层厚度

常用钢筋保护层隔件（图 4–30）有水泥、塑料和金属三种材质，混凝土部品部件保护层不宜使用金属间隔件。

钢筋保护层厚度应符合规范和设计要求，钢筋入模前应放置钢筋保护层间隔件安。保护层间隔件间距与构件高度和钢筋重量有关，应按《混凝土结构设计标准》GB/T 50010—2010（2024 年版）有关规定布置，且不宜小于 300mm。

图 4-30　钢筋保护层间隔件

预制构件模具尺寸的允许误差表和检验方法　　表 4-4

项目			允许偏差（mm）	检验方法
绑扎钢筋网	长、宽		± 10	钢尺检查
	网眼尺寸		± 20	钢尺量连续三档，取最大值
绑扎钢筋骨架	长		± 10	钢尺检查
	宽、高		± 5	钢尺检查
	钢筋间距		± 10	钢尺量两端、中间各一点
受力钢筋	位置		± 5	钢尺量两端、中间各一点，取较大值
	排距		± 5	
	保护层	柱、梁	± 5	钢尺检查
		楼板、外墙板楼梯、阳台板	+5，-3	钢尺检查
绑扎钢筋、横向钢筋间距			± 20	钢尺量连续三档，取最大值
箍筋间距			± 20	钢尺量连续三档，取最大值
钢筋弯起点位置			± 20	钢尺检查

注：此表参考《混凝土结构工程施工质量验收规范》GB 50204—2015。

3）出筋控制

从模具伸出的钢筋位置、数量和尺寸等要符合图样要求，并严格控制质量。出筋位置和尺寸应通过专用固定架固定。

4）套筒、波纹管、浆锚孔内模及螺旋筋安装

（1）套筒、波纹管、浆锚孔内模的数量和位置要确保正确。

（2）套筒与受力钢筋连接，钢筋应伸入套筒定位销处；套筒另一端与模具上的定位螺栓连接牢固。

（3）波纹管与钢筋绑扎连接牢固，端部与模具上的定位螺栓连接牢固。

（4）浆锚孔内模与模具上的定位螺栓连接牢固。

（5）要保证套筒、波纹管、浆锚孔内模的位置精度，方向垂直。

（6）保证注浆口和出浆口方向正确；如需要导管引出，与导管接口应严密牢固，导管固定牢固。

（7）注浆口和出浆口做临时封堵。

（8）浆锚孔螺旋钢筋位置正确，与钢筋骨架连接牢固。

2. 隐蔽工程检查

1）钢筋和预埋件隐蔽工程检查项目

混凝土浇筑前，应对钢筋以及预埋部件进行隐蔽工程检查，检查项目包括：①钢筋的牌号、规格、数量、位置和间距等是否符合设计和规范要求；②纵向受力钢筋的连接方式、接头位置、接头质量、接头面积百分率和搭接长度等；③灌浆套筒与受力钢筋的连接，位置误差等；④箍筋弯钩的弯折角度及平直段长度；⑤钢筋机械锚固是否符合设

计和规范要求；⑥伸出钢筋的直径、伸出长度、锚固长度、位置偏差等；⑦预埋件、吊环、预留孔洞的规格、数量、位置、定位牢固长度等；⑧钢筋与套筒保护层厚度；⑨夹芯外墙板的保温层位置、厚度，拉结件的规格、数量、位置等；⑩预埋管线、线盒的规格、数量、位置及固定措施。

2）隐蔽工程检查的要求

隐蔽工程的检查除书面检查记录外应当有照片记录，拍照时用小白板记录该构件的使用项目名称、检查项目、检查时间、生产单位等。关键部位应当多角度地拍照，照片要清晰。

3）隐蔽工程检查记录归档

隐蔽工程检验记录应与工厂原材料检验记录一起存档，存档按照时间、项目进行分类存放，照片影像类应电子存档与刻盘。

4.2.6 混凝土搅拌与浇筑

1. 混凝土搅拌

混凝土搅拌作业须做到：①控制节奏。预制混凝土作业不像现浇混凝土那样是整体浇筑，而是一个一个部件浇筑。每个部件的混凝土强度等级可能不相同，混凝土用量也不一样，上一道工序完成的节奏也有差异，因此，预制混凝土搅拌作业必须控制节奏。搅拌混凝土的强度等级、时机与混凝土数量必须与已经完成前道工序的部件的需求一致。不仅要避免搅拌量过剩或搅拌后等待入模时间过长，而且要尽可能提高搅拌效率。对于全自动生产线，计算机会自动调整节奏，对于半自动和人工控制的生产线、固定模台工艺，混凝土搅拌节奏靠人工控制，需要严密的计划和作业时的互动。②原材料符合质量要求。③严格按照配合比设计，计量准确。④搅拌时间充分。

2. 混凝土运送

如果流水线工艺混凝土浇筑振捣平台设在搅拌站出料口位置，混凝土直接出料给布料机，没有混凝土运送环节；如果流水线浇筑振捣平台与出料口有一定距离，或采用固定模台生产工艺，则需要考虑混凝土运送。

混凝土部品部件生产工厂常用的混凝土运输方式有三种：自动鱼雷罐运输、起重机－料斗运输、叉车－料斗运输。当工厂超负荷生产时，厂内搅拌站无法满足生产需要，可以在工厂外的搅拌站购买商品混凝土，通过搅拌罐车运输。

图 4-31　自动鱼雷罐

自动鱼雷罐（图 4-31）用在搅拌站到构件生产线布料机之间运输，运输效率高，适用于连续浇筑混凝土作业。自动鱼雷罐运输搅拌站与生产线布料位置距离不能过长，宜控制在 150m 以内，且最好是直线运输。

车间内起重机或叉车加上料斗运输混凝土，适用于生产各种预制混凝土构件，运输卸料方便。混凝土运送须做到：①运送能力与搅拌混凝土的节奏匹配；②运送路径通畅，运送时间应尽可能短；③运送混凝土的容器每次出料后必须清洗干净，不能有残留混凝土；④当运送路径有露天段时，雨雪天气运送混凝土的叉车或料斗应当遮盖。

3. 混凝土入模

1）喂料斗半自动入模

人工通过操作布料机前后左右移动来完成混凝土的浇筑，混凝土浇筑量通过人工计算或经验来控制，是目前国内流水线上最常用的浇筑入模方式。

2）料斗人工入模

人工通过控制起重机前后来移动料斗完成混凝土浇筑，人工入模适用在异形构件及固定模台的生产线上，且浇筑点、浇筑时间不固定，浇筑量完全通过人工控制，优点是机动灵活，造价低。

3）智能化入模

布料机根据计算机传送过来的信息自动识别图样及模具，自动完成布料机的移动和布料，工人通过观察布料机上显示的数据判断布料机的混凝土量，随时补充（图 4-32）。混凝土浇筑遇到窗洞口时自动关闭卸料口防止误浇筑。

图 4-32 喂料斗自动入模

混凝土无论采用何种入模方式，浇筑时应符合下列要求：①浇筑前应当做好检查，检查混凝土坍落度、温度、含气量等，并拍照存档；②浇筑时应均匀连续，从模具的一端开始；③投料高度不应超过 500mm；④浇筑过程中应有效控制混凝土的均匀性、密实性和整体性；⑤浇筑应在混凝土初凝前完成；⑥混凝土应边浇筑边振捣；⑦冬季混凝土入模温度不应低于 5℃；⑧混凝土浇筑前应制作同条件养护试块等。

4. 混凝土振捣

1）固定模台振动棒振捣

预制混凝土部品部件振捣与现浇不同，由于套管、预埋件多，应选用超细振动棒或者手提式振动棒。

振动棒振捣混凝土应符合下列规定：①应按分层浇筑厚度分别振捣，振动棒的前端应插入前一层混凝土中，插入深度不小于 50mm；②振动棒应垂直于混凝土表面并快插慢拔均匀振捣；③当混凝土表面无明显塌陷、有水泥浆出现、不再冒气泡时，应当结束该部位振捣；④振动棒与模板的距离不应大于振动棒作用半径的一半；⑤振捣插点间距不应大于振动棒作用半径的 1.4 倍；⑥钢筋密集区、预埋件及套筒部位应当选用小型振动棒振捣，并且加密振捣点，延长振捣时间；⑦反打石材、瓷砖等墙板振捣时应注意振动损伤石材或瓷砖。

2）固定模台附着式振动器振捣

固定模台生产板类构件如叠合楼板、阳台板等薄壁性构件可选用附着式振动器。附着式振动器振捣混凝土应符合下列规定：①振动器与模板紧密连接，设置间距通过试验确定；②模台上使用多台附着振动器时，每个振动器的频率应一致，并应交错设置在相对面的模台上。

3）固定模台平板振动器振捣

平板振动器适用于墙板生产内表面找平振动，或者局部辅助振捣。

4）流水线振动台振捣

流水线振动台通过水平和垂直振动从而使混凝土密实。振动平台可以上下、左右、前后 360° 移动，且噪声控制在 75dB 以内，如图 4-33 所示。

图 4-33　流水线 360° 振动台

5. 浇筑表面处理

1）压光面

混凝土浇筑振捣完成后在混凝土终凝前，应当先采用木质抹子对混凝土表面砂光、砂平，然后用铁抹子压光直至压光表面。

2）粗糙面

需要粗糙面的可采用拉毛工具拉毛，或者使用露骨料剂喷涂等方式来完成粗糙面。

3）键槽

需要在浇筑面预留键槽，应在混凝土浇筑后用内模或工具压制成型。

4）抹角

浇筑面边角做成 45° 抹角，如叠合板上部边角，或用内模成型，或由人工抹成。

4.2.7　混凝土养护

养护是保证混凝土质量的重要环节，对混凝土的强度、抗冻性、耐久性有很大的影响。混凝土养护有三种方式：常温、蒸汽、养护剂养护。预制混凝土部品部件一般采用蒸汽（或加温）养护，蒸汽（或加温）养护可以缩短养护时间，快速脱模，提高效率，减少模具和生产设施的投入。

蒸汽养护的基本要求：①采用蒸汽养护时，应分为静养、升温、恒温和降温四个阶段；②静养时间根据外界温度一般为 2~3h；③升温速度宜为每小时 10~20℃；④降温速度不宜超过每小时 10℃；⑤柱、梁等较厚的预制构件养护最高温度宜控制在 40℃，楼板、墙板等较薄的部件养护最高温度应控制在 60℃，持续时间不小于 4h；⑥当部件表面温度与外界温差不大于 20℃时，方可撤除养护措施脱模。

1. 固定台模和立模工艺养护

固定模台与立模采用在工作台直接养护的方式。蒸汽通到模台下，将部件用苫布或移动式养护棚铺盖，在覆盖罩内通蒸汽进行养护。固定模台养护应设置全自动温控系统，通过调节供气量自动调节每个养护点的加热和冷却速度和保持温度。

2. 流水线集中养护

流水线采用养护窑集中养护，养护窑内有散热器或者暖风炉进行加温，采用全自动温控系统，如图 4-34 所示。养护窑养护应避免构件出入窑时窑内外温差过大。

图 4-34　养护窑集中养护

4.2.8　成品脱模与翻转

1. 脱模

1）预制混凝土部品部件脱模起吊时混凝土强度应达到设计图样和规范要求的脱模强度，且不宜小于 15MPa。部品部件强度依据试验室同批次、同条件养护的混凝土试块抗压强度。

2）脱模应严格按照顺序进行拆模，严禁用振动、敲打方式拆模。

3）脱模时应仔细检查确认部件与模具之间的连接在吊装前已完全拆除。

4）部品部件起吊应平稳，楼板应采用专用多点吊架进行起吊，复杂构件应采用专门的吊架进行起吊。

5）脱模后的部品部件运输到质检区待检。

2. 构件标识

1）预制混凝土部品部件脱模后应在明显部位做部品部件标识。

2）经过检验合格的产品出货前应粘贴合格证。

3）产品标识内容应包含产品名称、编号（应当与施工图编号一致）、规格、设计强度、生产日期、合格状态等。

4）标识宜用电子笔喷绘，也可用记号笔手写，但必须清晰正确。预埋芯片或 RFID 无线射频识别标签可以存入更详细的信息。

5）每种类别的部品部件的标识位置应统一，标识应在不影响表面外观易于识别的地方。

3. 起吊

脱模起吊应满足以下要求：①吊点连接必须紧固，避免脱扣；②绳索长度和角度符合要求，无偏心；③起吊时缓慢加力，不能突然加力；④当脱模起吊时出现部品部件与底模粘连或出现裂缝时，应停止作业，由技术人员分析后给出作业指令再继续起吊。

4. 翻转

1）翻转台翻转

当生产线配备自动翻转台时，翻转作业由机械完成（图 4-35），翻转后进入吊运阶段。

图 4-35　翻转装置

2）吊钩翻转

吊钩翻转包括单吊钩翻转和双吊钩翻转两种方式。单吊钩翻转是在部品部件一段挂钩，将“躺着”的部品部件拉起；双吊钩翻转是用两部起重设备或一部起重设备采用双吊钩方式进行翻转。

吊钩翻转作业要点：①单吊钩翻转应在翻转时触地一端铺设软隔垫，避免部品部件边角损坏，隔垫材料可用橡胶垫、XPS 聚苯乙烯板、轮胎或橡胶垫等；②双吊钩翻转应当在绳索与部品部件之间用软质材料隔垫，如橡胶垫等，翻转时，两个吊钩升降应协同；③翻转作业应当由有经验的信号工指挥。

4.2.9　成品表面检查处理与涂料作业

1. 表面检查

1）表面检查重点：蜂窝、孔洞、夹渣、疏松，表面层装饰质感，表面裂缝，破损。

2）尺寸检查重点：伸出钢筋是否偏位，套筒是否偏位，孔眼是否偏位，孔道是否歪斜，预埋件是否偏位，外观尺寸是否符合要求，平整度是否符合要求。

3）模拟检查：套筒和预留钢筋孔的位置误差检查可以采用模拟方法进行，即按照下部构件伸出钢筋的图样，用钢板焊接钢筋制作检查模板，上部构件脱模后，试安装检查模板，看能否顺利插入。如果有问题，及时找出原因，进行调整改进。

2. 表面处理与修补

1）粗糙面处理

（1）根据设计要求进行粗糙表面处理。

（2）缓凝剂形成粗糙面：脱模后立即处理；洗刷掉未凝固的水泥浆面层，露出骨料；粗糙面表面应坚实，不能留有酥松颗粒；防止水对部件表面形成污染。

（3）稀释盐酸形成粗糙面：脱模后立即处理；按照要求稀释盐酸，盐酸浓度约为 5%，不超过 10%；按照要求粗糙面的凸凹深度涂刷稀释盐酸量；洗刷掉被盐酸中和软化的水泥浆面层，露出骨料；粗糙面表面应坚实，不能留有酥松颗粒；防止盐酸刷到其他表面；防止盐酸残留液对部件表面形成污染。

（4）机械打磨形成粗糙面：根据要求打磨粗糙面的凸凹深度；防止粉尘污染。

2）表面修补

检查预制部品部件表面如有影响美观的情况或是有轻微掉角、裂纹，要及时进行修补，制订修补方案。

（1）掉角修补方法：对于两侧底面的气泡应用修补水泥腻子填平、抹光；掉角、碰损，用锤子和凿子凿去松动部分，使基层清洁，涂一层修补乳胶液（按照配合比要求加适量的水），再将修补水泥砂浆补上即可，待初凝时再次抹平压光。必要时用细砂纸打磨；大的掉角要分两到三次修补，不要一次完成，修补时要用靠模，确保修补处的平面与完好处平面保持一致。

（2）裂缝修补方法修补前，必须先对裂缝处的混凝土表面进行预处理，除去基层表面上的浮灰、水泥浆、返霜、油渍和污垢等物，并用水冲洗干净；对于表面上的凸起、疙瘩以及起壳、分层等疏松部位，应将其铲除，并用水冲洗干净，干燥后按规定进行修补。

4.2.10 成品吊装存放与运输

1. 吊运

1）吊点

工厂在混凝土部品部件制作前的读图阶段应关注脱模、吊运和翻转吊点的设计，如果设计未考虑，或设计得不合理，工厂应与设计沟通，由设计师给出吊点设计，在构件制作时埋置。对于不用吊点预埋件的部品部件，如有桁架筋的叠合板，用捆绑吊带吊运与翻转的小型部件，设计也应给出吊点位置，工厂须严格执行。

2）吊索与吊具

吊具有绳索挂钩、“一”字形吊装架和平面框架吊装架三种类型，工厂应针对不同构件，设计制作吊具。关于吊索与吊具：①必须由结构工程师进行设计或选用；②吊索与吊具设计应遵循重心平衡的原则，以确保部品部件脱模、翻转和吊运作业过程中不出现偏心；③吊索长度的实际设置应保证吊索与水平夹角不小于 45°，以 60° 为宜，且保证各根吊索长度与角度一致，不出现偏心受力情况；④工厂常用吊索和吊具应当标识可起重重量，避免超负荷起吊；⑤吊索和吊具应定期进行完好性检查；吊索和吊具存放应采取防锈蚀措施。

2. 堆放

1）场地要求

堆放场地的要求：①场地应在门式起重机或汽车式起重机可以覆盖的范围内；②场地布置应当方便运输车辆装车和出入；③场地应平整坚实，宜采用硬化地面或草皮砖地面；④场地应有良好的排水措施；⑤存放部品部件时要留出通道，不宜密集存放；⑥场地应设置分区，应根据安装顺序进行分类。

2）支承要求

混凝土部品部件堆放支承要求：①必须根据设计图样要求的构件支承位置与方式支承堆放部品部件，如果设计图样没有给出要求，应当请设计单位补联系单，原则上，垫方垫块位置应与脱模、吊装时的吊点位置一致；②可以码垛几层堆放，应由设计人员根据部品部件的承载力计算确定，一般不超过 6 层（图 4–36）；③多层码垛存放部品部件，每层部品部件间的垫块上下须对齐，并应采取防止堆垛倾覆的措施；④存放部品部件的垫方垫块要坚固；⑤当采取多点支垫时，一定要避免边缘支垫低于中间支垫，形成过长的悬臂，导致较大负弯矩产生裂缝；⑥墙板构件竖直堆放，应制作防止倾倒的专用存放架。

图 4-36 部品部件支承堆放

3）垫方与垫块要求

混凝土部品部件常用的支垫为木方、木板和混凝土垫块。木方一般用于梁柱构件，规格为 100mm × 100mm~300mm × 300mm，根据构件重量选择。木板一般用于叠合楼板，板厚为 20mm，板的宽度为 150~200mm。混凝土垫块主要用于楼板和墙板等板式构件，为 100mm 或 150mm 立方体。在垫方与垫块上面采用橡胶、硅胶或塑料材质的隔垫软垫，一般为 100mm 或 150mm 立方体，与装饰面层接触的软垫应使用白色，以防止污染。

4）堆放其他要求

梁柱一体三维部品部件存放应当设置防止倾倒的专用支架。楼梯应采用叠层存放。带飘窗的墙体应设有支架立式存放。阳台板、挑檐板、曲面板应采用单独平放的方式存放。预应力构件存放应根据构件起拱值的大小和存放时间采取相应措施。部品部件标识要写在容易看到的位置，如通道侧、位置低的部品部件在部件上表面标识。装饰化一体部品部件要采取防止污染的措施。伸出钢筋超出部品部件的长度或宽度时，在钢筋上做好标识，以免伤人。

5）部品部件装车

部品部件装车应事先进行装车方案设计，避免超高超宽，做好配载平衡；采取防止部品部件移动或倾倒的固定措施，部品部件与车体或架子用封车带绑在一起；部品部

图 4-37 某部品部件装车

件有可能移动的空间用聚苯乙烯板或其他柔性材料隔垫，保证车辆转急弯、急刹车、上坡、颠簸时部品部件不移动、不倾倒、不磕碰；支承垫方垫木的位置与堆放一致，宜采用木方作为垫方，木方上宜放置橡胶垫，胶垫的作用是在运输过程中防滑；有运输架子时，保证架子的强度、刚度和稳定性，与车体固定牢固；部件之间要留出间隙，部件之间、部件与车体之间、部件与架子之间有隔垫，防止在运输过程中部件与部件之间的摩擦及磕碰，如图 4-37 所示；部件有保护措施，特别是棱角有保护垫，固定部件或封车绳索接触的部件表面要有柔性并不能造成污染的隔垫；装饰一体化和保温一体化部品部件有防止污染措施；在不超载和确保部品部件安全的情况下尽可能提高装车量；梁、柱、楼板装车应平放。楼板、楼梯装车可叠层放置；剪力墙构件运输宜用运输货架；对超高、超宽部品部件应办理准运手续，运输时应在车厢上放置明显的警示灯和警示标志。

3. 运输

混凝土部品部件运输需要做到如下：运输线路须事先与货车驾驶员共同勘察，有没有过街桥梁、隧道、电线等对高度的限制，有没有大车无法转弯的急弯或限制重量的桥梁等；制订部品部件的运输方案，运输时间、路线、次序，针对超高、超宽、形状特殊的大型部件要求专门的质量安全保证措施；选择的运输车辆满足部件的重量和尺寸要求，宜采用低平板车，目前已经有运输墙板的专用车辆；对驾驶员进行运输要求交底，不得急刹车、急提速，转弯要缓慢等；第一车应当派出车辆在运输车后面随行，观察部件稳定情况；混凝土部品部件的运输根据着施工安装顺序来制订，如有施工现场在车辆禁行区域应选择夜间运输，要保证夜间行车安全。

4.2.11 实时总控管理平台与安全文明生产

1. 实时总控管理平台

混凝土部品部件的实时总控管理平台可以实现部品部件生产中每一个环节的实时监控及管理，可以有效地监控生产过程中的设备运行状态、产品质量、原材料库存、生产调度等方面的数据，帮助企业管理者及时了解生产状况，进行有效决策。

根据实时总控系统中的监测内容，可分为环境状况监控和现场图像监控两大类。环境状况监控用于收集部品部件的储存条件和生产过程中的温度、湿度等数据，监测空气和水中有害化学物质的浓度。现场图像监控是通过摄像机对生产过程中的行为和储存进行监控，并连接网络和监控中心，将监控区域内的图像、数据、声音等传输到指挥中心进行识别，从而达到现场图像监控的目的（图 4-38）。

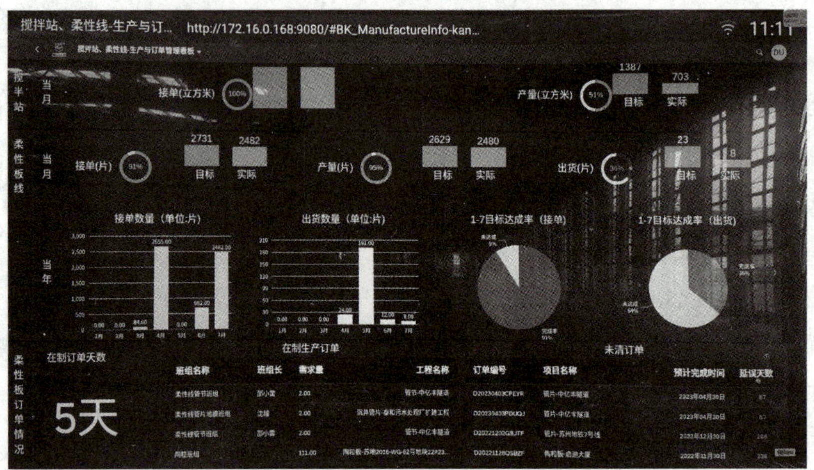

图 4-38 生产现场实时总控管理平台

2. 安全文明生产

安全生产要点：①必须进行深入细致具体定量的安全培训；②对新工人或调换工种的工人经考核合格，方准上岗；③必须设置安全设施和备齐必要的工具；④生产人员必须佩戴安全帽、防砸鞋、皮质手套等；⑤必须确保起重机的完好，起重机工必须持证上岗；⑥吊运前要认真检查索具和被吊点是否牢靠；⑦在吊运构件时，吊钩下方禁止站人或有人行走；⑧班组长每天要对班组工人进行作业环境的安全交底；⑨安全隐患点控制，高模具、立式模具的稳定，立式存放构件的稳定，存放架的固定，外伸钢筋醒目提示，物品堆放防止磕绊的提示，装车吊运安全，电动工具安全使用，修补打磨时须戴眼镜防尘护具。

节能环保要点：①降低养护能源消耗，自动控制温度，夏季及时调整养护方案；②混凝土剩余料可制作一些路沿石、车挡等小型构件；③模具的改用；④全自动械化加工钢筋，减少钢筋浪费；⑤钢筋头利用；⑥保温材料合理剪裁；⑦粉尘防护。

4.3 混凝土部品部件质量检验与验收

4.3.1 常见质量问题及解决方法

混凝土部品部件检验项目分为主控项目和一般项目。对安全、节能、环境保护和主要使用功能起决定性作用的检验项目为主控项目。除主控项目以外的检验项目为一般项目。

质量检验的主要依据包括：《混凝土结构工程施工质量验收规范》GB 50204—2015、《装配式混凝土结构技术规程》JGJ 1—2014、《钢筋套筒灌浆连接应用技术规程》JGJ 355—2015（2023 年版）和有关原材料的国家标准和行业标准。

1. 常见质量问题及产生原因

1）麻面

麻面是指混凝土部品部件在工厂预制浇筑后，其局部表面出现缺浆或小凹坑、麻点，形成粗糙面，但无钢筋外露现象，凹陷点的直径一般小于 5mm，常伴随着蜂窝出现，如图 4–39 所示。

形成麻面的原因主要如下：①混凝土振捣不实或漏振；②模板表面粗糙或杂物未清理干净，钢模板隔离剂未刷或未刷均匀，拆模时粘坏混凝土表面；③模板拼缝不严，缝隙过大导致水泥浆流失；④模板隔离剂涂刷不均匀，或漏刷或失效，混凝土表面或模板粘结造成麻面。

2）孔洞

孔洞指混凝土部品部件上有较大空隙、局部没有混凝土或蜂窝特别大，如图 4–40 所示。

图 4–39 表面出现麻面

图 4–40 表面出现孔洞

形成孔洞的原因主要如下：①一次下料过多过厚，振动器振不到，形成孔洞；②在钢筋较密或预留孔洞和预埋件处处混凝土下料受阻，未振捣就继续向上浇筑；③混凝土离析严重，石子成堆、严重跑浆且未认真振捣；④混凝土内掉入工具、木块、泥块等杂物，挡住混凝土等。

3）露筋

露筋即混凝土部品部件预先设置在体内的主筋、副筋或箍筋局部裸露出来，未被混凝土包裹，如图 4–41 所示。

形成露筋的原因主要如下：①浇筑混凝土时钢筋保护层垫块位移、太少或漏放，致使钢筋紧贴模板；②构件截面小、钢筋密，石子卡在钢筋上阻止了砂浆充满模板；③混凝土配合比不当、离析、露筋处缺浆漏浆；④振捣棒撞击钢筋或踩踏钢筋网，使钢筋出现较大的错位。

4）缺棱掉角

缺棱掉角是指混凝土部品部件边角处混凝土局部掉落，棱角有缺陷，如图 4–42 所示。

缺棱掉角的原因主要如下：①拆模时边角受外力或重物撞击，或成品保护不好，棱

图 4-41　表面出现露筋

图 4-42　表面出现缺棱掉角

角被碰掉；②模板未涂刷隔离剂，或涂刷不匀、漏涂；③模板未充分浇水湿润或湿润不够；混凝土浇筑后养护不好，造成脱水、强度低，或模板吸水膨胀将边角拉裂，拆模时，棱角被粘掉。

5）裂缝

在混凝土部品部件中，表面经常产生裂缝，如图 4-43 所示，原因主要分为以下 5 种：

图 4-43　表面出现裂缝

（1）干缩裂缝。混凝土成型后，养护不当，受到风吹日晒，表面水分散失快，体积收缩大，而内部湿度变化很小，收缩也小，因而表面收缩变形受到内部混凝土的约束，出现拉应力，引起混凝土表面开裂，或者构件水分蒸发，产生体积收缩受到地基或垫层的约束，而出现干缩裂缝。裂缝的宽度大多为 0.05~0.2mm，纵横交错，分布不均。

（2）塑性收缩裂缝。混凝土浇筑后，受高温或较大风力的影响，表面没有及时覆盖，混凝土表面失水过快，造成毛细管中产生较大的负压而使混凝土体积急剧收缩，而此时混凝土早期强度低，不能抵抗这种变形应力而导致开裂。

（3）混凝土部品部件的长细比过大，或部品部件使用了严重腐蚀的钢筋，削弱了部品部件的承载力，导致产生裂缝。

（4）安装过程中混凝土部品部件灌浆不均匀，水泥砂浆水灰比过大，导致混凝土部品部件局部受力较大，造成弯曲现象，沿部件长度方向出现裂缝。

（5）错误的吊点设计和不当的起吊方式也会导致混凝土部品部件出现不同程度的开裂。

6）尺寸偏差

尺寸偏差是指混凝土部品部件的实际尺寸与设计图纸中的尺寸相差较大，如图 4-44 所示。这在大型混凝土部品部件中尤为常见，如预制夹层墙板。

尺寸偏差的主要原因如下：①模板制作过程中尺寸控制较差；②浇筑混凝土时，出现涨模现象；③放线误差过大，结构构件支模时因检查核对不细致造成的外形尺寸误差；④施工过程中，模板、支撑被踩踏、松动，造成截面尺寸误差较大。

7）预埋件位置偏差

预埋件的位置偏差表明预埋件的实际位置与设计图纸存在误差，如图 4-45 所示。

预埋件位置偏差的主要原因如下：①预埋件安装加固不牢；②预埋件中心位置计算错误；③混凝土浇筑过程中，振捣时距预埋件过近或紧贴预埋件振捣；④预埋件位置检查时，板面不平整，检查结果存在误差；⑤在混凝土浇筑过程中，外力作用造成预埋件移动。

图 4-44　部品部件出现尺寸偏差

图 4-45　预埋件位置偏差

8）预留孔被封堵

预留孔被封堵指预留的孔洞或预埋件的孔在浇筑过程中被水泥浆堵住，如线盒、线管、灌浆套筒与起吊预埋件等，其主要原因是：①浇筑前忽略，未将预留孔洞或预埋件的孔提早用软材料封堵；②预埋件固定不结实，浇筑过程产生倾斜，水泥浆倒灌进孔；③振捣用力过度，使得灌浆套筒的注浆管与套筒或者固定座别离。

9）现场安装误差

现场安装误差是指现场组装过程中混凝土部品部件的实际定位尺寸与图纸中设计的定位尺寸之间存在误差，导致安装不准确或安装速度慢，特别是带有预埋套筒的预制墙与柱的安装。

现场安装误差的主要原因如下：①工厂生产的混凝土部品部件存在误差；②现场装配不严谨，导致混凝土部品部件之间存在较大的累计误差；③混凝土部品部件选择有误，安装的混凝土部品部件不是图纸中原来设计的构件；④混凝土部品部件设计有误，导致个别混凝土部品部件之间发生碰撞。

2. 缺陷的防治与修复措施

1）麻面

预防出现麻面的措施主要如下：①模板面清理干净，不得粘有干硬水泥砂浆或钢筋锈蚀斑屑等杂物；②模具和混凝土的接触面应涂抹隔离剂，且涂刷均匀，不出现漏刷或积存；③混凝土浇筑时必须按操作规程分层均匀振捣密实，严防漏捣，保证每层混凝土均匀振捣至气泡完全排除为止；④浇筑混凝土前认真检查模具的牢固性及缝隙是否堵好。

麻面对结构的影响较小，一般不做处理，如需处理，处理步骤如下：①清理基层，将混凝土表面清理干净，确保基层表面干净、干燥；②修补平整，对于较小的麻面，可以使用修补剂、水泥砂浆、环氧树脂等材料进行修补，使其表面平整；对于较大的麻面，可以采用预缩砂浆、干硬性水泥砂浆或提高混凝土配合比等级等方法，以提高混凝土的密实度和整体性；③喷涂防护剂，在修补平整的混凝土表面喷涂防护剂，以防止水分渗透和侵蚀，同时提高混凝土的耐久性和抗腐蚀性；④加强养护，在处理后的混凝土表面加强养护，可以采用喷水、覆盖塑料薄膜等方法，以防止开裂和色差等问题的出现。

2）孔洞

孔洞的修补方法主要如下：①将不密实混凝土及突出骨料颗粒凿除干净，洞口上部向外上斜，下部方正水平为宜；②用高压水及钢丝刷将孔洞处理干净，修补前用湿棉纱等材料填满，保湿 72h 以上，使孔洞周边混凝土充分湿润；③用比原混凝土强度高一级别的细石混凝土填补孔洞，水泥品种应与原来混凝土一致，水灰比宜控制在 0.5 以内；④孔洞周围先涂以水泥净浆，然后用比原混凝土强度高一级的细石混凝土或补偿收缩混凝土填补并仔细捣实，并将新混凝土表面抹平；⑤部品部件表面覆盖塑料薄膜养护。

3）露筋

预防出现露筋的措施主要如下：①钢筋垫块厚度要符合设计规定的保护层厚度；②按规定选择适当的石子粒径，最大粒径不得超过结构界面最小尺寸的 1/3；③保证混凝土配合比和良好的和易性；④垫块放置间距适当，钢筋直径较小时垫块间距宜密些，使钢筋下重挠度减少；⑤使用振动棒必须待混凝土中气泡完全排除才移动。

露筋的修补方法主要如下：①露筋较浅时，先将表面露筋的部位刷洗净，在表面抹 1：2 或 1：2.5 水泥砂浆，将露筋部位抹平；②露筋较深时，需先凿除薄弱混凝土和突出颗粒，洗刷干净后，用比原来高一级的细石混凝土填塞压实。

4）缺棱掉角

预防出现缺棱掉角的措施主要如下：①控制部品部件脱模强度，脱模时，部品部件强度应满足设计文件要求或强度等级的 75% 时要求方可脱模；②拆模时注意保护棱角，避免用力过猛、过急；吊运模板时，防止撞击棱角；运料时，通道处的混凝土阳角，用角钢、草袋等保护好，以免碰损。

缺棱掉角的修补方法主要如下：①可将该处松散颗粒凿除，用钢丝刷刷干净，清水冲洗并充分湿润后，用 1：2 或 1：2.5 的水泥砂浆抹补齐整；②对较大的缺棱掉角，可将不实的混凝土和突出的颗粒凿除，用水冲刷干净湿透，然后支模，用比原混凝土高一强度等级的细石混凝土填灌捣实，并加强养护。

5）裂缝

裂缝的预防措施主要如下：①优化混凝土配合比，控制混凝土水泥用量，水灰比和砂率不要过大，严格控制砂、石含泥量，避免使用过量粉砂，控制混凝土自身收缩；②部品部件生产过程保证钢筋保护层厚度符合要求，严格控制钢筋间距和保护层的厚度，对预埋部位以及洞口边角部位采取一定的构造加强措施；③制定部品部件养护方案，成型后及时保湿保温养护；④拆模吊装前必须委托试验室做试块抗压报告，保证构件脱模起吊强度；⑤部品部件堆放时支点位置不应引起混凝土发生过大拉应力，禁止在部品部件上部放置其他荷载及人员踩踏；⑥尽量减小部品部件制作跨度，可建议设计单位在部品部件设计时充分考虑跨度问题。

裂缝的修补措施主要如下：①填充法处理混凝土裂缝，使用修补材料直接填充混凝土裂缝，施工方法简单，费用低；②结构补强法处理混凝土裂缝，主要针对建筑承载能力超荷载出现的裂缝、火灾造成裂缝等；③灌浆法处理混凝土裂缝，这种方法适用范围广，从细微裂缝到大裂缝都可以用，效果好。

6）尺寸偏差

预防混凝土部品部件尺寸偏差的主要措施如下：①优化模具设计，确保模具构造合理，部品部件尺寸正确；②模板支撑机构必须具有足够的承载力、刚度和稳定性，确保模具在浇筑混凝土及养护的过程中，不变形、不失稳、不跑模；③振捣参数设置合理，模具不受振捣影响而跑模，控制混凝土坍落度不要太大，在浇筑混凝土过程中，发现松动、变形的情形，及时补救。

7）预埋件位置偏差

预防预埋件位置偏差的主要措施如下：①严格执行首件验收制度，点评整改合格后方可批量生产；②设计变更后及时下发新图和交底；③加强作业工序之间的自检、互检、专检过程，落实检验制度。

8）预留孔被封堵

预防预留孔被封堵的主要措施如下：①升级工装设备，确保固定牢固可靠；②浇筑前认真确认，尤其是预留洞口、预埋件处，确保封堵严实；③浇筑中经常观察，出现意外情况，及时暂停，采取补救措施。

9）现场安装误差

预防现场安装误差的主要措施如下：①规范操作流程，做到认真严谨；②经常测量复核混凝土部品部件定位尺寸，及时调整；③设计考虑周到，避免出现混凝土部品部件之间安装出现冲突。

4.3.2 见证检验项目

见证检验是在监理和建设单位见证下，按照有关规定从制作现场随机取样，送至具备相应资质的第三方检测机构进行检验。见证检验也称为第三方检验。混凝土部品部件见证检验项目包括：①混凝土强度试块取样检验；②钢筋取样检验；③钢筋套筒取样检验；④拉结件取样检验；⑤预埋件取样检验；⑥保温材料取样检验。

4.3.3 预制构件严重缺陷标准

预制构件外观不应有严重缺陷，且不应有影响结构性能和安装、使用功能的尺寸偏差。预制构件严重缺陷检查为主控项目，全数检查，用观察、尺量方式检查，做检查记录。预制构件常见外观质量缺陷见表 4–5。

预制构件常见外观质量缺陷　　表 4–5

名称	现象	严重缺陷	一般缺陷
露筋	构件内钢筋未被混凝土包裹而外露	纵向受力钢筋有露筋	其他钢筋有少量露筋
蜂窝	混凝土表面缺少水泥砂浆而形成石子外露	构件主要受力部位有蜂窝	其他部位有少量蜂窝
孔洞	混凝土中孔穴深度和长度均超过保护层厚度	构件主要受力部位有孔洞	其他部位有少量孔洞
夹渣	混凝土中央有杂物且深度超过保护层厚度	构件主要受力部位有夹渣	其他部位有少量夹渣
疏松	混凝土中局部不密实	构件主要受力部位有疏松	其他部位有少量疏松
裂缝	裂缝从混凝土表面延伸至混凝土内部	构件主要受力部位有影响结构性能或使用功能的裂缝	其他部位有少量不影响结构性能或使用功能的裂缝
连接部位缺陷	构件连接处混凝土有缺陷及连接钢筋、连接件松动	连接部位有影响结构传力性能的缺陷	连接部位有基本不影响结构传力性能的缺陷
外形缺陷	缺棱掉角、棱角不直、翘曲不平、飞边凸肋等	清水混凝土构件有影响使用功能或装饰效果的外形缺陷	其他混凝土构件有不影响使用功能的外形缺陷
外表缺陷	构件表面麻面、掉皮、起砂、沾污等	具有重要装饰效果的清水混凝土构件有外表缺陷	其他混凝土构件有不影响使用功能的外表缺陷

4.3.4 预制构件尺寸允许偏差及检验方法

预制构件的尺寸偏差及检验方法应符合表 4–6 的规定；设计有专门规定时，尚应符合设计要求，施工过程中临时使用的预埋件，其中心线位置允许偏差可取表 4–6 中规定数值的 2 倍。

4.3.5 套管灌浆抗拉试验

套管连接的单体试验应满足下列要求：①单体试验的试件是用套管连接注入灌浆料把 2 根钢筋连接成一体，套管连接设在试件的中间；②单体试验项目有单向拉伸试验、单向反复试验、弹性范围内正负反复试验和塑性范围内正负反复试验；③试件标距取套管连接长度加两侧钢筋直径的 1/2 或 20mm 的最大值。根据试件标距和试验机夹具类型确定试件长度，试件长度应小于 500mm。

套管抗拉试验加载方法见表 4–7。

预制构件的尺寸偏差及检验方法　　表 4-6

项目			允许偏差 /mm	检验方法
长度	楼板、梁、柱、桁架	<12m	± 5	尺量
		≥ 12m 且< 18m	± 10	
		≥ 18m	± 20	
	墙板		± 4	
宽度、高（厚）度	楼板、梁、柱、桁架		± 5	尺量一端及中部，取其中偏差绝对值
	墙板		± 4	
表面平整度	楼板、梁、柱、墙板内表面		5	2m 靠尺和塞尺量测
	墙板外表面		3	
侧向弯曲	楼板、梁、柱		L/750 且≤ 20	拉线、直尺量测，最大侧向弯曲处
	墙板、桁架		L/1000 且≤ 20	
翘曲	楼板		L/750	调平尺在两端量测
	墙板		L/1000	
对角线	楼板		10	尺量两个对角线
	墙板		5	
预留孔	中心线位置		5	尺量
	孔尺寸		± 5	
预留孔	中心线位置		5	尺量
	洞口尺寸、深度		± 5	
预理件	顶埋板中心线位置		5	尺量
	预埋板与混凝土面平面高差		0，-5	
	预埋螺栓		2	
	预埋螺栓外露长度		+10，-5	
	预埋套筒、螺母中心线位置		2	
	预埋套筒、螺母与混凝土面平面高差		± 5	
预留插筋	中心线位置		5	尺量
	外露长度		+10，-5	
键槽	中心线位置		5	尺量
	长度、宽度		± 5	
	深度		± 5	

注：此表引自《混凝土结构工程施工质量验收规范》GB 50204—2015。

套管抗拉试验加载方法　　表 4-7

试验项目		加载方法
单向拉伸试验		$0 \rightarrow 0.6f_{yk} \rightarrow f_{yk} \rightarrow$ 断裂
单向拉伸反复试验		$0 \rightarrow (0.02f_{yk} \longleftrightarrow 0.95f_{yk}) \rightarrow$ 破损（重复 30 次）
弹性拉压反复荷载试验		$0 \rightarrow (0.95f_{yk} \longleftrightarrow -0.5f_{yk}) \rightarrow$（重复 20 次）
塑性拉压反复荷载试验	SA 级套管连接	$0 \rightarrow (2\varepsilon_{yk} \longleftrightarrow -0.5f_{yk}) \rightarrow (5\varepsilon_{yk} \longleftrightarrow -0.5f_{yk}) \rightarrow$（重复 4 次）（重复 4 次）
	A 级套管连接	$0 \rightarrow (2\varepsilon_{yk} \longleftrightarrow -0.5f_{yk}) \rightarrow$（重复 4 次）

4.3.6 预埋件、预留孔检验

预埋件、预留孔允许偏差与检验方法见表 4-8。

预埋件、预留孔允许偏差与检验方法 表 4-8

项目		允许偏差 /mm	检验方法
预埋件（插筋、螺栓、吊具等）	中心线位置	± 5	钢尺检查
	外露长度	+5~0	钢尺检查 且满足连接套管施工误差要求
	安装垂直度	1/40	拉水平线、竖直线测量两端差值 且满足施工误差要求
预留孔洞	中心线位置	± 5	钢尺检查
	尺寸	+8，0	钢尺检查

4.4 本章小结

在建筑部品部件的智能化设计过程中，BIM 技术打破传统设计软件数据不联通的壁垒，针对装配式建筑的精细化、一体化、多专业集成的特点，可快速完成装配式建筑全流程设计，包括方案、拆分、计算、统计、深化、施工图和加工详图的各个阶段。

与传统混凝土加工工艺相比，混凝土部品部件智能化生产工艺设备水平高、全程自动控制、操作工人少、人为因素引起的误差小、加工效率高。建筑部品部件在智能化生产工艺技术的指导下，有序生产的同时还需要完善的质量检验和验收方法，为装配式项目的质量提供有力的技术保障。

思考与习题

4-1 简述 BIM 技术在装配式项目智能化设计过程中的应用要点。

4-2 简述混凝土部品部件的生产工艺流程。

4-3 简述混凝土蒸汽养护的基本要求。

4-4 简述混凝土部品部件的见证检验项目。

第5章

建筑部品部件的数字化工厂生产技术

工艺设计环节

工艺设计与仿真

产品全生命管理系统 PLM

计划调度环节

建立 APS 和 SAP 实现计划调度

自动生成主生产计划和详细生产作业计划

排产异常预警

生产作业环节

打造自有知识产权的 MES

工艺、设备生产数据动态监测采集与分析

设备管理环节

关键工序设备实现自动化

设备管理实现数字化

设备管理透明化和可视化

仓储配送环节

仓储管理

厂内物流

能源、环保、安全管控环节

能耗、环保、安全数据采集

工控安全

互联互通环节

基于 5G 技术的产线设备专网

数据采集平台

数据集成环

二维码 5-1
第 5 章　教学课件

本章要点

1. 掌握数字化工厂生产各环节的建设要素；
2. 了解数字化工厂管理的要点并学习和管理应用场景实例。

教学目标

1. 学习和理解工厂数字化的建设过程；
2. 学习数字化工业应用的流程节点和细节；
3. 培养学生的创新思维和实践操作能力，激发对工厂数字化的兴趣；
4. 提高学生的分析和解决问题的能力，能够根据工厂数字化管理的特点和环境条件进行合理的设计与规划。

案例引入

基于个性化定制的数字孪生工厂——大规模个性化定制（C2M+B2M 数字工厂）

个性化定制和数字化生产系统架构共分为 4 个层次，通过供应链协同、长供销存协同构建个性化设计、柔性化生产体系，从而满足客户需求，如图 5-1 所示。

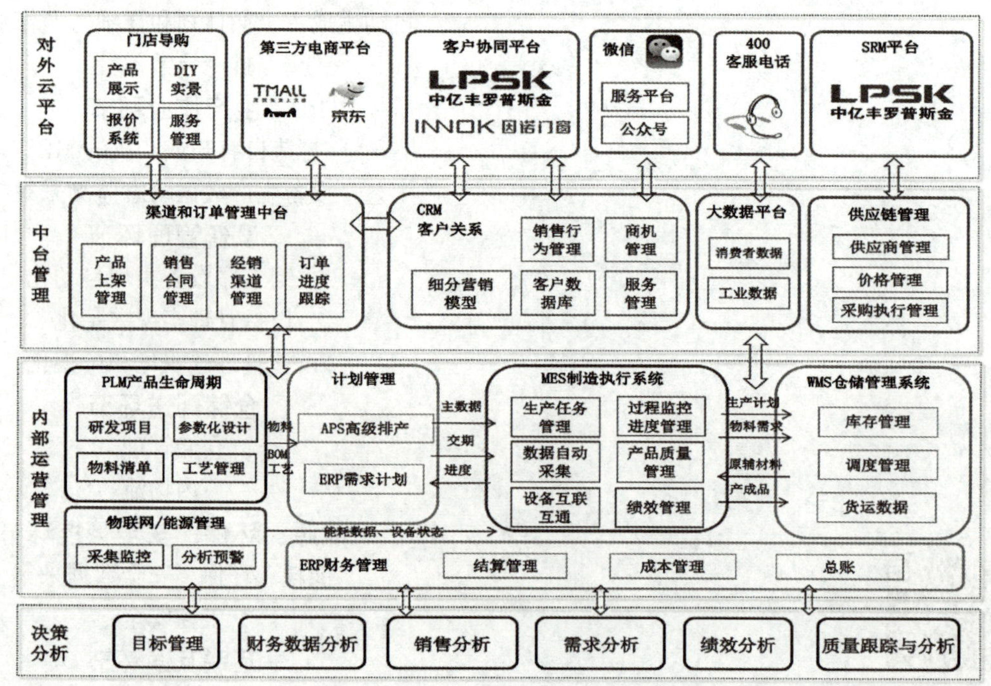

图 5-1　C2M+B2M 新模式整体蓝图

最上一层为对外云平台，包括门店导购、第三方电商平台、客户协同平台等，构建与客户和供应商协同、互动的平台；第二层为中台管理，收集全渠道的客户订单，集中管理和客户个性化定制化需求，将需求传递到内部，将订单进度反馈给客户；第三层内部运营管理，包括研发系统、计划和需求管理、制造过程管理、能耗管理、仓储管理和财务管理等；最下面是决策分析，收集各管理系统，建模市场、产品、客户等数据模型，为智能决策提供数据支撑。

值得我们思考的是：

（1）在生产过程中，根据自动控制系统的规模和控制手段的难度系数，我们可以区分出：工作循环的自动化、机器系统的自动化和生产过程的综合自动化，数字化工程在建设过程中是否能够全面考虑解决人力资源耗用大的问题？

（2）多样化的产品形态，导致整个制造链条信息冗杂，管理难度高、生产成本高、生产速度与效率低下，如何针对集团制造企业跨企业 / 跨平台 / 跨领域的集中管控、融入智造需求，优化生产节点和资源利用，精减中间环节？

5.1 工艺设计环节

5.1.1 工艺设计与仿真

构建以 PLM 为基础的研发系统，将研发相关数据转化为生产制造相关技术数据，在 MES 的系统基础上，通过由一套共享数据的程序以及生产现场专业设备（条码采集器、影像识别、PLC、传感器等），对从原材料上线到成品出入库的生产及仓储过程进行实时数据采集、控制和监控，收集实际数据反馈给研发系统，分析并改善，完成研发生产一体化。

1. 模具设计与挤压仿真模拟

仿真挤压环境，通过模拟挤压过程，得出模具在挤压过程中产生的变形和铝流流速快慢，设计人员根据模拟结果优化设计方案，避免模具强度不足引起的模具失效报废，提高模具试模成功率，减少试模次数，从而减少原材料及能源使用，如图 5-2 所示。

2. 3D 打印应用于型材造型设计

3D 打印的流程通常始于使用计算机建模软件（如 Solid Works、UG 等）进行三维建模，并将模型保存为通用的三维模型格式（如 STL、OBJ 等）。STL 文件的面片由三个顶点和一个法线方向定义，这种简洁的表示适用于 3D 打印应用，3D 打印成品如图 5-3 所示。最后切片是将三维模型分解成薄片（层）的过程，每个薄片都将被逐一打印，通过切片软件（例如 Cura、Simplify3D 等），根据设定的层厚、填充密度、支撑等参数，将通

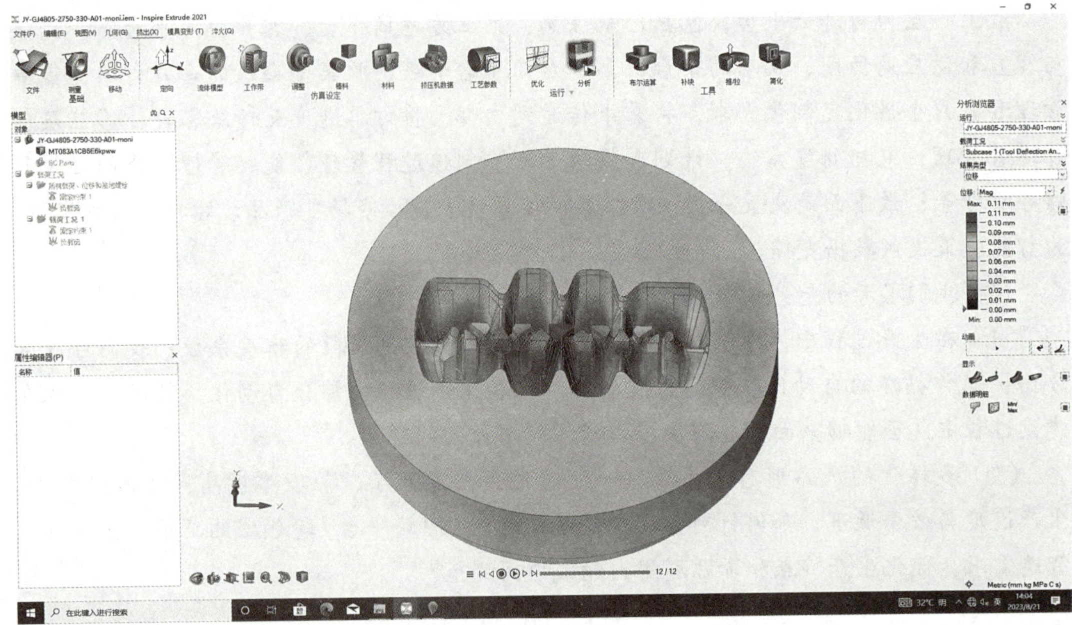

图 5-2 模具仿真

图 5-3 3D 打印成品

用模型转换为适用于3D打印机运行的指令集，即gcode文件。

打印出的造型样品，如图5-4所示。

3. 门窗和幕墙产品设计协同

Klaes门窗设计软件是德国KLAES公司提供的门窗、幕墙、阳光房领域的软件，如图5-4所示，在德国Dete Medien每5年一次的德国门窗行业软件统计中，2011年的统计数据显示68%的门窗企业正在使用Klaes软件。Klaes软件能够为经销商建立存档详细的客户资料，建立完善的项目合同管理系统；在窗型资源管理库中直接调用窗型，并且可以按照客户的需求自由设计窗型，无须再到CAD中画图设计；窗型设计完成后销售门店可以直接针对客户进行报价确认，大量缩短了报价时间；合同在软件里传达给生产，生产人员通过软件打印大样图纸、优化型材表单。优化后的生产加工放样单，直接下发到车间生产，很大程度上减少了员工手工算料，优化型材的时间，提高了生产效率，节约了成本。

5.1.2 产品全生命管理系统 PLM

通过部署PLM系统和三维参数化设计软件，建立由PLM/NX参与的新的订单处理体系，与Hybris、ERP、MES等系统构建新的数字化业务体系。通过导入基于PLM平台的新产品

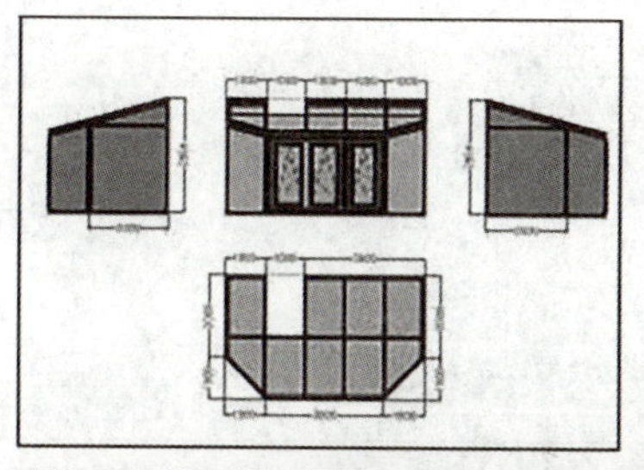

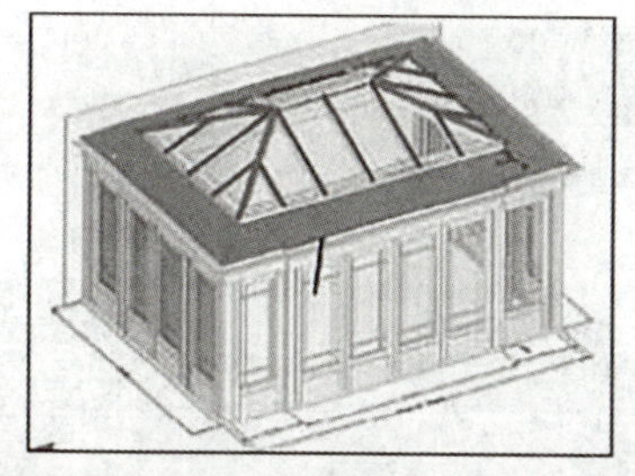

二维码 5-2
门窗生产

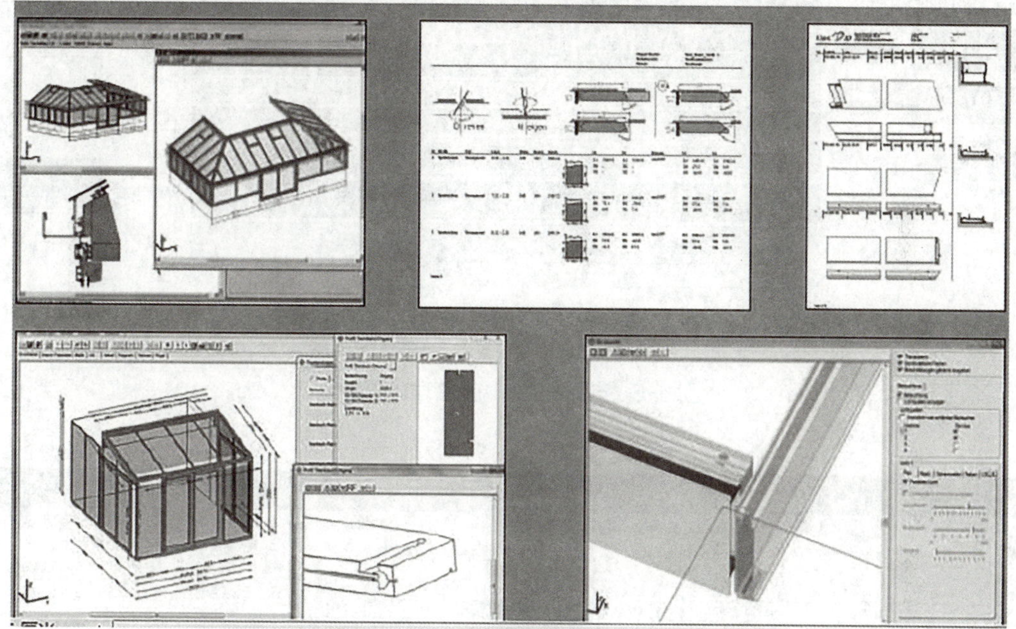

图 5-4 打印出的造型样品

研发项目管理；构建实现法规、标准、专利、标准件、配件积累和集中管控，构建企业知识库，提高产品数据的完整性、准确性、版本有效性，提高数据的共享和重用。结合经销商协同系统、PLM 参数化个性定制等供应链体系数字化改造，打造面向个性化定制的供应链协同平台，实现产品的价值链再造，如图 5-5 所示。

以三维参数化设计软件重构数字化设计平台，通过 NX 标准集成接口实现三维结构设计和工装模具参数化设计数据管理和设计变更多版本数据管理，如图 5-6 所示。

实现与下单平台 HYBRIS 系统、SAP ERP 等系统集成，如图 5-7 所示，接收 Hybris 销售订单信息，通过配置规则自动完成订单产品结构 BOM 配置和工艺路线配置，驱动生成订单 BOM 和订单工艺路线，简化技术人员的操作来加快生成 BOM、工艺路线、生产图纸，缩短订单下单到车间的时间。

PLM 的工艺规划过程，是对多种 BOM 视图的创作和编辑过程，包括基于 EBOM 的 MBOM 编制、BOP、工厂 BOM 等，随着各种工艺规划所需的对象及其视图被创建，工艺规划的过程即告完成。而作业指导书等工艺文件，是从各种工艺规划的结构视图中获取并输出的，如图 5-8 和图 5-9 所示。

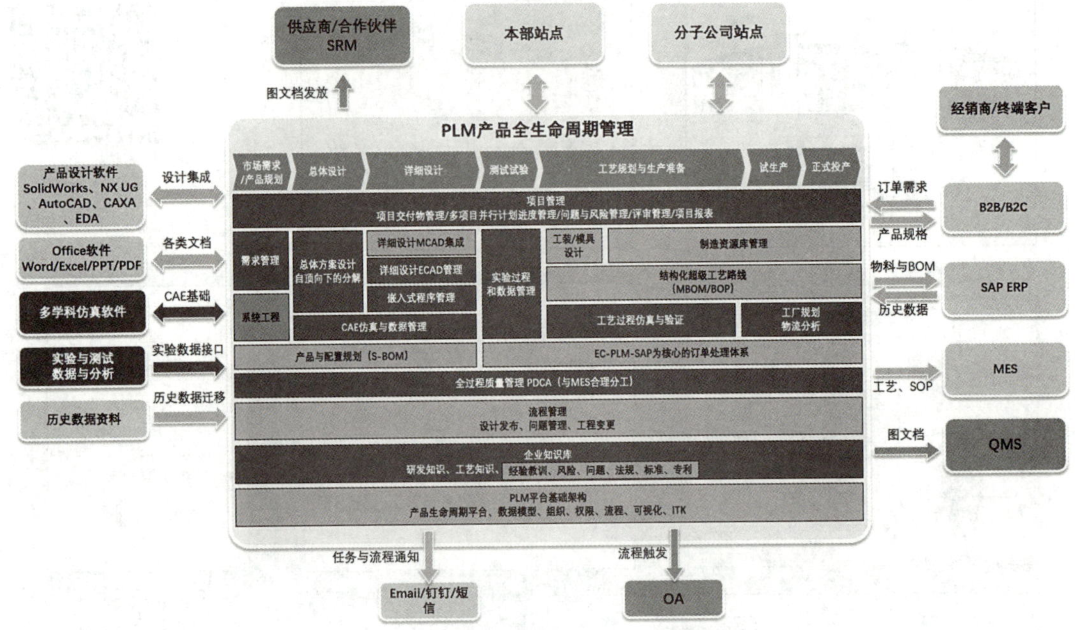

图 5-5　产品全生命周期管理功能简图

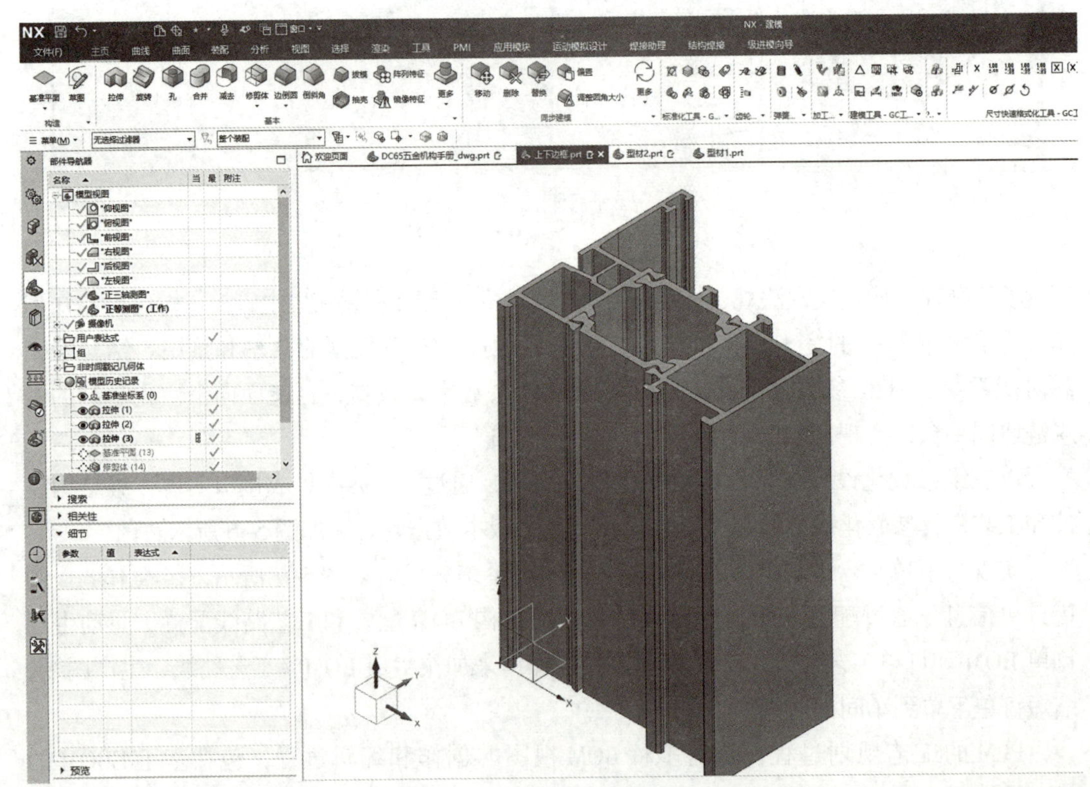

图 5-6　型材三维设计和装配图

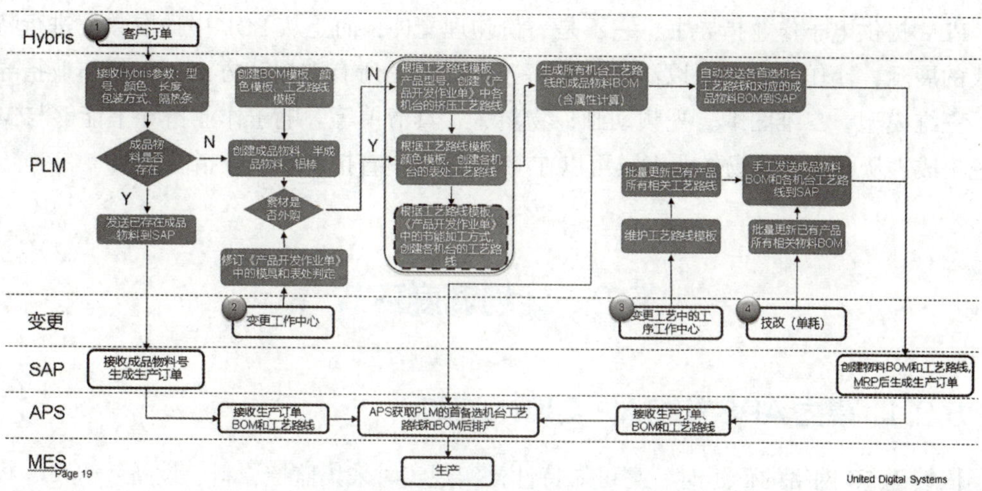

图 5-7　个性化需求参数化设计流程

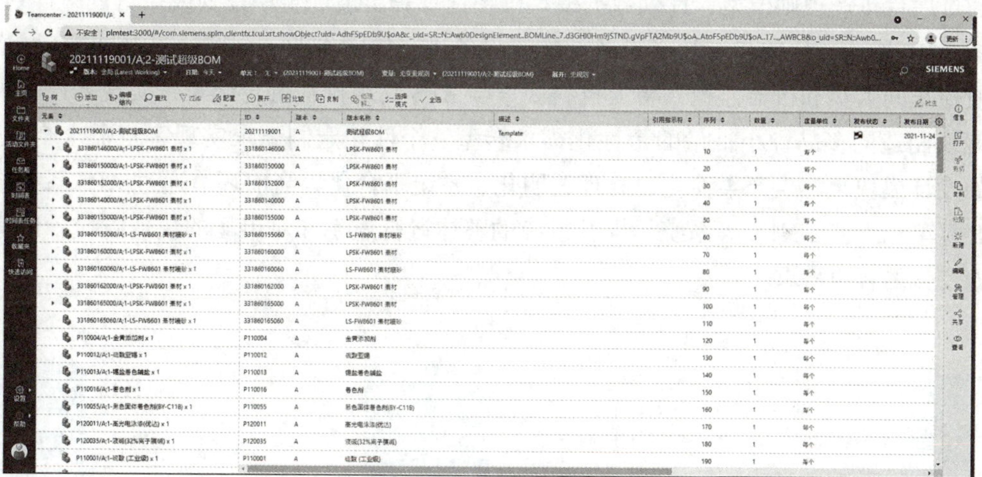

图 5-8　参数化配置 BOM

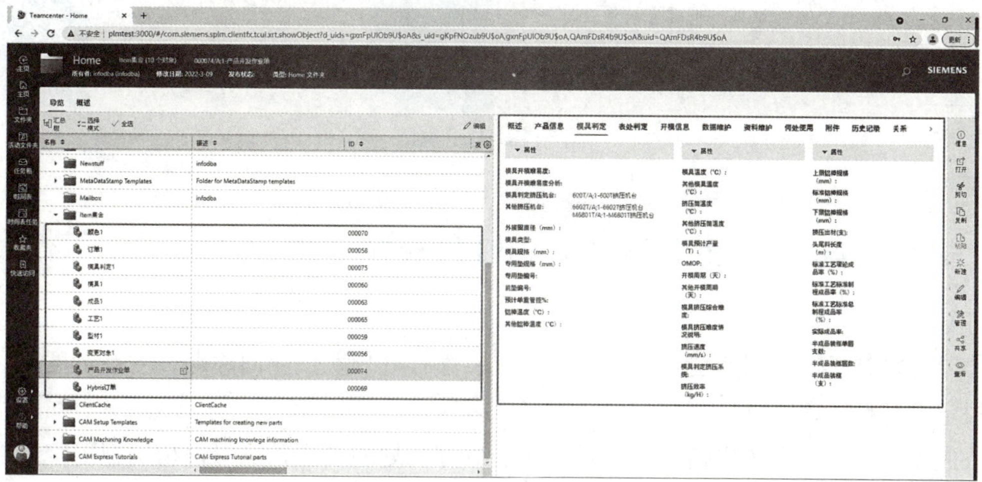

图 5-9　产品主数据共享平台

PLM 提供电子作业指导书，它不是一份物理文件，而是从 BOP 中提取数据进行特定方式的展示，让作业人员可以清晰地了解工序作业的所有数据和方法，包括作业指导说明、三维模型、二维图纸、视频动画、物料、工具清单等。电子作业指导书能够与 MES 系统集成，从而帮助现场作业人员可以在 MES 界面中直接访问作业指导书。

5.2 计划调度环节

5.2.1 建立 APS 和 SAP 实现计划调度

依赖于 5G 网络的低延时、高可靠特性，实现实时采集监控原料、设备、人员、模具等生产信息执行情况反馈，并将采集的信息回传至 APS 高级排程系统，APS 高级排程系统通过后台排产规则模型、计划数据模型等快速计算出最优生产计划或执行调整计划等，如图 5-10 所示，反向指导生产设备和物流设备进行协同作业。同时通过车间 5G 网络实时监控车间人员和机器监控，将人机料因素与 APS 高级排程融合起来，实现客户需求从大规模制造向多品种小批量的个性化需求转型。个性化定制要求实现客户需求个性化、产品设计模块化、生产柔性化、管理透明化、系统平台化。当前环节通过 APS 系统连接 SAP 订单、工艺、MES 等系统，提升系统的整体运行效率和对市场的快速响应，以适应不断变化的客户需求。

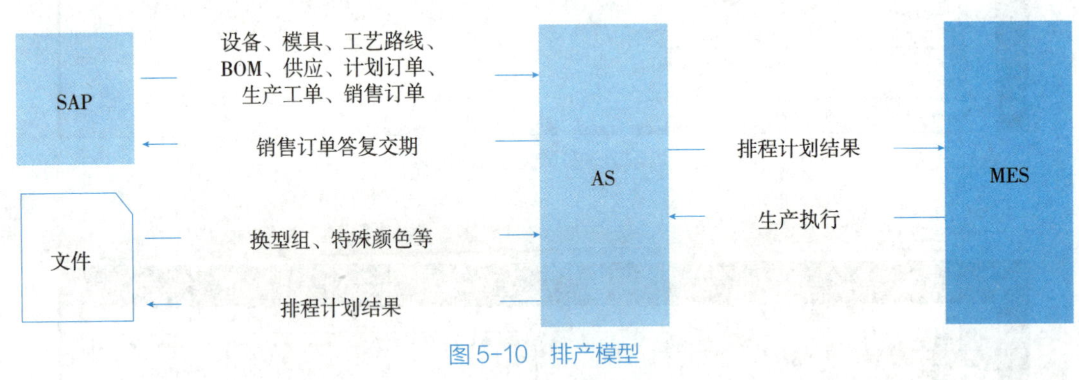

图 5-10　排产模型

5.2.2 自动生成主生产计划和详细生产作业计划

1. 智能补货计划

原材料补货：依据历史销量、存货状况、库存规划、供应商库存、生产进度等，精确拟定原材料补货计划。

成品补货：依据历史销量、存货状况、库存规划和销售预测等，精确拟定常规门成品补货计划。

2. 智能订单路由

产能平衡：以挤压机型、表面产能规划等为指引，自动分配和平衡产能，如图 5-11 所示。

最佳订单路由：建立订单分配模型，自动分配订单，如图 5-12 所示。

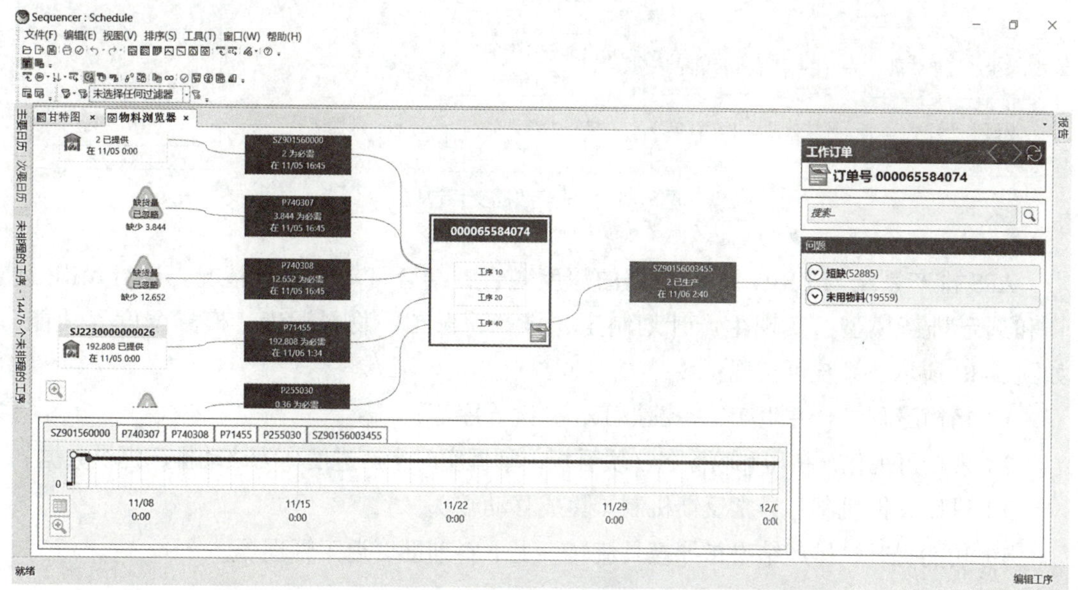

图 5-11 物料需求和配送路径

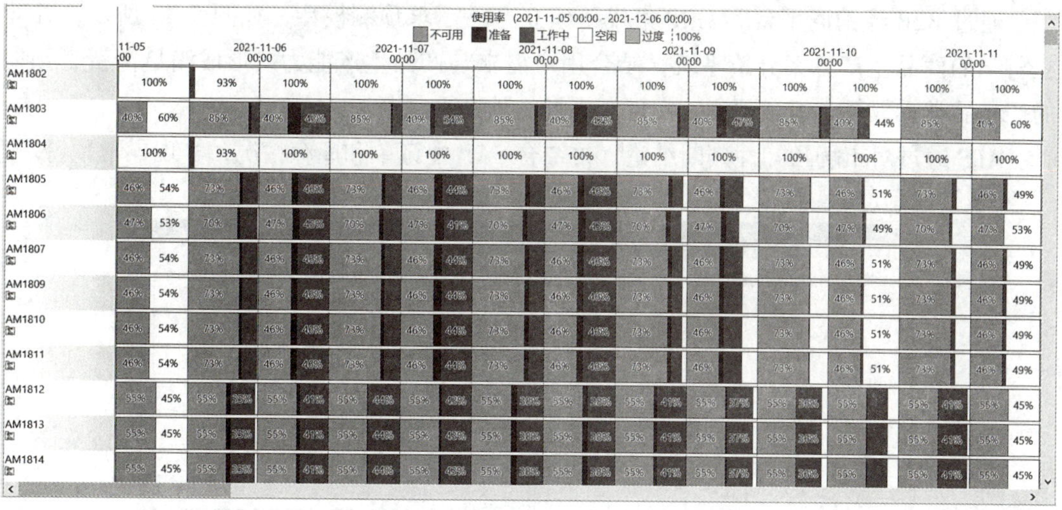

图 5-12 产能分布和自动平衡

3. 多品种小批量自动排产

智能一键拆单和排程；以有限资源生成准确可执行的工序级计划结果；正向、逆向、混合和瓶颈排产方法自动选择；分工序排程与全工序联排，MES 数据反馈联动调整；模拟订单交期承诺；制造瓶颈分析，甘特图可视化显示；物料、设备、工装具约束排产；紧急插单影响评估模型。

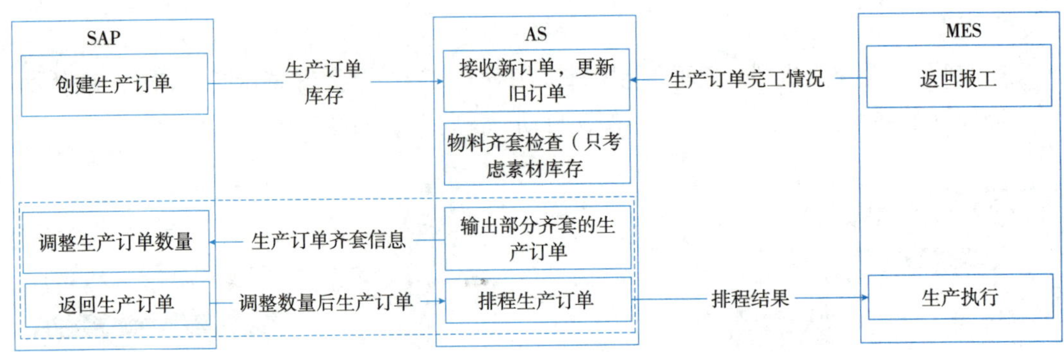

图 5-13　排产数据交互过程

APS 排产系统与 ERP、MES 数据的深度融合，结合订单和库存情况，运行 MRP 运算和选定排产模型，实现生产计划制定、排产、派工、物料调度、模具调度等功能，如图 5-13 所示。系统可实现：

1）精简流程，合并生产，一键报工，一键入库等；

2）现场可视化，挤压和喷涂各 7 块看板，掌握实时生产进度，为滚动排产提供数据；

3）进度反馈机制、异常反馈机制（集成移动端）；

4）功能提升，排产结果指导模具流转、上下料辅助、返工管理等。

5.2.3　排产异常预警

通过 B2B 经销商平台和 ERP 集成，建立产品需求预测模型，如图 5-14 所示，并建立科学的商品生产方案分析系统，结合用户需求与产品生产能力，形成满足消费者预期的产品品类、数量、组合预测，实现对市场的预知性判断。

APS 通过对市场预知性判断结论，再结合 SAP 中订单和库存情况，实现异常预警。

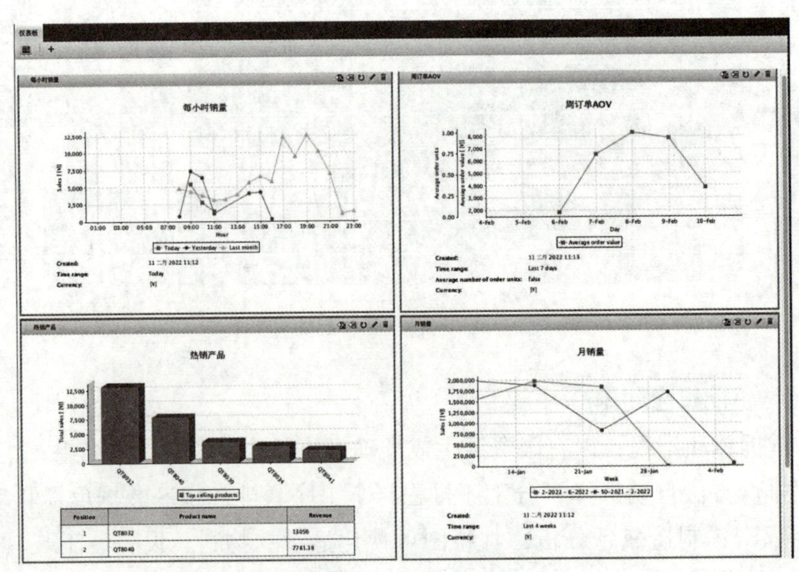

图 5-14　产品需求预测模型

5.3 生产作业环节

通过 MES 建立从计划到订单实现全流程生产执行系统管理：实时数据收集、管理、跟踪、统计分析计划和进度安排、跟踪、监控、物料配置、生产管理，品质管理，设备管理，看板管理数据采集，与数字孪生相结合实现设备数据可视化，为了保障产品质量作业流程标准化利用二维码实现产品信息，品质信息可追溯管理。

5.3.1 打造自有知识产权的 MES

通过 MES 制造执行系统的部署，如图 5–15 所示，生产采集终端可查询产品图纸、工艺参数等技术文件及物料清单（BOM）作业信息。解决产品生产工艺信息、产品制造主数据、制造过程数据及时收集反馈及有效集成等问题，实现制造执行系统中生产任务管理、内部物流管理、设备管理、质量管理、数据采集、人员绩效管理等各项功能，充分发挥 MES 在信息化系统中承上启下的桥梁作用，从而实现制造过程精细化管理，提升制造型企业的整体制造执行能力。结合基于 5G 技术的设备互联互通，实现设备状态可视化、生产进度可视化、物流数据可视化、生产异常快速响应等功能。

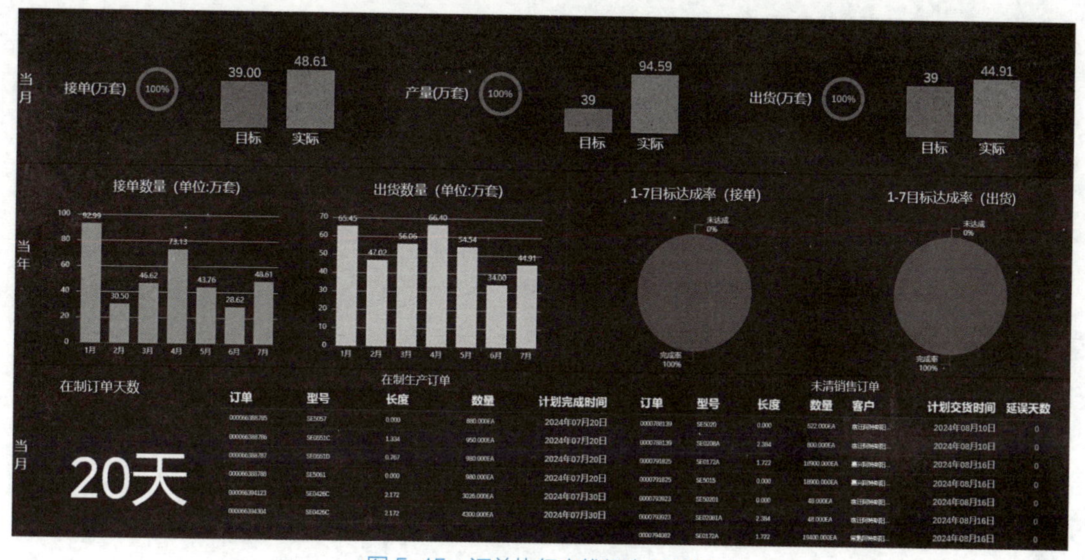

图 5–15 订单执行产线级电子看板

MES 作为全连接智慧工厂信息化系统重要组成部分，起到承上启下的桥梁作用和运筹调度的中枢作用，如图 5–16 所示，拥有自有知识产权的系统，将更有利于智能制造模式在集团内复制和行业内推广。系统主要的应用价值：有助于保证相关数据收集的及时性和准确性；有助于建立产品质量可追踪的体系；有助于整个制造过程的监管，特别是瓶颈工序、关键物料的监控和跟踪。

共获得铝挤压型材加工执行、一键报工自动采集、小批量任务合并生产、车间排产任务下发应用和生产信息看板系统五项软件著作权。

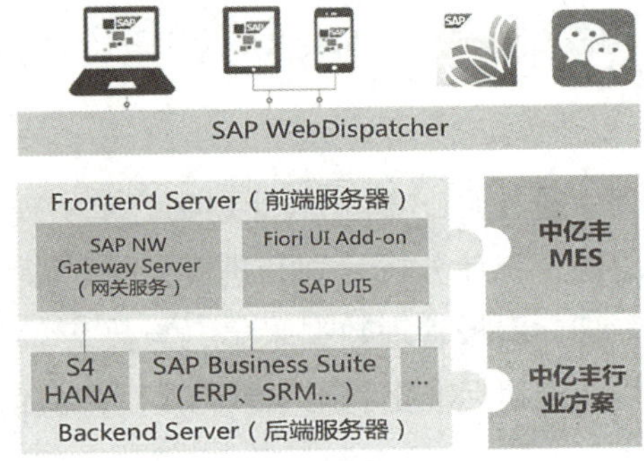

图 5-16　生产管理系统（移动、云端）架构

5.3.2　工艺、设备生产数据动态监测采集与分析

通过对技术基础数据及工艺参数的建模，收集整理工艺技术标准及工艺经验，建立工艺资源数据库。在系统中利用软件实现工艺的准确、快速编制（有防错功能），系统会自动设计出产品的工艺路线（生产工艺流程），同时根据后续 MES 系统对设备的参数以及产品的相关参数的反馈，对工艺流程进行优化和修正，如图 5-17 和图 5-18 所示。

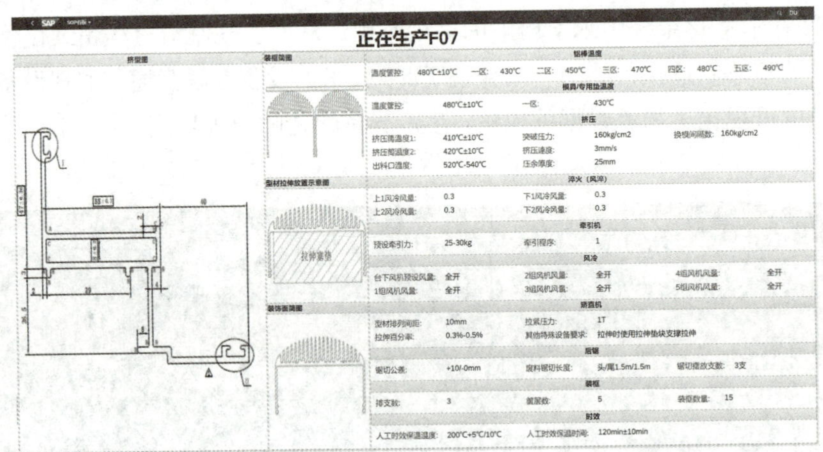

图 5-17　电子 SOP

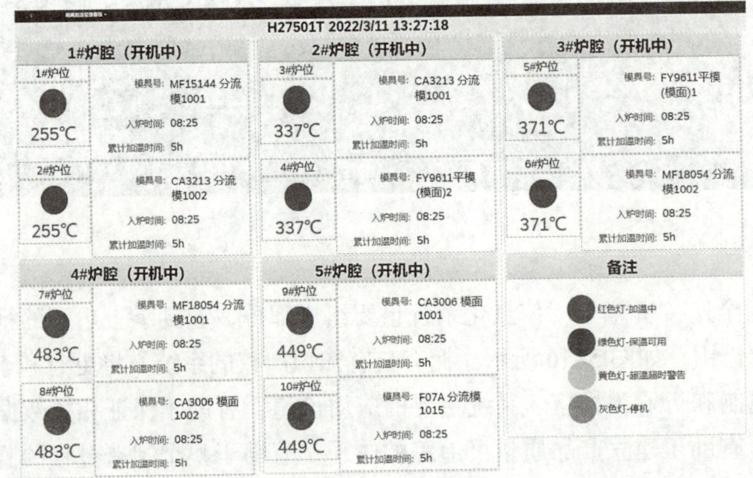

图 5-18　工艺、设备监控和预警

5.4 设备管理环节

5.4.1 关键工序设备实现自动化

1. 设备自动化实现的背景

基于工业大数据与工业互联网平台的智能制造技术是制造业智能化转型升级的有效途径。工业大数据是工业领域相关数据集的总称，是工业互联网的核心，是工业智能化发展的基础原料。《中国制造 2025》规划中明确指出，工业大数据是我国制造业转型升级的重要战略资源。工业互联网平台通过数据集成、模型集成、接口集成、专家库集成、应用集成等多种方式与工厂现有系统进行集成，拓展工业互联网作为基础设施的功能，加快工业互联网在制造领域的应用落地，促进制造业智能化转型升级。

从企业实际需求角度，智能制造技术赋能制造业企业价值链，实现智能制造的新型融合创新模式，可助力企业转型发展。构建工业大数据、工业互联网和智能制造技术相结合的智能服务平台，探索智能制造新模式在产品全生命周期的应用，形成在研发设计、模拟、监控、运维、管理、培训的智能制造解决方案，提升制造业融合创新能力。

企业车间缺少数据采集与集成手段，导致智能监控能力不足，无法实现生产过程中订单进度、设备状态、物料耗用、人员绩效的实时监控与统计分析。生产车间中装备之间互联互通能力较低，系统与系统的关联性、兼容性较差，各环节之间存在信息孤岛，难以实现产品研发、生产、物流等环节的数据可视化、标准化。

2. 某大型光伏组件铝制框架制造应用情况介绍

二维码 5-3
型材生产

总体设计：车间围绕自动化、智能化、信息化、智慧化四大目标，结合精益制造进行智改数转。车间以 SAP、MES、PLM、APS 等软件为核心结合太阳能边框全自动产线、铝型材挤压机等 14 台智能化设备打造智能化车间并实现车间内外信息共享和联动，设备联网。

工艺流程：光伏发电装备组件自动化生产车间主要生产太阳能光伏发电组件铝边框。经过挤压→时效→喷砂→氧化→边框加工，最终产品经包装后发货至客户，图 5-19 为工艺流程图。

1）布局情况：图 5-20 为车间布局图，车间北部自西向东依次部署仓库、原材料放置区。放置区东边整个区域部署有 2 条角码锯和 6 条边框生产线。仓库南部有参观通道，

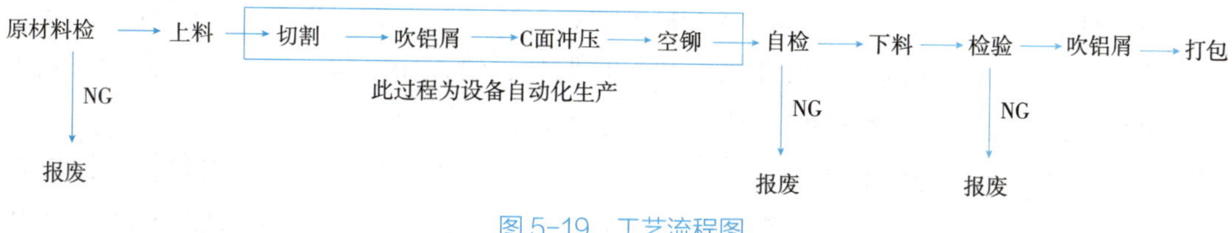

图 5-19 工艺流程图

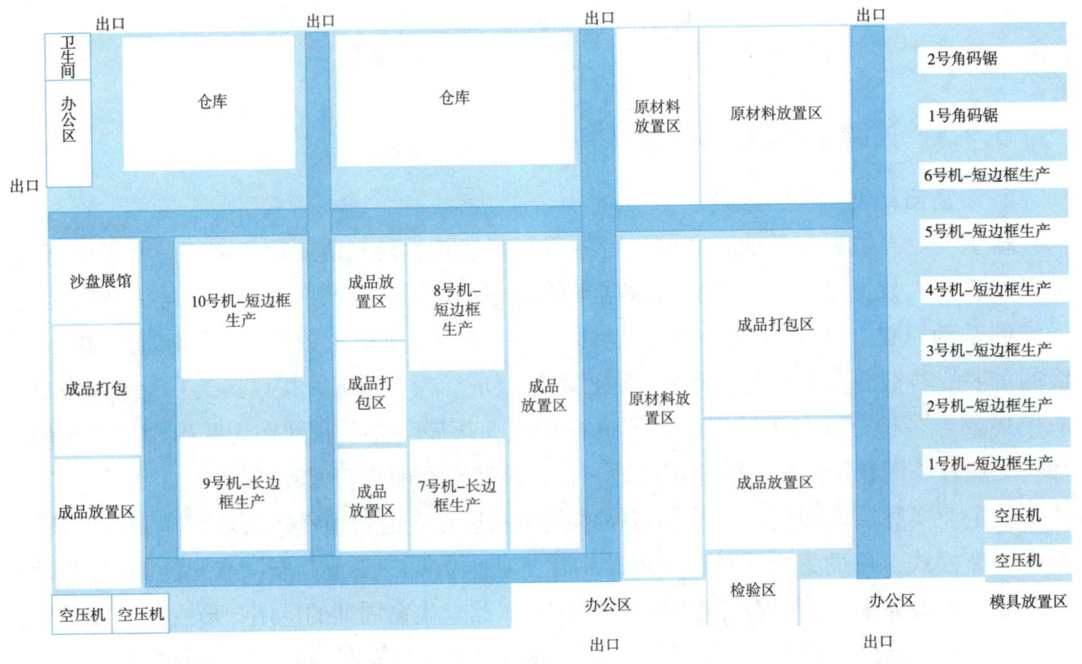

图 5-20　车间布局图

参观通道南边部署有车间沙盘展馆，成品放置区、打包区和 4 条边框生产线，以及原材料生产车间自动化生产线情况，图 5-21 为中央控制台，图 5-22 为自动化控制系统。

图 5-21　中央控制台

图 5-22　自动化控制系统

2）新能源工业铝精深加工智能车间应用场景：工业自动化车间如图 5-23 所示。车间总体设计包括：加工单元，清洗单元，组装单元和包装单元。

（1）加工单元：机床上下料机器人料框取料，将产品放置定位平台，等待机床呼叫上料或下料。上料呼叫到位，机器人定位平台取料，给机床上料。下料呼叫到位，先将产品下料到打磨位，然后给机床上料完成。

（2）清洗单元：清洗系统配置双作业模式，自动模式前与加工单元对接，手动模式与人工上料平台对接。本清洗单元配置 2 台机器人实现上下料，2 套超声波清洗机，2 套漂洗系统，2 套风切系统，2 套烘干系统。清洗节拍 30s 以内。清洗状态：表面无油污、切削液或残留清洗剂，表面无水迹、无腐蚀点，加工孔内无铝屑及油污水迹。

图 5-23 工业自动化车间

（3）组装单元工艺流程：组装检测工位采用自动装配检测方式，确保定位精度及周转节拍可控。铝型材周转通过 O 形皮带方式，螺丝刀提前取料等待，筋条夹爪提前取料完成放料。机器人将产品放置组装工位，通过机构实现定位夹持，4 颗螺栓同时锁紧。两侧类似。螺栓锁附完成，自动流转到检测工位，通过机构实现定位夹持，完成产品检测。NG 下线，OK 抓取到包装线。

（4）包装单元：组装单元系统配置 1 台装箱机器人，1 台码垛机器人。装箱方式正反交叉或者单一方向（前端配置提升机构，机器人可实现正面及反面取料）。珍珠棉采用卷料供料方式，通过牵引夹具配合收放电机，将珍珠棉牵引到位，切刀切除，升降机构下压装箱。实现珍珠棉装箱作业。包装箱采用机器人上料，配置多处缓存位。线体可以加长。选配称重剔除机构，检测有没有满料，不满料的剔除。码垛位配置双托盘工位，成品配置多处缓存，机构处理上盖后启动机器人作业信号。码垛机器人完成码垛操作。整体情况如图 5-24 和图 5-25 所示。

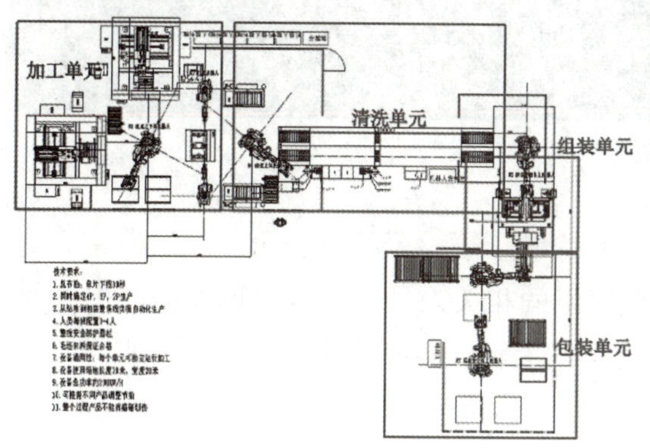

图 5-24 车间自动化方案布局

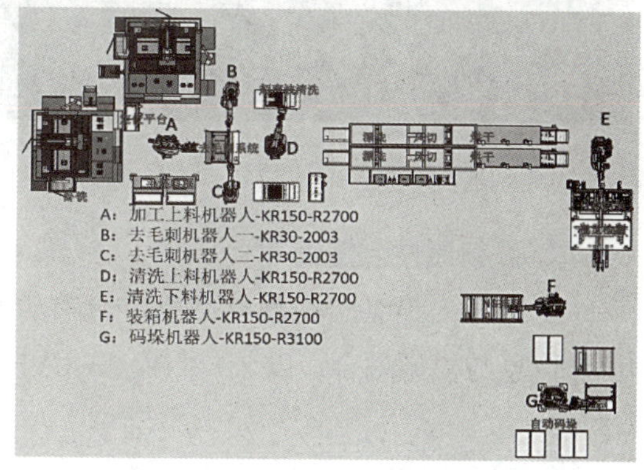

图 5-25 主要自动化设备

5.4.2 设备管理实现数字化

1. 设备管理实现数字化概述

结合公司 ERP 设备模块和 MES 设备管理模块，核心功能包括：设备档案、点检、保养、计划检修、故障维修、备件采购 / 库管、委外维护、改进管理、维护知识库等。以 TPM 先进理念为指导，通过基准书展开到日历，推动维护工作的规范化。重视和提升设备维护工作，从“被动修好”逐步过渡到通过周期维护 / 预防维护的“用时无故障”，并与设备提升工作衔接。

针对核心设备、关键工艺设备重点关注预防性维护。采用 5G 终端对核心部件的运行状态进行边缘数据采集，常规参数在边缘层进行分析，及时把异常信息反馈给现场管理人员，实时数据传输到云平台上结合部件使用寿命、历史运行数据等进行分析，提前预知设备的异常状态，从而最小化避免设备的停机维护。

将设备运行实时数据、统计分析等数据与三维模型融合，通过对系统进行组态，对所需要显示的事件和各种制造过程信息进行订阅，并且实时显示各类信息和总体运行状况，如图 5-26 所示。

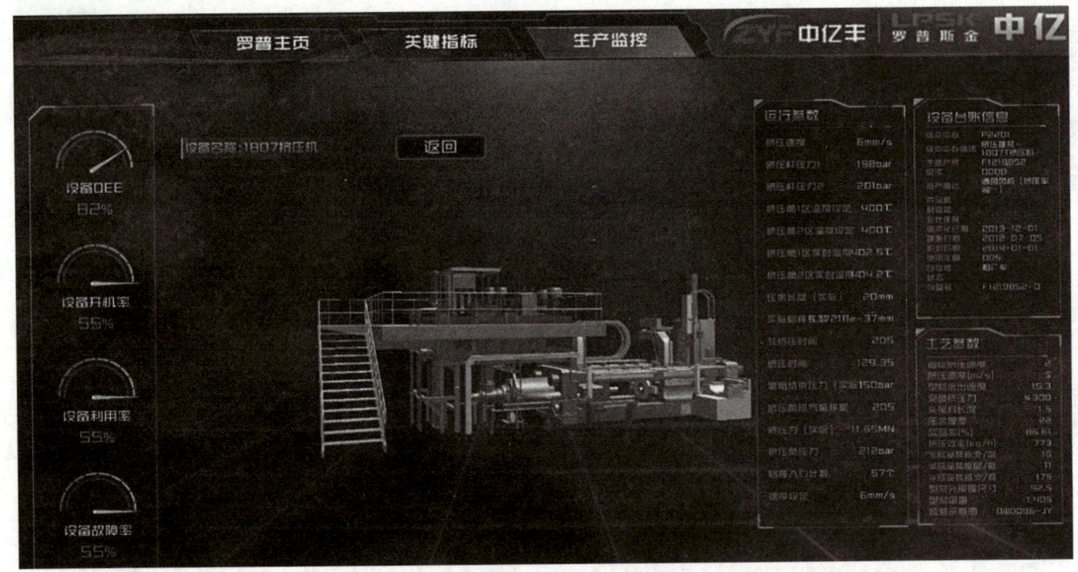

图 5-26 设备三维模型和实时状态

2. 设备属性台账管理

支持导入设备台账属性数据，具有管理权限的相关人员可以对台账数据进行更新，台账信息与模型融合，以 3D 数模、AR/VR 等形式展示，实现设备静态属性管理。

3. 设备实时监控

基于 5G 技术的互联互通方案，提取设备的联网状态、开停状态、加温设备温度值、主机运行参数、液压系统压力值等实时运行数据，与设备的三维数字模型关联，实现设备实时运行状态三维监控。

4. 故障检测预警

对设备历史状态进行统计分析，同时与 5G 网络反馈回的设备报警信息对接，实现故障率、报警及维修信息的交互管理，在设备孪生系统中推送报警信息，模型进行高亮报警提示。

5.4.3 设备管理透明化和可视化

设备通过自动化过可视化，将企业关注的绩效指标和管理指标统一进行呈现，各考核单位可以快速知道各自的绩效表现，进一步实现了企业内部对标的管理模式并且通过数据下钻，逐层分解，可以快速发现企业现有问题，并最终找到问题根源，并且组织相关部门及时解决问题。

智能车间运行展示看板：汇总查看工序的所有设备，统计指标包括 OEE 效率、时间开动率、性能开动率、合格品率、故障率、耗时统计等，如图 5–27 和图 5–28 所示。

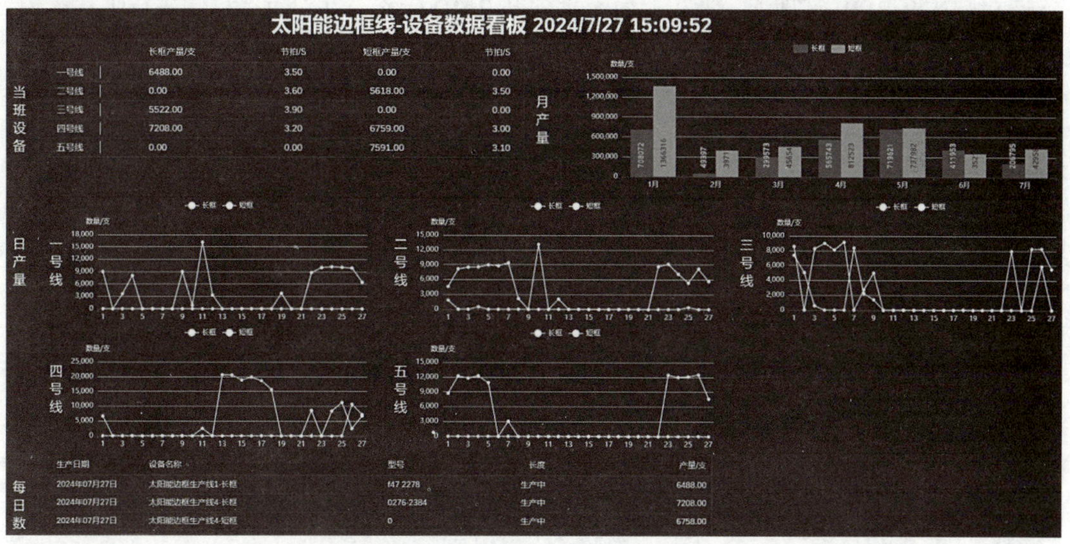

图 5–27 产线级看板

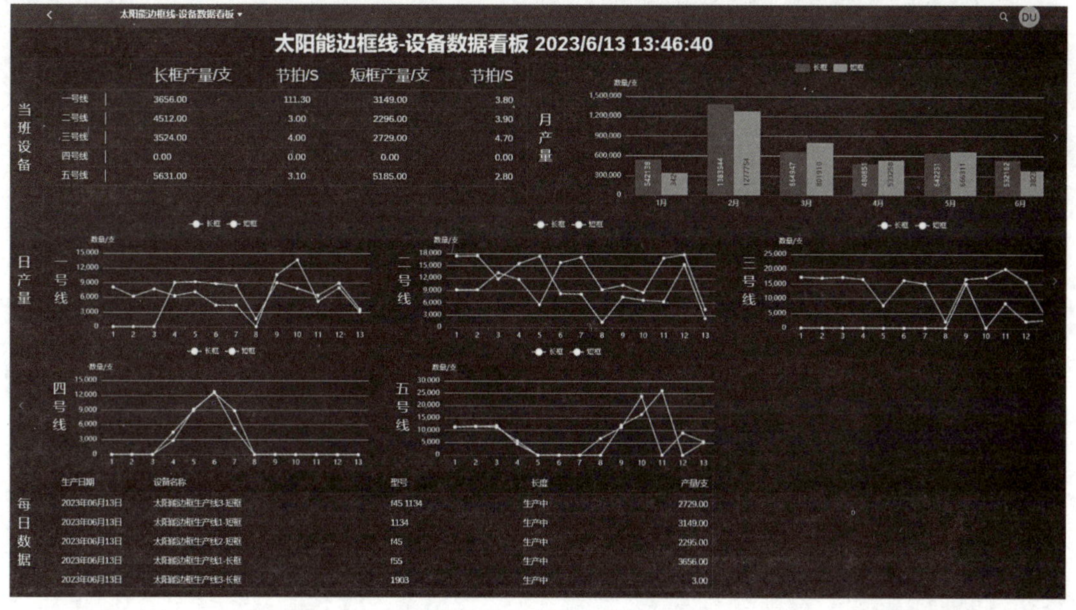

图 5–28 设备级看板

5.5 仓储配送环节

某些制造行业产品型号种类繁多，可达上万种，对于这种在制品型号繁多的离散型生产，生产过程信息的高效传递至关重要。在规划智能物流方案时，沿用现有标准框作为载具的物流形式，搭建自动化数字化物流系统，将物流、信息流紧密结合并高效传递。车间中使用的所有标准框均按统一标准尺寸及重量制作，且均安装有可读写电子标签，确保物料在生产过程中的可追踪性。

在标准框 RFID 管理上，通过对每个框安装 RFID 标签，并对每个标签进行唯一标识，并在标准框上喷码或钢印标识。

物流流转过程中只需要对 RFID 信息进行读取，把读取点对应的信息与 RFID 标签进行绑定即可，过程中一些需要信息绑定和切换的步骤时可以考虑通过与数据采集集成的方式自动实现，比如挤压区域的产品信息（生产编号）自动采集并绑定到对应的 RFID 对应大标签编号上，下面列举某大型铝型材制造商的一些应用场景。

5.5.1 仓储管理

通过建立了 WMS 系统，同时以 RFID 和 BarCode 条形码为载体通过 5G 网络、设备专网传递信息，建立原材料环节、生产环节、内部物流环节、仓储环节和市场渠道管理环节的产品信息追溯系统，有效解决产品追溯、仓库管理等问题，并提升制造过程数据采集的及时性和准确性。

5.5.2 厂内物流

物流系统作为支撑供应链管理的重要环节，具有作业互动、信息协同和网络化特点。物流信息化系统架构如图 5-29 所示，包含了产前准备、生产过程控制和出货管理三部分。

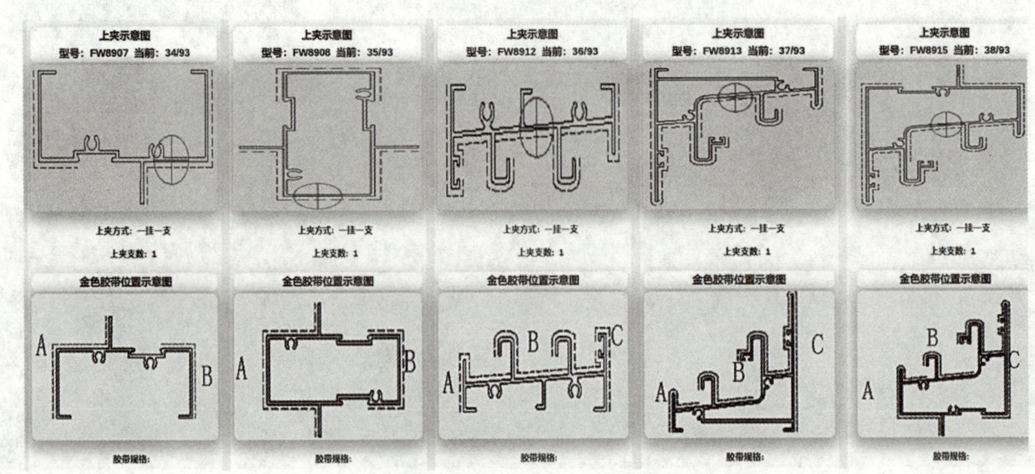

图 5-29 物料信息化系统架构

1. 产前准备

产前准备包含了原材料准备、模具准备、计划和调度。生产任务转换为生产订单，进行产能平衡、铝棒预留和模具选择等，并产生铝棒发料单和备模单，通过订单信息平台下达生产订单到车间。

公司外购仓依据铝棒发料单进行原材料配送；模具部依据备模单准备模具和其他工装具；原辅料和模具等送达车间后，通过条码扫描确认实物转移至车间，如图 5-30 所示。

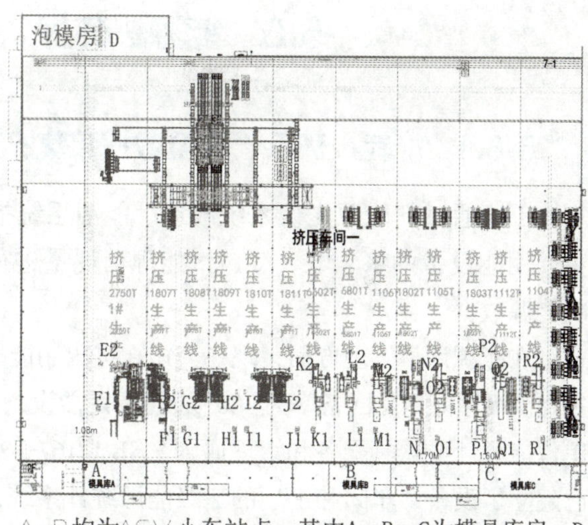

图 5-30 模具 AGV 自动配送回收站点图

2. 生产过程控制

挤压车间调度依据订单信息平台完成生产小排程，确定生产顺序和生产班组等，车间接收铝棒和模具到车间库位。生产任务结束后，产生的挤压完工入库单将指导挤压与时效工序间交接、时效品质检验、半成品入库等作业，单据与实物一同流转。

半成品仓是成品生产的产前准备，半成品入库单过账后依据成品生产订单组件需求和半成品库存进行预留库存，用半成品分配结果创建半成品发料单，如图 5-31 所示，指导半成品备料和实物配送。

成品车间调度依据订单信息平台完成生产小排程，确定生产顺序和生产班组等，车间接收半成品到车间库位，依据小排程的生产任务产生成品生产工艺流程卡用于指导生产，任务完成后产生的产品合格证（图 5-32）和成品入库单，用于后续物流和产品追溯。

半成品发料单

生产订单：000066159447 工作中心：HI204D　　2023-08-04-15:40:19-
需求日期：2023-08-24　　备注：单独状装，后期追
客户：　　0000775279/000010　60　　片区：C2
产品物料：930790310025 LPSK-WX0790 电泳银白　　长度：3.100颜色：P5/电泳银白色

物料编码	物料描述	单支面积	数量		库存地点	批次
9307903100000	LPSK-WX0790 素材	2.405631	84.000	EA	0130	20230804

发料人：　　收料人：
使用流程：半成品线（发料人）→ 表面处理车间（收料人）　　时效

20500000872728
VF-PC09-A-001

图 5-31 半成品发料单 / 流转单

SR3261　　LP485/LP485
6.500　　4.000
66152314　　6063-T5
72869-A
2023.08.03 19:18:15
GB/T 5237.6-2017
203000001681599

图 5-32 产品合格证

3. 出货管理

成品仓依据经销商协同平台的出货计划信息创建出货备料单，依据该单据的要求和先进先出批次控制规则等完成备料，过账完成后打印发料单。发料单随产品送到客户，客户进行收货确认，结束一个销售订单的全流程。

5.6 能源、环保、安全管控环节

5.6.1 能耗、环保、安全数据采集

工厂通过新能源光伏系统改造、能源系统搭建，对接了省平台的在线监测系统，对主要用能设备的水、电、气、汽能源消耗量进行实时在线监测，每 15s 可以测试记录一次能源数据。

在能源计量管理方面，现在公司在进出用能单位配备较为齐全，配备率为 100%；进出主要次级用能单位配备率为 100%；主要用能设备 100%。公司计量器具的配备率符合《用能单位能源计量器具配备和管理通则》GB 17167—2006 的要求。我司目前统计管理制度良好，已建立了设备、车间和工厂的三级能源统计系统，如图 5-33 所示，分工明确职责清晰；建立了日、月和年度的报表系统；能够对企业能源消耗的真实情况进行基本的分析、评价和监督。

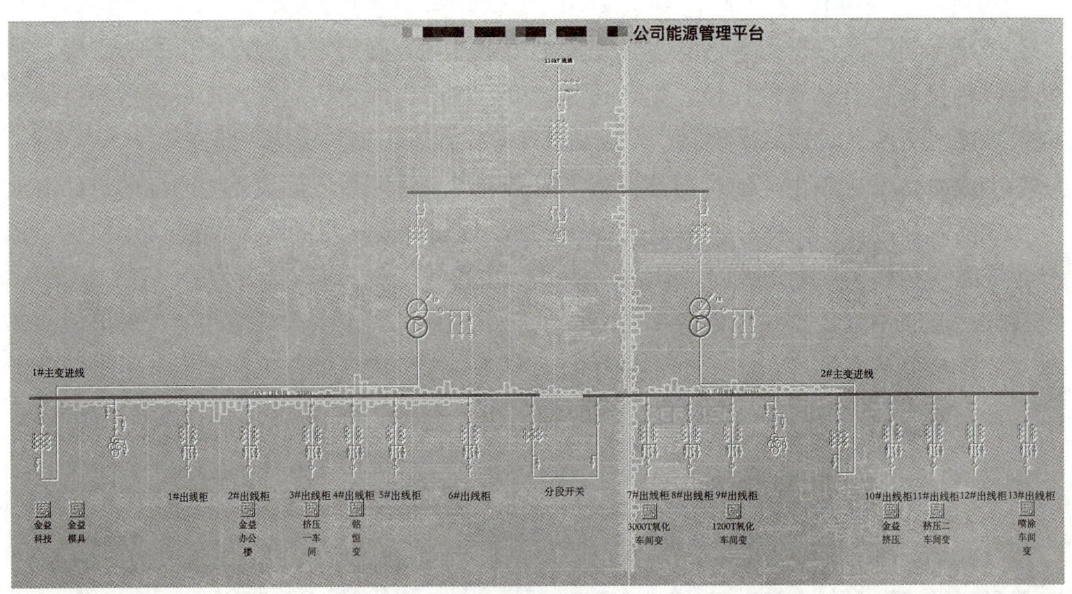

图 5-33 能源统计系统架构图

平台提供对能源数据进行分析、处理和加工，做好能源日报表和月报表，使企业能耗运维人员能够实时掌握能耗设备的运行状态和用能情况，如图 5-34 和图 5-35 所示，通过对数据的分析，进行能源及设备的合理调整，对能源数据的异常检讨和分析，不断提升用能效率。

5.6.2 工控安全

针对工厂淬火区域，当工作人员进入工作区域后，以 5G+AI 技术为主导的高帧频、超高清、宽动态范围的 4K、8K 安防监控拍照后，后台算法软件系统自动识别进入人员

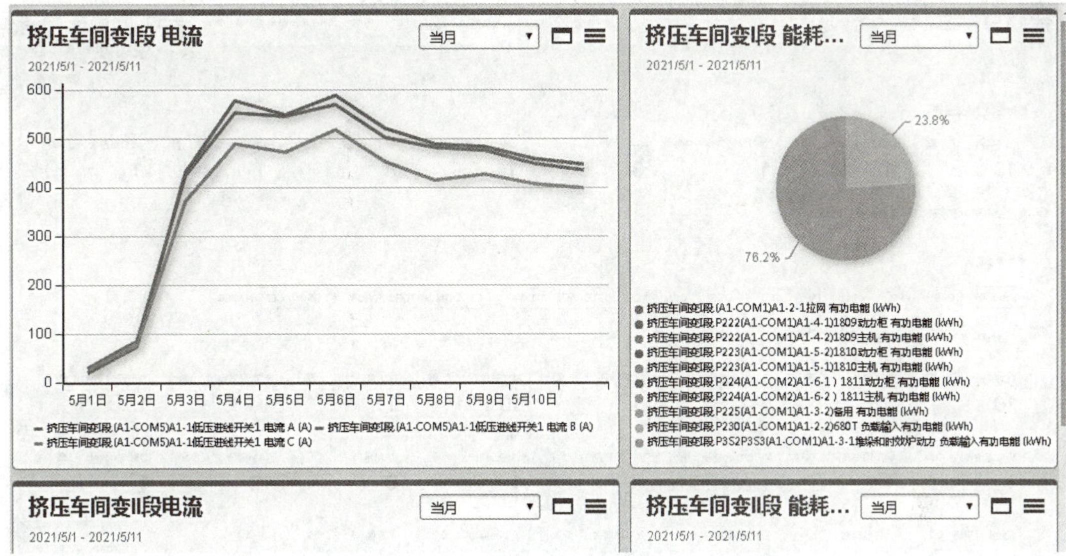

图 5-34 车间级能耗趋势分析

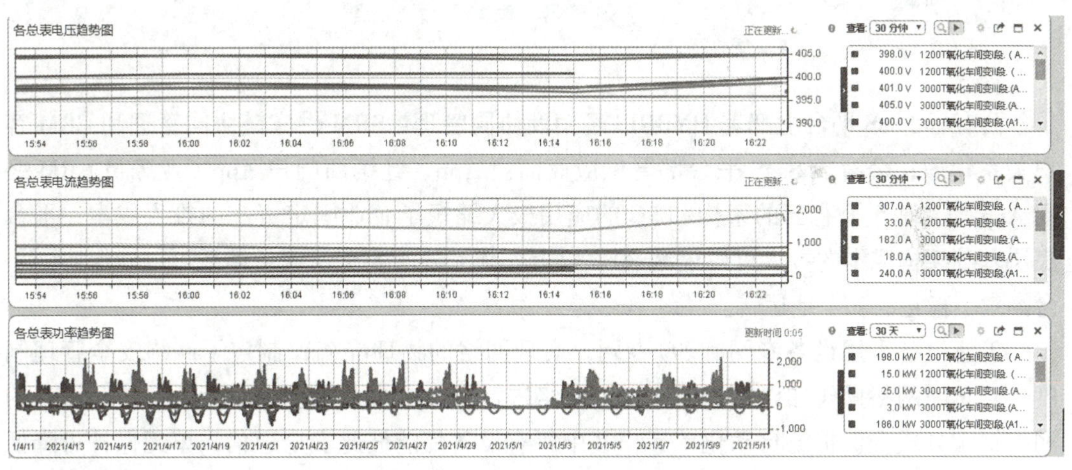

图 5-35 产线级能耗实时数据监控

特征，通过人员特征确认人员类型。一旦非相关类型人员进入系统设置的安全禁区，如突破电子围栏等，则系统会自动报警，避免人员进入危险区域，造成人身安全影响。

诸如涂装喷粉车间采用喷粉涂装工艺、污水处理中心、化学品仓库和高压配电房区域，都属于危化品和高危工作区域，对于人员进入时的工作服、安全帽和口罩佩戴等管理要求极高，同时对于明火等违规现象需及时发现和制止，避免违规操作，造成安全事故。通过云端部署的视频识别 AI 算法，识别人员工作服、安全帽和口罩的佩戴情况，通过实时识别人员抽烟等明火，发现异常状况时迅速报警，降低安全事故风险。

将核心信息化系统架构于阿里云服务器，如图 5-36 所示，由阿里云负责数据存储安全，同时在车间所有电脑上均安装了正版的防病毒软件，对计算机病毒、有害电子邮件有整套的防范措施，防止有害信息对系统的干扰和破坏。

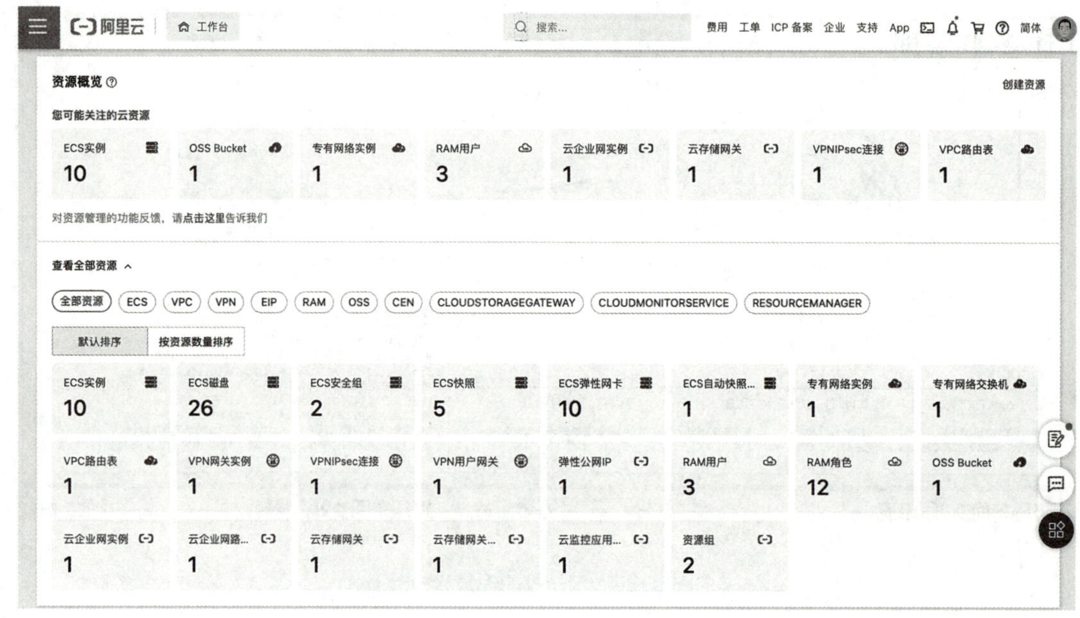

图 5-36　阿里云

公有云 PaaS 平台上部署 HYBRIS 经销商协同管理、SRM 供应链协同管理和 CRM 客户关系管理；公有云 SaaS 平台部署供应商门户 App、经销商门户 App、业务员 CRM 终端 App 等。基于公有云的架构和 5G 的应用极大缩短了企业固定资产的投入成本，平台底层基础架构成本的投入可以缩减 30% 以上，其完善的安全、灾备体系可以确保协同平台高效、稳定、安全地运转。

工业设备采用设备专网和 5G 专网，实现网络的物理隔离；制定了网络安全管理制度，对车间网络操作加以管控。通过对网络进行分段实现对自动化单元的保护，设备的网络被细分成受保护的自动化单元，其中所有设备都能彼此安全通信，单元保护可降低整个生产设备发生故障的概率，延长正常生产时间，如图 5-37 所示。

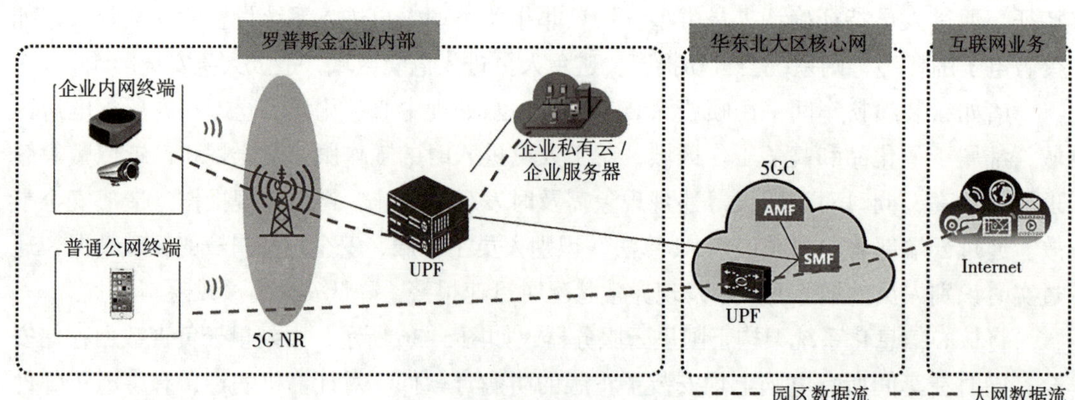

图 5-37　5G 网络架构图

5.7 互联互通环节

二维码 5–4
铝业 5G 智慧工厂

建立设备的互联互通物联网平台和多信息化系统集成平台，构建智能工厂的工业数据总线和信息化数据总线。

5.7.1 基于 5G 技术的产线设备专网

核心网采用 5GC+MEC 的方案，整体采用 SA 架构方案，核心网具备异地容灾能力，基于 SBA 架构，采用云化 NFV 部署方案，控制面和转发面集中部署，支持 SA/SBA/CUPS/ 切片 / 微服务 /5G 业务流程等能力。5GC 架构支持控制与转发分离、网络功能模块化设计、接口服务化和网络切片等新特性，以满足 5G 网络灵活、高效、开放的发展趋势，如图 5–38 所示。

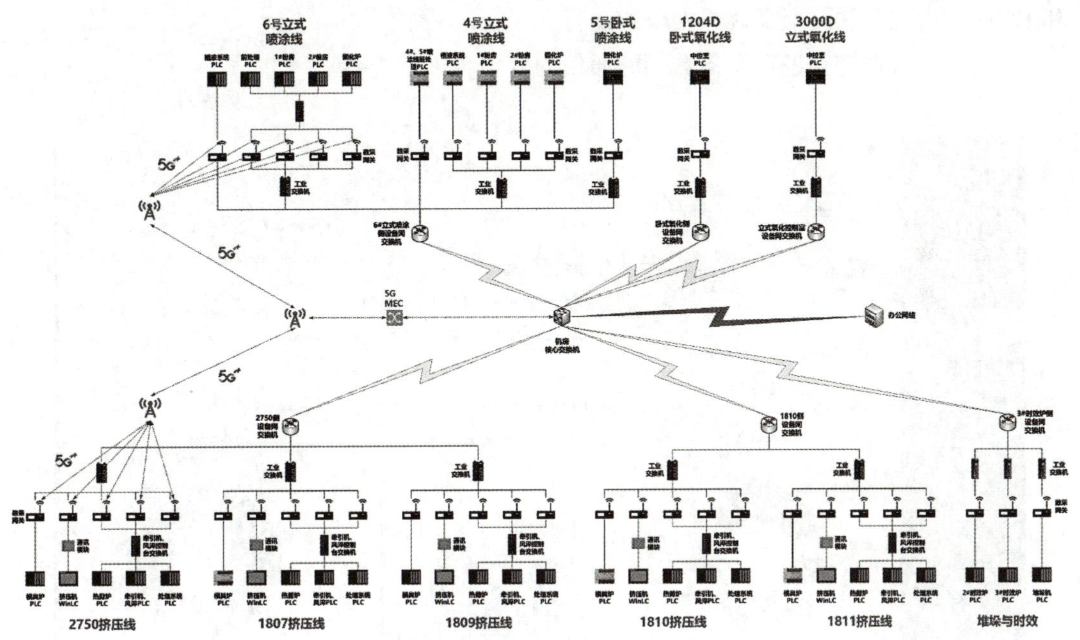

图 5–38 产线设备专网网络拓扑图

针对工业制造行业生产控制类业务和管理信息类业务安全隔离和低时延等需求，核心网用户面网元 UPF 下沉至中机房。用户面数据实现数据不出场或低时延，也可保证数据安全。

MEC 通过将计算存储能力随着业务服务能力向网络边缘迁移，使应用、服务和内容，可以实现本地化、近距离、分布式部署，解决大带宽、低时延等业务需求，可以充分满足企业对 5G 机器视觉、AR 应用结合和远程控制等各类业务需求。

5G SA+MEC 为工业园区提供网络能力开放，进一步提升和完善工业化场景下的业务能力。在该组网条件下，可实现：

1）企业用户（含 AGV/RGV 小车、立库堆垛机、监控摄像头、机械臂等）通过园区基站接入，企业用户只能访问园区专网；

2）UPF 下沉并部署边缘计算，UPF 可放置在中亿丰罗普斯金数字中心机房中，控制时延，节省带宽，满足企业数据不出园区、业务低时延需求；

3）规划不同 DNN 区分普通用户与企业专网用户，普通用户无法接入企内网，确保数据安全。

基于厂区内的 5G 网络，使用 5G 智能网联网网关，实现工序段之间各设备的数据采集与上传。

5.7.2 数据采集平台

平台基于 .Net 和 JavaScript 的三层 C/S 和 B/S 自主研发平台，如图 5-39 所示。C/S 方式实现通过 OPC 和 TCP/IP 协议与现场设备（PLC、机器人、PC、5G 数据网关、其他控制系统）进行通信，进而实现数据采集与处理。B/S 方式融合了 C# 与 JS 技术，支持 TCP 和 HTTP，可在互联网上高效、安全地运行。

通过 5G 数据链路进行设备数据的通信内容包含以下内容。

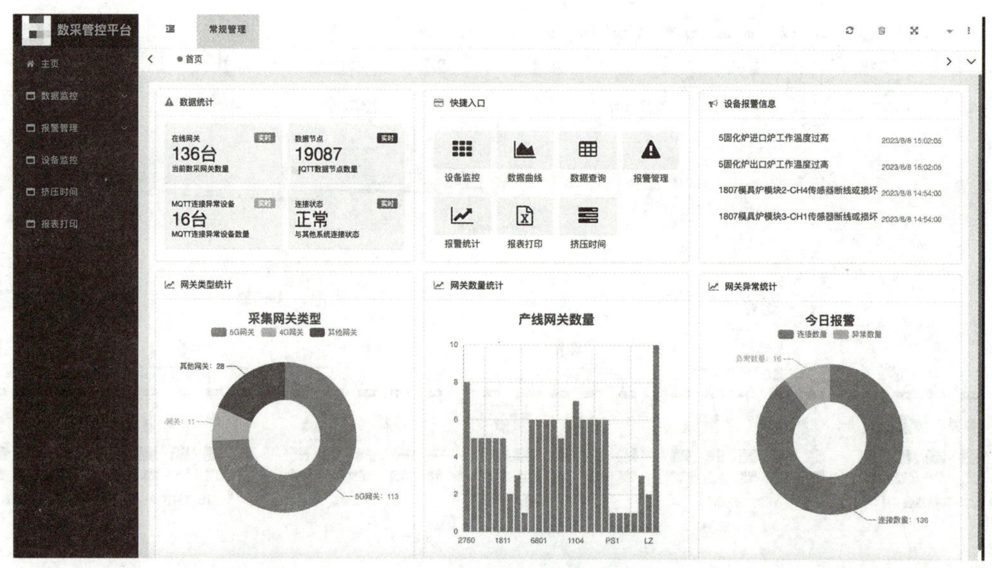

图 5-39　基于 5G 技术的设备互联互通物联网平台

1. 生产进度

生产进度主要采集设备的实时生产数量、物料消耗等数据。

2. 设备实时状态

设备实时状态可收集产线设备手动 / 自动模式、待机、运行、停止、设备故障停机信号等。记录设备待机累计时间、设备故障停机累计时间、设备报警信息等，如图 5-40 所示。

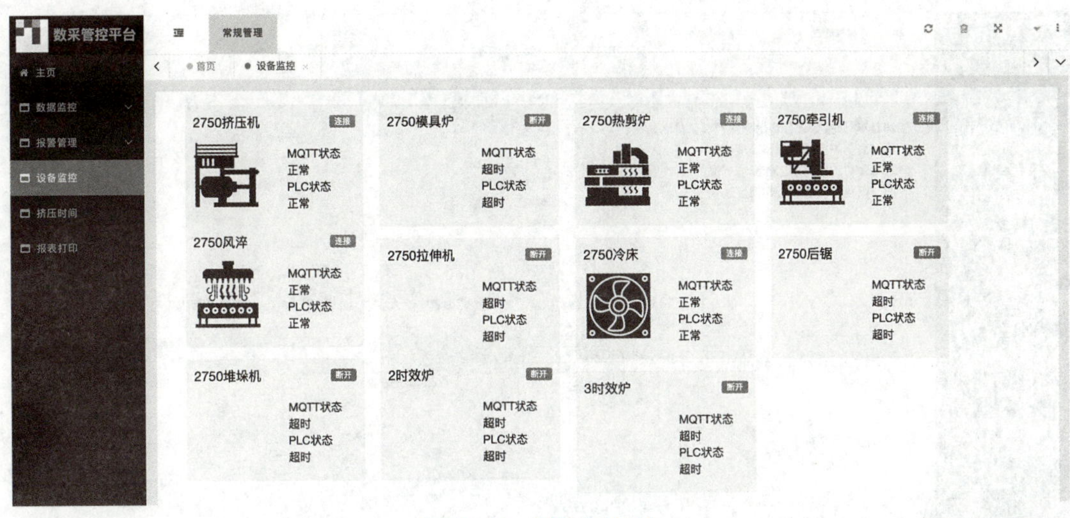

图 5-40　设备实时状态

3. 实时关键工艺和质量参数

关键工艺和质量参数具体到每个工序、工位需要监控，如挤压的铝棒加热温度、模具加热温度、保温时间、挤压压力、冲突压力、挤压速度、牵引机速度等参数对产品的质量有比较大的影响，采集数据传入 MES 进行关键工艺质量数据统计分析，如图 5-41 所示。

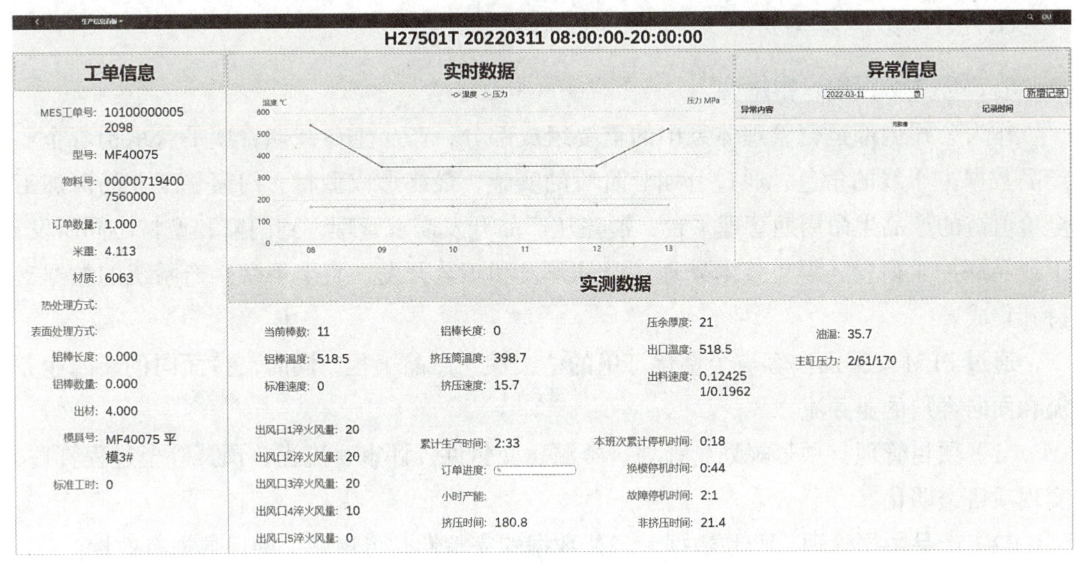

图 5-41　关键工艺实时监控看板

4. 报警及故障信号

设备自带的预警和故障信号，存放在上位系统的日志信息等，如图 5-42 所示。

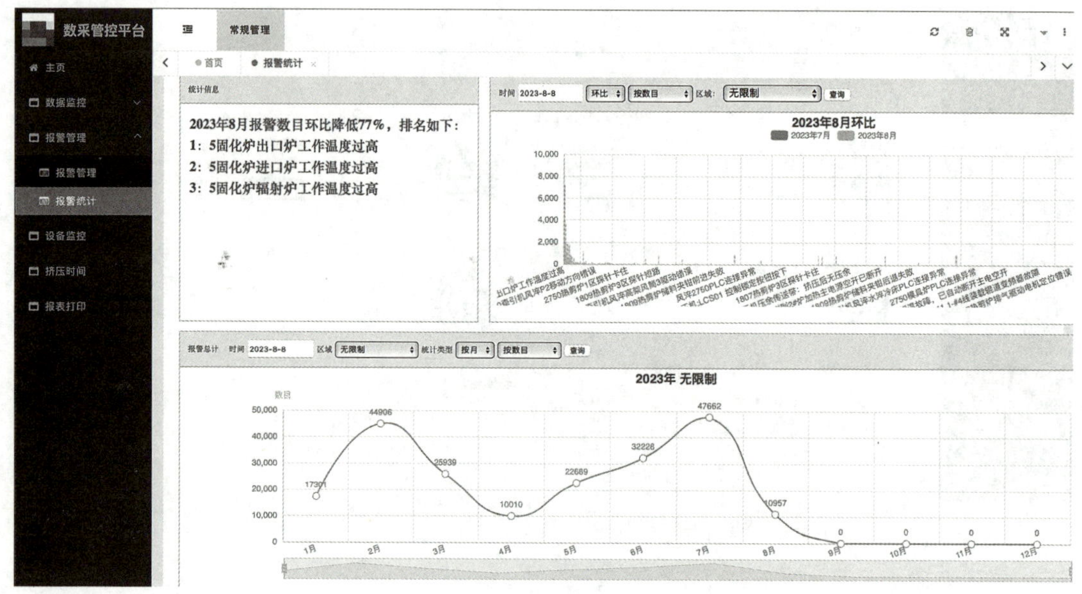

图 5-42 设备故障日志

5. 关键零部件、易损件加工频次或长度

关键零部件、易损件可能包含模具、模套、锯片等，此类部件主要采集加工频次或已工作时间，根据采集到的加工频次或已工作时间，对关键零部件、易损件进行预防性维护和点检保养。

5.7.3 数据集成环

1. 产品主数据统一数据源

作为公司内部运营管理体系中的重要组成部分，产品生命周期管理平台承担着企业产品数据主干线的角色，通过分期分阶段的实施，最终形成型材、门窗、工业品深加工全价值链的产品生命周期管理平台，覆盖从产品开发需求管理，到门窗和型材协同研发、工业品深加工研发、订单技术处理、模具开发和工艺开发，直至下游生产系统的数据支持和集成。

通过 PLM 支持面向客户个性化订单的“柔性”产品工程，同时支持面向创新的业务流和面向客户的业务流。

（1）项目管理：项目规划、计划、资源、交付件、评审、流程、预警等全过程管理，实现项目透明化。

（2）产品数据管理：产品数据、工艺数据的完整性，可追溯，确保数据有效性。

（3）问题和变更管理：管理产品数据和工艺数据的演变历史，变更可追溯，问题解决流程化。

（4）知识库：将设计开发、问题解决、工程变更中的经验教训提取为工程知识，支持产品开发不断迭代优化。

（5）订单自动化：PLM 承接订单，经过 CTO/ETO 模式的订单配置设计，快速生成 BOM、BOP、3D/2D 图纸；通过一系列技术和数据模型支持这种设计模式，例如平台化、模块化、数据检索、形状搜索、参数驱动等。

（6）生产柔性化：PLM 提供排制计划需要的数据（BOM、工艺数据），APS/ERP。

（7）过程智能化：PLM 制造工作包（资源、物料、工艺过程……），MES/APS。

（8）检测标准个性化：PLM 工作包中的检测计划（针对不同规格产品的不同检测指标、检测计划），MES。

1）主数据集成实现过程

公司通过渠道和订单管理中台，承接 CRM 系统中的经销商订单，并与 PLM 对接订单要求。

PLM 系统接到订单要求之后，在系统中检索匹配的已有型材，或者检索相似度达到一定程度的已有型材，并检索到与该型材配套的BOM、模具、工艺参数等所有技术数据，经过直接复用或个性化计算、设计，生成符合订单要求的物料、BOM、工艺参数、图文档等生产所需的数据，组织成为订单生产数据包，通过服务的形式供 APS、ERP 等系统调取，用于排定各种生产计划和排产。

对于无法检索到的可重用型材和模具，则通过模具开发和工艺参数调试，满足订单个性化要求。模具的设计开发将通过 PLM 集成的方式进行管理，工艺参数则与模具和型材建立关联关系，形成数据配套，被纳入型材、模具和工艺参数库中成为将来可重用的数据，如图 5-43 所示。

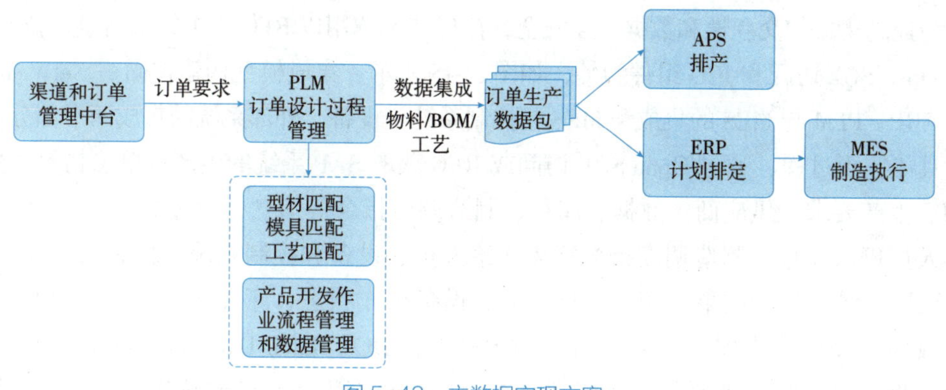

图 5-43　主数据实现方案

2）产品库、工艺库的数据分发

在 PLM 系统中构建型材库、模具库、工艺参数库，作为基础数据支持，有力地支持订单技术处理。型材库中的型材具有基本的特性和参数信息、图纸，并带有单位长度的三维模型，该模型将用于形状匹配，如图 5-44 所示。模具图纸和 3D 模型可用于模具的维修或再次制作。型材关联到使用特定模具生产时的标准工艺参数，一套工艺参数包含了型材生产中的挤压、氧化、涂装、包装等所有过程。

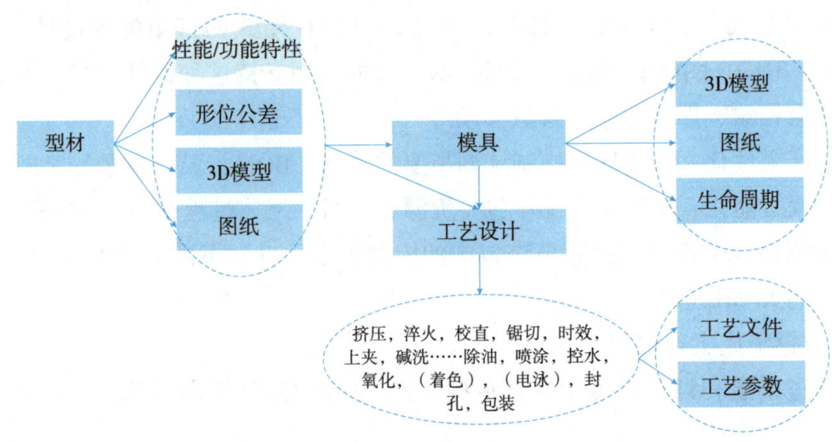

图 5-44　型材、模具、工艺数据模型

工艺规划过程是对多种 BOM 视图的创作和编辑过程，包括基于 EBOM 的 MBOM 编制、BOP、工厂 BOM 等，随着各种工艺规划所需的对象及其视图被创建，工艺规划的过程即告完成。提供电子作业指导书，它不是一份物理文件，而是从 BOP 中提取数据进行特定方式的展示，让作业人员可以清晰地了解工序作业的所有数据和方法，包括作业指导说明、三维模型、二维图纸、视频动画、物料、工具清单等。电子作业指导书能够与 MES 系统集成，从而帮助现场作业人员可以在 MES 界面中直接访问作业指导书。

2. 数据集成架构

为提高集成的交互性和数据交互安全，接口技术选用以 RFC 为主的双向接口技术，其他如 Open SQL 访问和 JCO 组件为辅，如图 5-45 所示。集成模型构建在同一 NetWeaver 平台上 ERP、PLM 与 MES 的集成和 MES 与控制系统、设备、外部系统的集成两个部分。

具体实现过程：通过 Open SQL 访问或 RFC 获取 SAP 系统的生产订单、物料主数据、BOM、生产要求、供应商主数据、库存、制造调度指令等信息，通过 RFC 接口将生产方法、人员班次安排、制造调度指令等传递给人员、设备和控制系统等控制层；通过 SAP JCO 组件实时把生产结果、相关数据反馈、设备操作状态、库存状况、质量状况、生产成本收集等动态采集到 MES 中，并通过 RFC 或 BDC（Batch Data Conversion，批量数据转换）将信息反馈 SAP 系统，最终建立控制层中机器设备、仪器仪表、条码采集设备、PLC 等和 SAP ERP 系统之间的桥梁。

在上述三个系统层次间，有着不同的信息数据交互：

（1）ERP/PLM 与 MES 系统之间交互的信息包括：产品生产需求、BOM/ 图纸 / 工艺文件、生产资源、库存状态、人力状态、加工计划和配件需求、订单完成情况、交货期状态、物料消耗情况、人员分配情况、实际物料清单、生产能力、短期生产计划、废品 / 次品等。

（2）MES 与底层控制系统之间交互的信息包括：短期生产计划、生产命令单、工艺

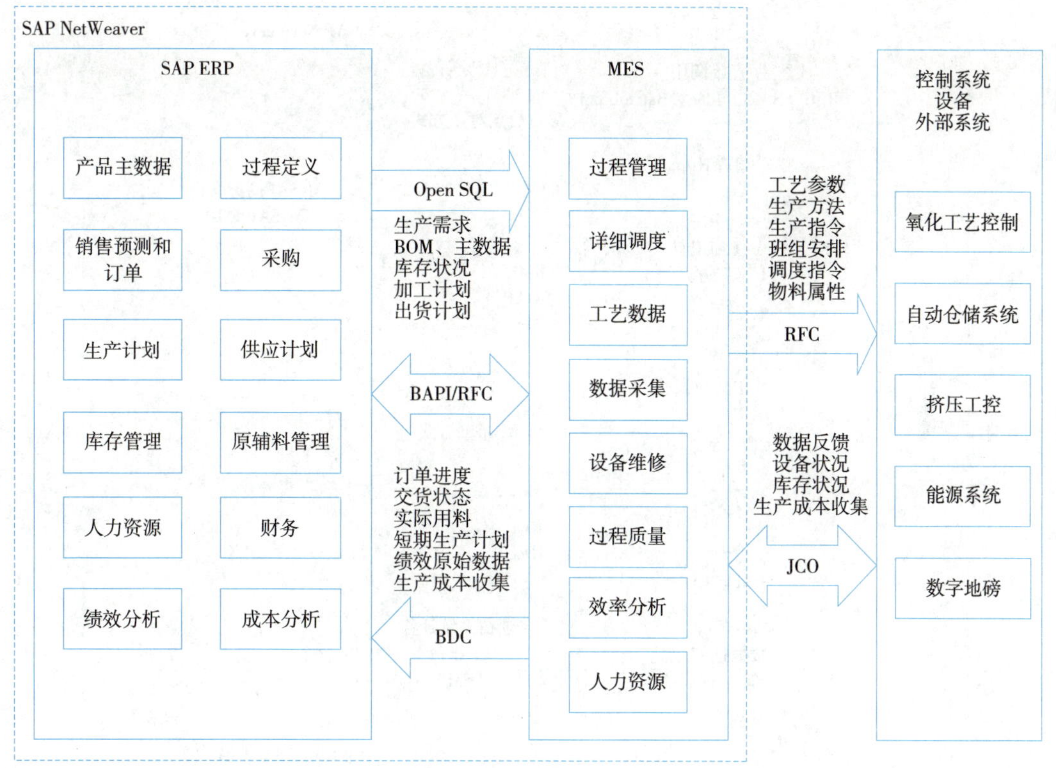

图 5-45 数据交互与协议

控制、用料清单、生产分析报告（过程、设备、能源、人力、物料等）、物料短缺信息、生产优化运行参数、工序进展信息、设备运行参数、物料使用状态等。

以基于 SAP ERP 为核心信息化系统提供完整的信息化集成方案。为消除信息孤岛、避免数据的多次采集和重复录入，根据系统间通信连接方式的不同，项目整体集成方案中提供了两种系统数据交换和系统集成的解决方案：第一种是通过 SAP NetWeaver 集成平台提供的中间件连接方式（SAP PI）；第二种是直接与 SAP 直连，接口有 ALE/IDoc、RFC 和 BAPI 等，SAP 核心系统与非 SAP 的系统集成方式，如图 5-46 所示。

SAP NetWeaver 作为集成基础架构平台，包含三个层次：

（1）流程集成：其目的是提供灵活开放的流程整合和强化系统间的协同合作以及预置标准接口和系统适配器以提升集成效率和规范操作。流程集成的交换架构位于 Web 应用服务器的第一层，采用了 SOA 面向服务的架构，提供相关的开发工具，连接分散在不同系统的业务流程，实现以流程为主，依据需求客制化的整合。流程集成包含集成代理和业务流程管理。

（2）信息集成：其目的是实现业务主数据统一管理、信息高度统一，有效支撑企业的管理决策。可支持多公司、结构和非结构的数据集中管理，通过数据仓库和知识管理收集不同系统的数据，建立企业大数据分析体系。信息集成包括主数据管理、商务智能、知识管理。

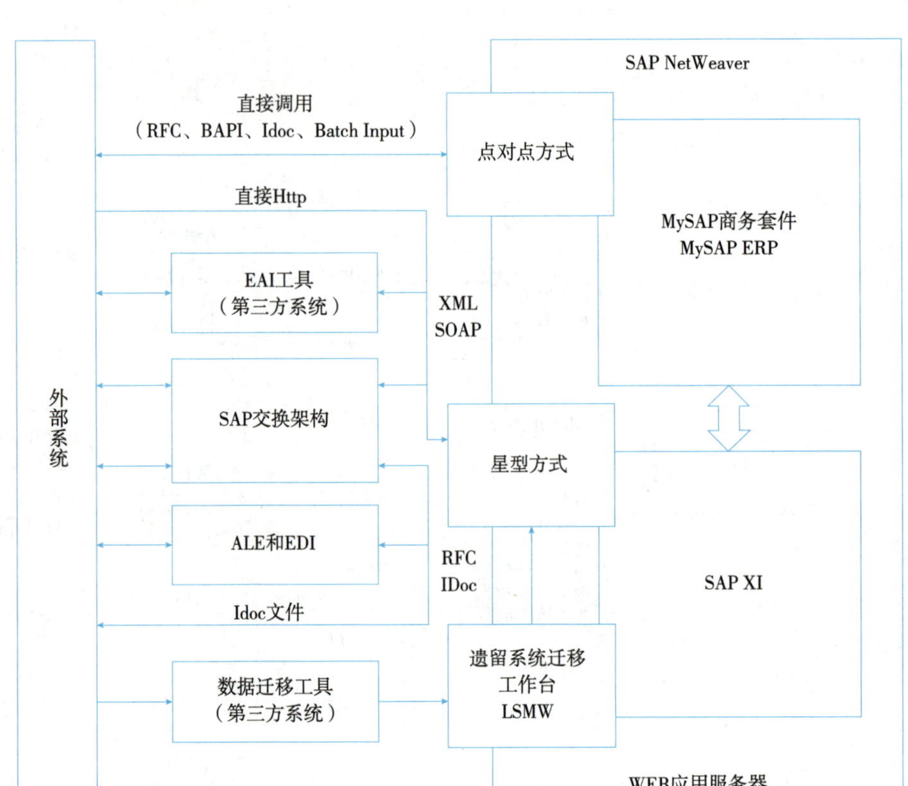

图 5-46　SAP 和其他系统集成架构

（3）人员集成：平台的最高层，通过诸如 PC、手机、PDA 等多渠道接入方式，获取对应角色的流程和信息，集成办公系统、内外部信息系统，实现单点登录，消除信息壁垒，提升协同能力和工作效率。

3. 数据集成接口协议

本次项目基于 5G 技术的设备互联互通是数据集成的重点实施内容，包括了数据采集管理平台（即 SCADA，以下简称“数采平台”），以及通过数采平台将采集到的设备数据与 MES、数字孪生系统（以下简称“DTS”）进行共享，以此实现设备数据的融通共享。

数采平台与 MES、数字孪生系统的接口种类示意图如图 5-47 所示。

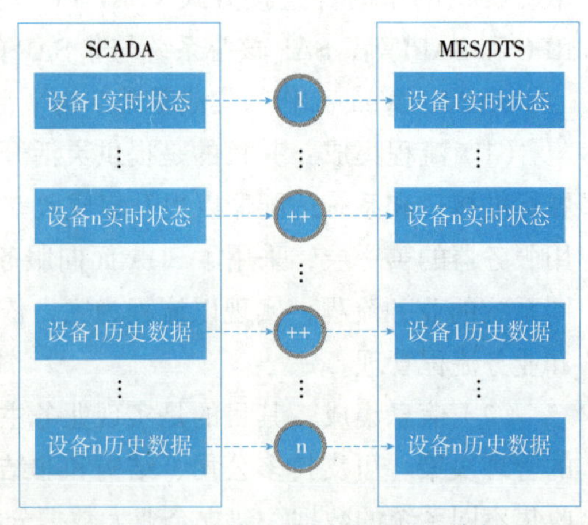

图 5-47　数采平台与 MES、数字孪生系统的接口种类示意图

1）接口方式

设备实时数据采用 MQTT 协议进行数据传输，即通过不同的数据采集网关将实时数

据推送到 MQTT Broker 上。数采平台、MES 和数字孪生系统通过订阅主题的方式获取设备实时数据，如图 5-48 所示。

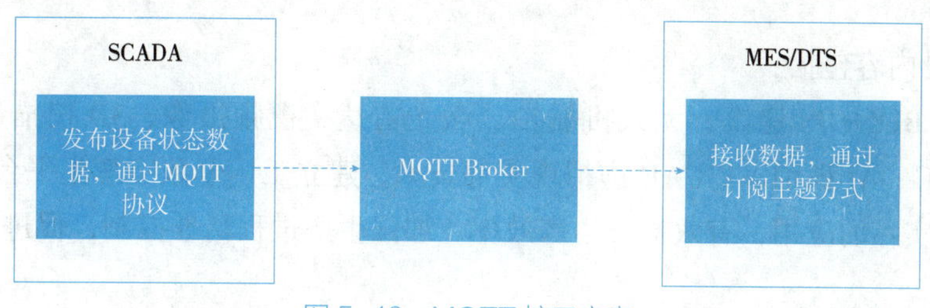

图 5-48　MQTT 接口方案

2）RFC 方式

使用 SAP 的 RFC 接口方式完成数采平台与 MES 系统的数据交互，如图 5-49 所示。交互的数据内容包括设备实时数据和设备历史数据。对于所有外部系统调用SAP系统的情况，通过 RFC 集成（NCo）。对于 SAP 调用外部系统的情况，通过 WebServices 集成（XML）。

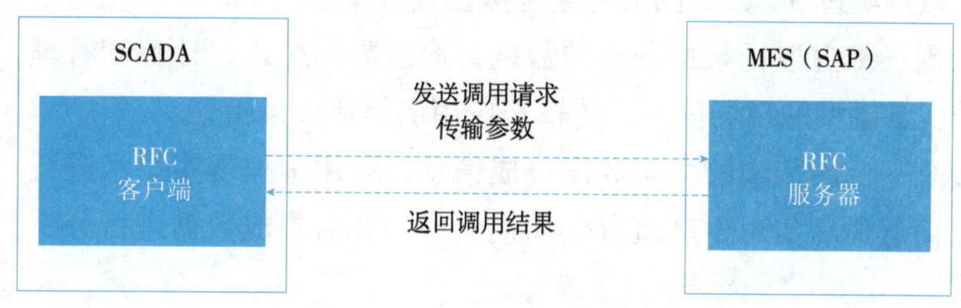

图 5-49　RFC 方式接口方式

4. 数字孪生平台

数字孪生作为产业前瞻与关键核心技术攻关，结合 5G、物联网等技术，围绕生产过程制造资源数据采集、分析、应用三个层级开展深入研究，满足工厂生产现场需求，助力企业提质、降本、增效，实现智能制造转型升级，如图 5-50 所示。

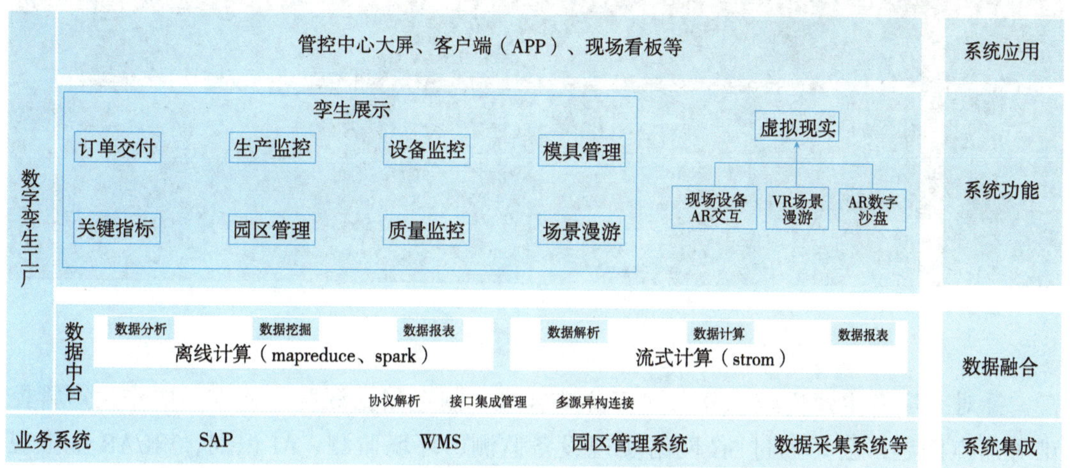

图 5-50　系统功能架构图

本案例孪生系统是基于5G技术实现设备互联互通，生产运行数据可以实现与场景数据互动，实现领导驾驶舱与三维数字化车间的透明化管理，建设一眼看全、一眼看穿的数字中心。

主要建设内容包括：

1）综合BIM+GIS建模、无人机航拍、激光雷达、视频摄像、3D扫描、设备监测、环境监测、5G、AI识别、VR/AR虚拟现实等技术，建立工厂全数字孪生平台。

2）结合实际的应用，有效提升生产效率，加强生产过程精准控制，促进提质、降本、增效。

基于5G的数字孪生系统框架下，自底向上分为感知层、网络层、平台层、应用层以及门户层。感知层位于数字化工厂系统的底层，包括各类传感设备、5G智能终端和多种传感器，主要用于采集厂区内动态变化数据并传输给嵌入式控制器或直接控制厂区设备运行。

网络层包含5G网络和物联网网络，负责数字化工厂系统数据的融合和传输。感知层采集到的多元数据经过5G数据网关传输至数据处理平台。

平台层实现三维虚拟场景挂载多源数据，通过数据接入、计算和管理，将感知层数据集成为三维实景模型的现场信息，传输至应用层等待决策指令。

应用层接受平台层传输的多源数据集成信息，利用虚拟现实技术进行三维数据可视化，通过打破信息孤岛实现生产流程全周期管理，并对集成数据进行分析，为生产过程提供辅助决策。

门户层包括5G展示终端、数字展厅、监控中心和运维中心。展厅基于虚拟现实展示数字化工厂模型，实现用户与数字化工厂的交互。监控中心呈现系统各模块运作状态，及时预警错误情况。运维中心负责维修整个数字化工厂模块产生的错误，保证系统正常运作，如图5-51所示。

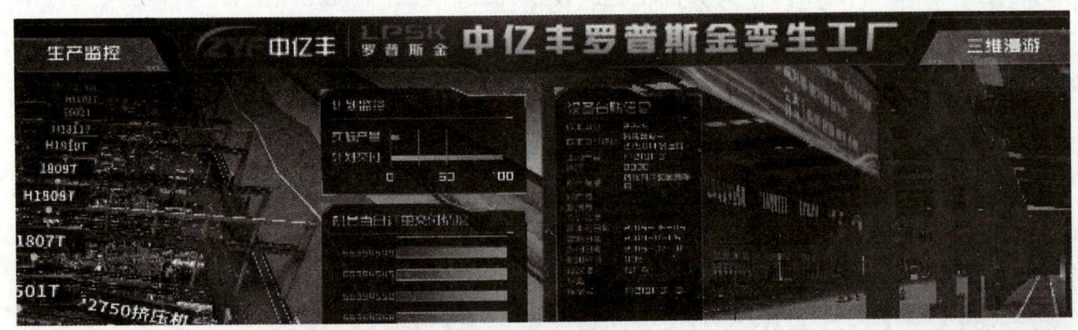

图5-51 数字孪生平台系统

针对工厂孪生建模难、分布式资源整合难、制造数据深度分析难、协作生产管控难等痛点问题，公司通过5G网络实现设备监测、环境监测、AI识别、VR/AR虚拟现实，建立工厂全数字孪生平台。开展基于工业生产要素组件的快速建模技术、基于多源异构协议适配的数据采集与边缘智能分析技术、大数据驱动的三维孪生智能决策管控系统，通过建材工业应用场景完成面向生产优化的数字孪生管控系统应用验证，如图 5-52 所示。

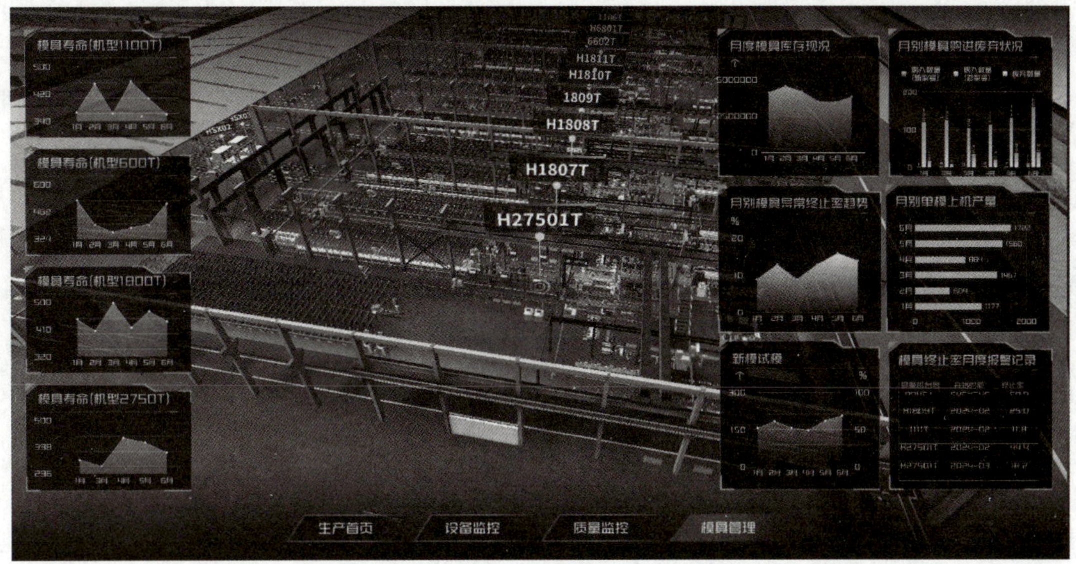

图 5-52　生产关键要素：模具全生命周期管理

5.8　本章小结

针对制造型企业构件小批量多品种复杂产品设计、制造、服务价值链上网络高效协同与智能决策的需求与相关技术难题，通过对铝合金构件网络智能生产技术的研究，推动二化及数字化转型在更广领域、更深应用、更高技术上融合发展，实现中国在智能制造中的自主创新与加速突破，研制具有自主知识产权、达到国内先进水平的构件网络智能制造协同管控平台和解决方案。通过在行业内的应用，逐步实现产业化，在推动技术进步的同时，为社会提供新的就业机会，既提高了我国制造业的智能化水平，又满足了社会和谐发展需求。最终，加快我国制造业的转型升级，实现经济社会高质量发展。

思考与习题 

5-1　数字化工厂如何实现研发生产一体化？产品全生命周期管理的概念是什么？

5-2　生产计划主要涵盖关键要素有哪些？与客户订单调整有哪些重要关系？

5-3 生产作业环节与生产计划如何更有效地协同？产品质量追溯怎么实现、生产数据收集效率如何提升？

5-4 什么是设备管理数字化管理？其主要目的是什么？

5-5 仓储管理的流程是什么？如何利用数字化手段实现库存周转率的提升？

5-6 能源、环保、安全管控的概念是什么？在数据化工厂建设中的重要性是什么？

5-7 数据互联互通基础要素是什么？如何建立设备的互联互通物联网平台和多信息化系统集成平台？

第6章

建筑部品部件智能生产质量管理

建筑部品部件的生产质量管理概述

建筑部品部件的生产质量管理概念

建筑部品部件的生产质量管理要素

建筑部品部件的智能生产质量追溯

建筑部品部件的质量追溯理论

建筑部品部件的质量追溯技术

建筑部品部件的质量追溯方法

基于 MES 系统的智能生产质量管理

建筑部品部件 MES 系统的概述

建筑部品部件 MES 系统的应用场景

建筑部品部件 MES 系统的实践应用

二维码 6-1
第 6 章　教学课件

本章要点

1. 掌握建筑部品部件生产质量管理的相关概念和管理要素；
2. 熟悉建筑部品部件智能生产质量追溯的理论、技术和方法；
3. 了解建筑部品部件 MES 系统在智能生产质量管理中的实践应用。

教学目标

1. 掌握建筑部品部件生产质量管理的基本概念和特性，理解人员、材料、设备、方法及环境五大关键要素在生产质量管理中的重要性；

2. 熟悉智能生产质量追溯的技术和方法，理解基于 TQM 理论、IoT 技术和区块链技术的质量追溯方法应用及其优劣比较；

3. 了解建筑部品部件MES系统在智能生产质量管理中的实践应用，包括其运作流程、核心功能、应用场景以及生产质量追溯和智能应用。

案例引入

装配式领域的“质量风波”——建筑部品部件生产工厂事件

2019 年，中国某大型部品部件生产工厂引发了热议，此次事件被称为“质量风波”。该工厂采用智能生产技术，为多个大型装配式建筑项目提供了大量的建筑部品部件。但是，某次质量抽检却揭示了工厂内部存在严重的生产质量问题：部分建筑部品部件成品的抗压强度、抗拉强度及耐久性等关键指标未能达到国家标准。

调查发现，该工厂过分追求生产效率和产量，忽视了质量管理的重要性。如在混凝土浇筑环节，未适当进行振动排气，导致部品部件内部产生气泡，降低了其抗压强度，如图 6-1（a）所示；在固化养护环节，未严格控制温湿度条件，导致部品部件内部结构不均匀，降低了其耐久性，如图 6-1（b）所示。

此次事件对整个装配式建筑行业敲响了警钟，凸显了质量管理在智能生产过程中的重要性。技术的进步和生产效率的提升不应该以忽视产品质量为代价，对生产质量进行严格管理，直接关乎装配式建筑的安全。

值得我们思考的是：

（1）在建筑部品部件的生产过程中，哪些要素会对生产质量管理产生影响？

（2）如何运用质量追溯技术以及质量追溯方法，保证建筑部品部件的质量？

（3）如何在普遍使用的 MES 系统支持下，对建筑部品部件的生产过程进行有效的质量管理？

（a）

（b）

图 6-1 质量管理不当的部品部件

（a）部品部件内部产生气泡；（b）部品部件内部结构不均匀

6.1 建筑部品部件的生产质量管理概述

6.1.1 建筑部品部件的生产质量管理概念

1. 建筑部品部件生产质量的定义

《质量管理体系 基础和术语》GB/T 19000—2016 中，定义质量为“客体的一组固有特性满足要求的程度”，此处的客体可以是产品、服务、过程、人员、组织、体系及资源等。

现代质量管理专家约瑟夫 · M · 朱兰（Joseph M. Juran）把产品或服务质量定义为“产品或服务的适用性”。他强调，产品或服务质量不能仅从标准角度出发，只看产品或服务是否符合标准规定，还要从顾客角度出发，看产品或服务是否满足顾客的需要以及满足的程度。

因此，建筑部品部件的生产质量是指在设计、制作、仓储、运输、堆场、安装和检验等生产环节中，建筑部品部件的一系列固有特性在人员、材料、设备、方法和环境等生产因素的影响下，是否满足有关的法律法规、质量标准、合同规定和顾客需要以及满足的程度。

2. 建筑部品部件生产质量管理的定义

质量管理是指通过质量管理体系中的质量策划、质量控制、质量保证和质量改进来实现质量方针、目标和职责的全部活动。建筑部品部件的生产质量管理是指在部品部件生产的全流程中，对其设计、制作、仓储、运输、堆场、安装和检验等生产环节进行系统性、全过程的质量策划、控制、保证和改进，使生产质量达标，以保证部品部件的性能、耐用性、可靠性、维修性、安全性、适应性和经济性。建筑部品部件设计、制作、安装和检验环节的生产质量管理要求如表 6-1 所示。

建筑部品部件设计、制作、安装和检验环节的生产质量管理要求　　表 6-1

生产环节	生产质量管理要求
设计环节	设计环节质量管理的核心在于综合考虑建筑法规、标准、使用寿命、功能需求和可持续性发展等关键因素，以编制最佳的设计方案。高质量的设计方案不仅需要满足规范与性能目标，还应结合生产流程，考虑效率和成本，以实现建筑部品部件产品质量的源头把控
制作环节	制作环节质量管理主要对生产过程中的原材料、设备和工艺等进行严格管理，确保建筑部品部件满足设计规格要求。优良的部品部件制作质量需要在每一道工序中精细把控，并在全过程中进行质量监控，以确保每一步都严格遵循设计方案
安装环节	安装环节质量管理要求准确无误地将各部分部品部件吊装连接在一起，避免由于安装误差导致的性能下降或潜在故障。同时，此环节还需要对建筑部品部件进行全面的调试和校验，以保证整体上满足使用要求
检验环节	检验环节质量管理涉及材料检验、过程检验和建筑部品部件检验，要求对部品部件的尺寸精度、性能以及耐用性进行严格的测试和认证。此环节不仅要确保产品符合设计规格，也要验证是否满足使用要求

3. 建筑部品部件的生产质量特性

建筑部品部件是装配式建筑的基本组成单元，主要分为装配式主体结构、围护结构、内装工程和机电安装工程的部品部件，在企业内部以工厂流水线的方式制作，并以订单形式在外部市场进行买卖，因此具有独立的“产品”属性。作为完整的生产质量管理对象，建筑部品部件体现出以下三大质量特性。

1）工业产品质量特性

建筑部品部件具有工业产品质量特性，但是当前标准化程度相对较低且市场需求有限。相较于传统的现浇产品，建筑部品部件的生产质量要求更高，主要体现为以下三点：

（1）建筑部品部件在使用维护期间不易替换，必须保证其生产质量在建筑耐久年限内不会影响装配式建筑的使用安全。

（2）建筑部品部件从设计制作到安装检验完成，涉及多个责任主体，各主体的质量行为均会影响生产质量，这使得部品部件生产质量的形成过程具有动态性和环境复杂性，需要进行动态质量管控。

（3）装配式建筑在推广和发展过程中，生产质量问题一直受到关注。建筑部品部件产品的生产质量直接影响了装配式建筑的整体质量，具有显著的社会产品特性。

2）全过程质量管理特性

全过程质量管理强调部品部件生产质量的形成是一个有序的系统工程，涵盖了设计、制作、仓储、运输、堆场、安装和检验等生产环节，各环节相互衔接，如图 6-2 所示。

3）质量时空动态特性

传统施工现浇技术的工艺特征是项目参与主体在固定且有限的施工现场组织施工，资源高度集中，作业交叉频繁，且受外部环境影响较大。而装配式建筑将大部分湿作业迁移至工厂，以建筑部品部件的场外工厂生产和场内安装为主要施工技术路径。部品部件在工厂制作完成后，需要经过仓储、运输、堆场、安装和检验等一系列环节，才能完成从原材料到建筑主体的转化。相较于传统施工现浇技术，这些环节都属于预制技术的

图 6-2　建筑部品部件的生产全过程

新增部分，每个环节都会受到各种影响因素的干扰，进而影响生产质量，体现了建筑部品部件的质量时空动态特性。

6.1.2　建筑部品部件的生产质量管理要素

建筑部品部件的生产质量管理主要受到五大要素即 4M1E 的影响：人员（Man）、材料（Material）、设备（Machine）、方法（Method）和环境（Environments），这五大要素是生产质量管理的核心内容。对这些要素进行严格管理，是保证部品部件生产质量的关键。

1. 人员管理

在建筑部品部件的生产质量管理中，人员管理十分重要。人员的技术能力、工作态度以及定期的培训和教育程度，对生产质量有着决定性的影响。技术能力包括专业知识、技能应用和问题解决能力，这对生产效率起着关键作用，积极的工作态度可以推动生产顺利进行，定期的技术和安全培训教育有助于提升人员的技术水平和安全意识。

在建筑部品部件的生产过程中，生产人员的工作内容包括生产管理、技术指导、质量控制、安全监督和材料管理等，建筑部品部件生产人员的具体职责如表 6-2 所示。

建筑部品部件生产人员的具体职责　表 6-2

生产人员类型	具体职责
厂长	1. 制定并执行部品部件生产厂的日常管理及质量控制策略； 2. 配合技术部门进行部品部件生产厂员工的技术和安全培训； 3. 组织并确保按时完成部品部件的生产任务； 4. 管理生产人员和生产设备，实施节能降耗策略； 5. 负责生产设备的维护工作和部品部件的质量监控
技术负责人	1. 协助厂长管理安全、质量和进度，负责作业队的技术管理； 2. 进行部品部件生产的技术交底，并分类存档； 3. 检查、监督、纠正质量、安全、工序和工艺方面的问题
技术员	1. 协助技术负责人进行技术交底； 2. 现场纠正生产问题，发现重大质量隐患立即停工并报告上级； 3. 编写、整理技术资料，对重点工序的生产过程进行旁站
质量工程师	1. 负责部品部件的全面质量管理工作，制定预防保证措施； 2. 纠正可能影响部品部件质量的生产问题； 3. 负责部品部件计量、验收的质量签证
安全员	1. 巡视生产安全，制止不安全行为，并完成巡察记录； 2. 协助厂长进行安全教育，负责安全设施的维修保养； 3. 制止违章作业，参加相关事故的调查分析，保护好事发现场
试验员	1. 执行指示和规章制度，完成各项试验检测工作； 2. 确保试验记录的真实性，并负责检测数据质量； 3. 按规程要求对原材料认真取样、及时送检并做好监理见证工作
材料员	1. 确保部品部件生产所需的材料供应，了解用料情况； 2. 管理现场存放的材料，协助填写材料验收报告单； 3. 负责部品部件的标识工作和装卸调运中的安全工作
工班长	1. 带领工班完成部品部件的生产任务； 2. 纠正生产错误行为，遵守安全规则，正确使用劳动保护用品； 3. 组织开好班前安全生产会，发生工伤事故及时报告上级

2. 材料管理

在建筑部品部件的生产过程中，材料是影响生产质量的关键因素之一。对于水泥、骨料、矿物掺合料和减水剂等主要材料，严格保管才能够保证质量。同时，水的正确使用对保证生产流程的稳定性也起着重要作用。因此，材料的保管和使用是部品部件生产质量管理应该重点关注的领域。

1）水泥的保管

（1）散装水泥应储存在附有清晰标签的仓库，标签上标明日期、品种、强度等级、制造商、库存量和检查标志。

（2）袋装水泥应储存在干燥库房，离地约 30cm，堆叠高度一般不超过 10 袋。如需临时露天存放，应做好防雨措施，使用防雨篷布，垫高底部并进行防潮处理。

（3）水泥的储存时间应控制在 90d 以内。超过 90d 的水泥需要重新进行外观检查和强度测定，只有在符合标准后才能按照测定值调整配合比进行使用。

2）骨料的保管

（1）骨料应按照品种、规格和产地分类储存，每堆骨料都应附有标签，标明品种、规格、产地、储存量和检验标识。

（2）骨料储存过程中应采取防混杂和防雨措施，保证质量。

（3）骨料应储存在专用的仓库或棚厦，尽量避免露天存放，以防环境污染。砂石露天堆场如图 6–3 所示，砂石封闭式堆场如图 6–4 所示。

图 6–3 砂石露天堆场

图 6–4 砂石封闭式堆场

3）矿物掺合料的保管

（1）袋装矿物掺合料应储存在库房，注意防潮防水；散装矿物掺合料应储存在立库。

（2）库房和立库应附有标签，标明入库时间、品种、型号、制造商、储存量和检验标识。

（3）入库后的矿物掺合料应尽快使用，一般的储存期限不超过 3 个月。袋装矿物掺合料在储存期间应定期翻动，防止硬化结块。

4）减水剂的保管

（1）水剂型减水剂适宜储存在塑料容器内，如图 6–5 所示；而粉剂型减水剂则宜储存在室内，如图 6–6 所示，并注意防潮。

（2）减水剂应按照品种、型号和产地分类储存。如需露天存放，应采取防晒和防雨措施。

（3）大部分水剂型减水剂需要防冻，因此在冬季，应存放在 5℃以上的环境中。

（4）储存的减水剂都应附有标签，标明名称、型号、产地、储存量、进库日期和检验标识。

5）水的使用

混凝土拌合用水按来源可以分为：饮用水、中水、地表水、地下水、海水以及经过处理并检验合格的工业废水。根据《装配式混凝土建筑技术标准》GB/T 51231—2016，混凝土拌制及养护用水应符合《混凝土用水标准》JGJ 63—2006 的有关规定，并应符合下列规定：

（1）若使用饮用水，可直接拌制各种混凝土，无须检验。

图 6-5　水剂型减水剂的储存

图 6-6　粉剂型减水剂的储存

（2）若使用中水，应检测成分，并确保同一水源每年至少进行一次检验。

（3）若首次使用地表水和地下水，应提前检测。

（4）若使用海水，可用于拌制混凝土，但不能用于拌制钢筋混凝土、预应力混凝土，以及有饰面要求的混凝土。

（5）若使用工业废水，经过处理并检验合格后才可用于拌制混凝土。

3. 设备管理

在建筑部品部件的生产过程中，设备管理也至关重要。首先，设备的正确选型直接关系到生产效率和产品质量。其次，实施三级保养制，可以有效降低设备的故障率，确保生产状态的稳定性。最后，采用包机责任制，让专门人员负责设备的运行与维护，有助于提高设备管理的专业化水平。在这三方面做好设备管理，可以促进部品部件的高质量生产。

1）设备的正确选型

针对建筑部品部件的生产设备进行选型时，应寻找技术上先进且具备扩展潜力的设备，确保设备可以适应未来生产的需求变化，以提升部品部件生产厂的经济效益。生产设备的选型步骤如图 6-7 所示。

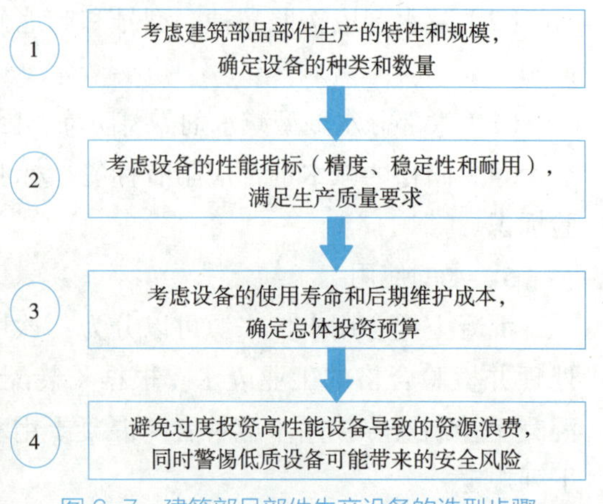

图 6-7　建筑部品部件生产设备的选型步骤

2）设备的三级保养制

三级保养制度通过定期巡检、定期保养、定期维修，可以及时发现并解决设备问题，延长设备的寿命。该制度主要包括日常保养、一级保养和二级保养，如表 6-3 所示。

建筑部品部件生产设备的三级保养制 表 6-3

保养级别	主要负责人	保养内容	保养频率
日常保养	操作工人	1. 对设备进行常规检查和清洁，注油保养； 2. 及时处理设备故障，并做好交接班记录	每班前后
一级保养	操作工人（主要） 维修工人（参加）	1. 对设备进行局部解体和检查； 2. 疏通油路，更换油线油毡； 3. 调整设备各部位，紧固设备各部位	每运行 600h
二级保养	维修工人（主要） 操作工人（参加）	1. 解体部分设备，检查修理，更换和修复磨损件； 2. 恢复设备精度，清洗润滑系统并更换油线油毡	每运行 3000h

3）设备的包机责任制

为确保建筑部品部件生产设备能够有效运行，可以实施包机责任制。该制度通过定期检查、维护和有计划地检修，降低设备的故障率，有助于强化设备管理责任，培养技术管理骨干，如表 6-4 所示。

建筑部品部件生产设备的包机责任制 表 6-4

职责类型	详细内容
管理职责	1. 承担设备日常检查，故障汇报及记录； 2. 负责设备档案、维护保养记录、故障检修记录的建立和完善； 3. 实施严格的设备操作和维护规定，确保设备正常运行
维护保养职责	1. 执行设备的日常维护保养工作，及时处理发现的安全隐患； 2. 为设备维护保养准备必要的备品备件
检修职责	1. 提出设备检修、维护申请，负责设备检修质量； 2. 按规定程序处理设备运行中出现的故障； 3. 按要求执行设备计划检修，并确保检修质量
安全运行职责	1. 定期进行设备巡检，处理发现的问题； 2. 对设备运行情况进行定期分析，并对操作人员的操作进行监护
试验职责	1. 内部试验由包机人申请，用专用仪器仪表进行试验，并记录存档； 2. 外协试验由包机人申请，报请集团协助完成，并记录存档
故障管理职责	1. 对设备故障按规定程序进行处理和记录； 2. 对设备事故进行处理和分析，必要时进行理赔申报
其他职责	1. 负责设备事故的分析和处理，对产生的后果负责； 2. 负责设备计划检修的验收，对设备更新、改造报废申请工作负责

4. 方法管理

方法管理，即建筑部品部件生产全过程的工艺管理。从模具生产及准备、钢筋笼加工绑扎、预埋件装配、混凝土浇筑，到后期的固化养护以及部品部件的脱模和表面处理，每一环节都会对部品部件的整体生产质量产生影响。严格的工艺管理不仅能确保产品质量符合设计标准和合同规定，也能提高生产效率和翻模率。

1）模具生产及准备

模具是建筑部品部件生产的核心资源，如图 6-8 所示，其质量水平、尺寸误差精度直接决定了部品部件的规格标准和生产质量。目前，由于装配式建筑的标准化程度较低，各类部品部件需要专用模具，因此生产前需要采购模具或通过焊接等步骤制备模具。

2）钢筋笼加工绑扎

模具制备完成后，需要对钢筋笼进行加工绑扎，并对模具表面进行清洁和上油，同时喷上脱模剂，如图 6–9 所示。虽然钢筋笼的加工绑扎与传统工艺相似，技术难度较低，但需要严格控制加工尺寸和绑扎精度，以保证建筑部品部件的生产质量。

图 6–8　建筑部品部件的模具

图 6–9　建筑部品部件的钢筋笼加工绑扎

3）预埋件装配

钢筋笼加工绑扎完成后，按照建筑部品部件的设计要求，进行水电预埋件、门窗预留预埋操作，如图 6–10 所示。为确保预埋件位置准确，通常使用临时支架进行固定。在模具正式投入使用前，需对其平整度、预埋件安装位置等关键点进行严格检测。

4）混凝土浇筑

模具检测完成后，进行混凝土浇筑。每个建筑部品部件的混凝土浇筑应一次性完成，并在浇筑过程中进行振动平整。通常采用振动器底振和面振两种工艺，在浇筑时利用打磨修光机和铲斗对混凝土表面进行平整和抹光，如图 6–11 所示。

图 6–10　建筑部品部件的预埋件装配

图 6–11　建筑部品部件的抹光工艺

5）固化养护

混凝土浇筑完成后，需要对建筑部品部件进行固化养护。常见的固化养护方式分为常温养护和加热养护两种。为提高模具的周转率并缩短养护时间，多采用加热养护方式，包括蒸汽养护、电加热养护、微波加热养护和红外线加热养护等。加热养护过程中的温度应控制在 60~80℃，同时适当控制湿度。

6）部品部件脱模和表面处理

建筑部品部件固化养护完成后，拆除模具，以备后续相同部品部件的生产。脱模工序完成后，需对部品部件的表面质量进行检验，包括修补缺陷、裁剪多余部分，确保表面观感、尺寸规格、预埋件强度等满足设计标准和合同规定。

5. 环境管理

建筑部品部件生产厂应充分考虑占地、材料及部品部件运输、水电等各项因素，合理规划生产车间、成品堆场、办公及生活配套设施等，满足环境管理要求。

1）厂内配套设施

建筑部品部件生产厂的配套设施主要包括水、电、气、暖和汽，若单独建设既影响工期，又增大资本投入，所以，建议选址时应考虑配套设施的用途及影响，如表 6–5 所示。

建筑部品部件生产厂内配套设施的用途及影响　　表 6–5

配套设施	用途	影响
水	办公、生活和生产需求	生活用水应满足饮用水标准；生产用水如混凝土搅拌用水、蒸汽用水和部品部件冲洗用水等，需满足特定标准，且应合理利用资源，如将处理后的污水用作部品部件冲洗用水
电	办公、生活和生产需求	保证用电总功率不低于 800kVA，如需增设供电线路，应在规划阶段提前考虑，减少后期的投资和运营压力
气	蒸汽锅炉的燃烧介质	选择洁净能源，如石油或天然气，其中，天然气锅炉在综合成本上更具经济性
暖	办公、生活和车间供暖	办公和生活区域的供暖一般采用联网集中供暖，车间供暖则与建筑部品部件生产需求相关，建议使用蒸汽锅炉自供暖
汽	建筑部品部件养护	生产过程中用于建筑部品部件养护的蒸汽需求，一般通过自建蒸汽锅炉来满足

2）厂内设备布置

在进行厂内生产设备的布置时，应从系统工程的角度出发，强调整体优化而非个体设备的先进性。设备布置在提升部品部件生产质量上的作用不容忽视，在布置过程中应积极考虑相关原则，如表 6–6 所示。

目前，建筑部品部件生产厂有三种典型布置形式，如图 6–12~ 图 6–14 所示。

建筑部品部件生产设备布置的原则　　表 6-6

布置原则	具体内容
系统性原则	追求整体系统的最优，而非单个生产设备或环节的优先
近距离原则	在环境和条件允许的情况下，缩短设备间距离，降低物流成本
空间有效利用原则	充分利用生产场地和空间，有效节约资金
机械化原则	提升生产设备的自动化水平，并预留适当的发展空间
最小投资原则	在满足系统功能要求的情况下，尽量减少投资成本
科学管理与信息传递原则	保证信息传递与管理的顺畅，以实现生产质量的科学管理

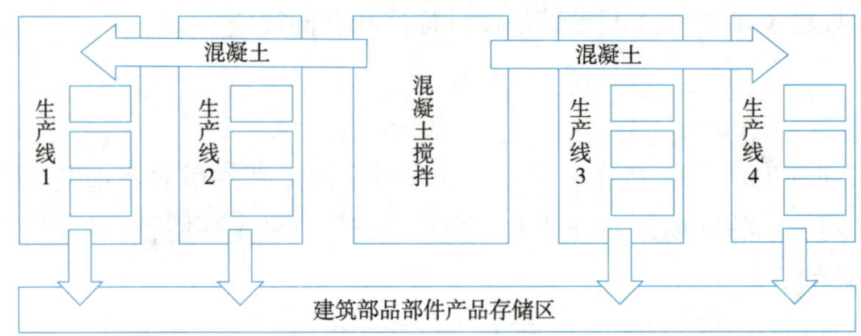

图 6-12　建筑部品部件生产厂设备的布置形式一

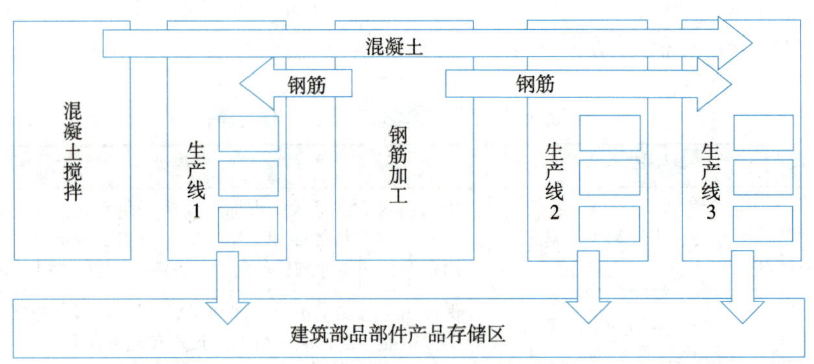

图 6-13　建筑部品部件生产厂设备的布置形式二

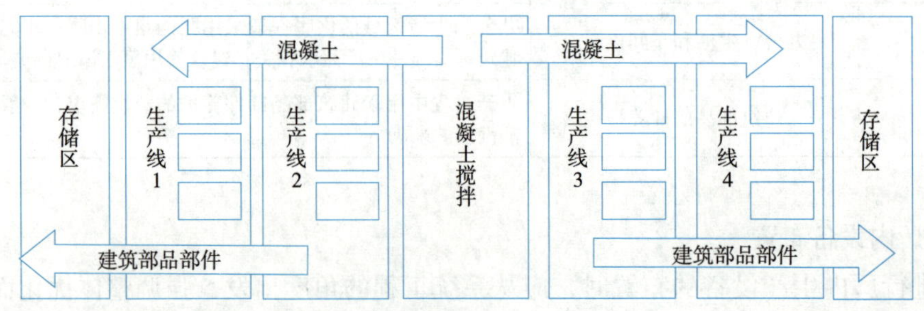

图 6-14　建筑部品部件生产厂设备的布置形式三

3）生产环境保护

在生产建筑部品部件时，应严格按照操作规程，遵守国家的安全生产法规和环境保护法令，自觉保护劳动者生命安全，保护自然生态环境，具体做到以下四点：

（1）在部品部件生产区域采用收尘、除尘装备以及防止扬尘散布的设施。

（2）采取混凝土废浆水、废混凝土和部品部件的回收利用措施。

（3）设置废弃物临时置放点，并应指定专人负责废弃物的分类、放置及管理工作，废弃物清运必须由合法单位进行，有毒有害的废弃物应用密闭容器装存并及时处置。

（4）选用噪声小的生产设备，并在部品部件的生产过程中采取降噪措施。

6.2 建筑部品部件的智能生产质量追溯

6.2.1 建筑部品部件的质量追溯理论

1. 建筑部品部件质量追溯的概念

国际标准化组织（International Organization for Standardization，ISO）颁布的 ISO 9001 质量管理体系规定：追溯是通过记录的标识，追踪目标对象的历史、应用或位置的能力。

因此，将建筑部品部件质量追溯定义为：在建筑部品部件生产的过程中，记录其检验结果、存在的问题、操作者及检验者姓名、检验时间、地点等信息，在部品部件适当位置做出相应标志。这些记录与带标志的部品部件同步流转，当需要进行质量追溯时，能够通过标志获取部品部件的混凝土强度、表面平整度、钢筋锚固长度和责任人等信息，确保职责分明，查处有据。

2. 建筑部品部件质量追溯的类型

1）基于责任主体的建筑部品部件质量追溯

国务院于 2019 年 4 月 23 日第二次修订《建设工程质量管理条例》，该条例的主要宗旨是实施建设工程质量责任终身制，确保建筑物在任何时候出现质量问题，都能够通过记录的信息追踪溯源，找到相关责任人。基于此要求，本节明确了基于责任主体的建筑部品部件质量追溯机制。

当建筑物出现质量问题时，经调查取证，确定质量问题是由某建设活动造成，就能够依据质量追溯方法向前追踪相关责任人，并通过信息组织体系向后追溯该责任人所从事的其他建设活动。例如，当装配式建筑 A 发生质量问题时，经检测发现该质量问题是由建设活动“生产 A”造成，就能够向前追溯到责任人 A，并向后追溯到该责任人 A 所负责的生产 B 和生产 C，提前对生产 B 和生产 C 进行质量检查，防止其存在同样的质量隐患。基于责任主体的建筑部品部件质量追溯过程如图 6-15 所示。

2）基于批次的建筑部品部件质量追溯

一批加工原料经历若干工序达到最终生产状况，形成若干半成品、最终产品的过程称为“批”。“批号”是用于识别“批”的一组数字或字母加数字的组合，常用于部品部件的生产、仓储、检验和运输等管理活动，能够对部品部件进行批次管理。基于此要求，

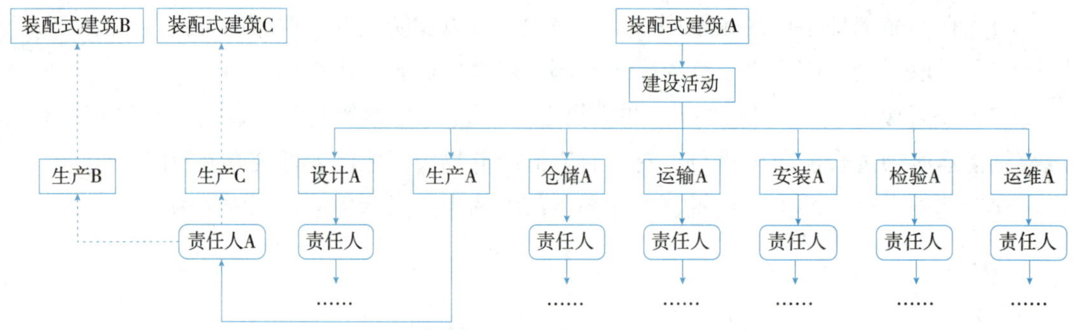

图 6-15　基于责任主体的建筑部品部件质量追溯过程

本节明确了基于批次的建筑部品部件质量追溯机制。

当建筑物出现质量问题时，经调查取证，确定质量问题是由某一部品部件造成，则同一批次的部品部件可能会存在相同质量问题，从而导致其他建筑物存在质量隐患。例如，当装配式建筑 A 发生质量问题时，经检验后发现该质量问题是由于建筑部品部件 B 造成，而同一批次的建筑部品部件 B 又用于建造装配式建筑 D，则装配式建筑 D 也会存在相同质量隐患。经过进一步检验，发现建筑部品部件 B 的质量问题是由原材料 A 造成，而同一批次的原材料 A 又用于生产建筑部品部件 C，能够向后追溯到装配式建筑 B 和 C 均使用了问题材料，可能存在相同质量隐患。基于批次的建筑部品部件质量追溯过程如图 6-16 所示。

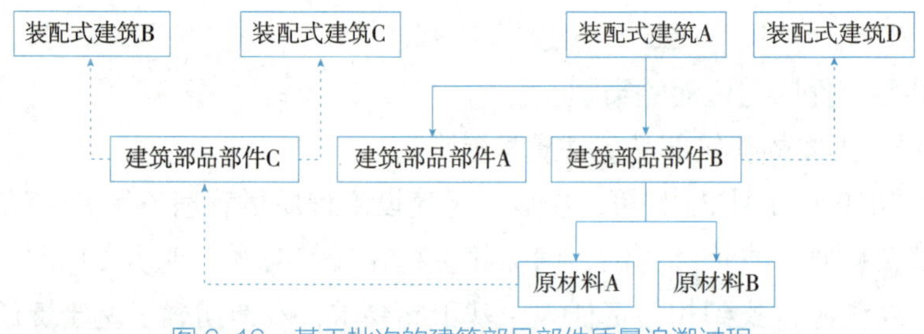

图 6-16　基于批次的建筑部品部件质量追溯过程

6.2.2　建筑部品部件的质量追溯技术

识别技术是质量追溯的关键支撑技术，能够有效联系追溯过程中的各方主体。在选择识别技术时，应当根据操作是否容易、数据是否方便读取、设备是否能够持久使用、对建筑部品部件本身是否有影响和成本是否可接受等重要因素来进行综合考虑。近年来，条码识别技术和 RFID（Radio Frequency Identification，射频识别）技术在装配式建筑领域的应用日趋广泛。

1. 条码识别技术

条码识别技术是在计算机的应用实践中产生和发展起来的一种自动识别技术，能够

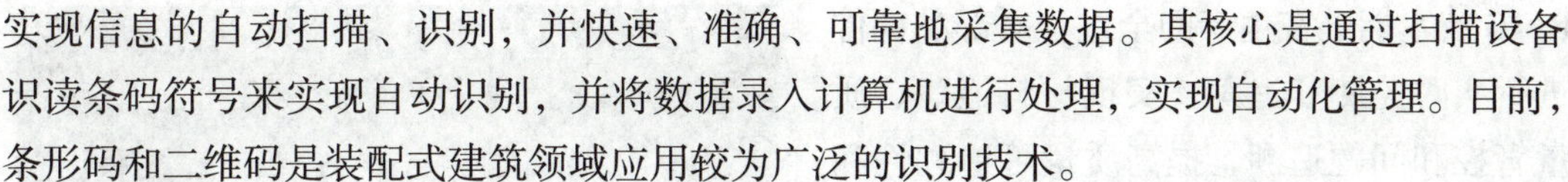

实现信息的自动扫描、识别，并快速、准确、可靠地采集数据。其核心是通过扫描设备识读条码符号来实现自动识别，并将数据录入计算机进行处理，实现自动化管理。目前，条形码和二维码是装配式建筑领域应用较为广泛的识别技术。

1）条形码

条形码是由一系列宽度不一致的条、条间间隔和对应字符组成的符号标记，这些符号标记具有不同意义，并在水平方向传达信息，如图 6–17 所示。激光扫描器、光笔扫描器和 CCD 扫描器等设备能够识别读取条形码，并转换为电脑兼容的数据信息。装配式建筑部品部件的条形码通常包括产品代码、批次信息、序列号和校验码等内容。具体信息的内容和格式会因使用的条形码标准不同而有所不同。通过信息的组合，各方主体能够在生产过程中识别部品部件，实现精准追溯和管理。

2）二维码

二维码是用某种特定的几何图形，按一定规律在水平和竖直方向上分布的符号标记，通常为黑、白两色不规则填充分布。二维码信息通过手机就能够识别读取，为各方主体提供了便捷的信息获取和共享方式。建筑部品部件的二维码通常包括名称、编号、尺寸、位置和重量等基本信息，同时还包括工程名称、部品部件生产单位等工程信息，如图 6–18 所示。具体的内容和格式可以根据二维码的类型和使用场景进行设定。

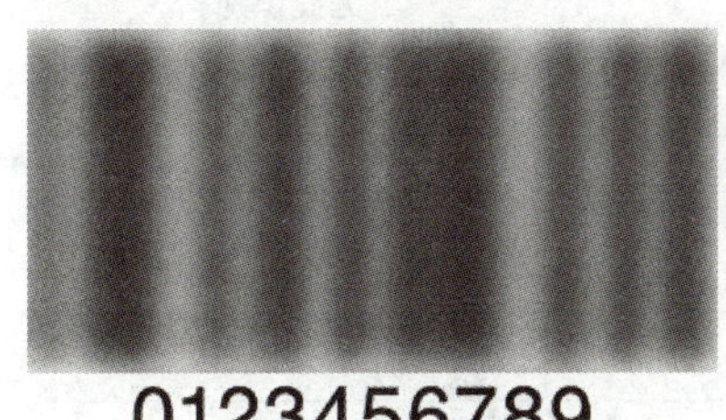

图 6–17 应用于建筑部品部件质量追溯的条形码

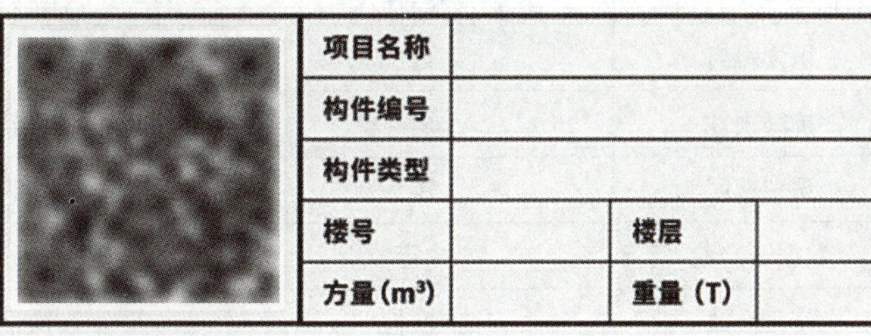

图 6–18 应用于建筑部品部件质量追溯的二维码

2. RFID（射频识别）技术

RFID 是一种利用不同频率的无线电波来识别目标对象的技术。该技术能够通过无线射频的方式完成双向数据通信，实现对电子标签的读写，无须与目标建立接触，就能够识别目标并完成数据交换。一套标准的 RFID 设备主要由四部分组成：电子标签、读写器、中间件和上层管理系统。RFID 系统通过电子标签识别物体，电子标签通过读写器进行数据的识别与交换，上层管理系统通过中间件连接读写器实现 RFID 技术的应用。RFID 技术能够识别多个目标对象，且不局限于静止物体，运动及高速运动的物体均在识别范围以内。

工厂生产阶段，在建筑部品部件内部预置入 RFID 芯片，如图 6–19 所示。芯片编码与部品部件编码一致，并借助 GIS（Geographic Information System，地理信息系统）实现定位和跟踪，芯片中记录了部品部件在设计、制作、仓储和运输等过程的信息。通过

RFID 技术能够在生产的全过程对部品部件进行实时监测和追踪，实现材料追踪、质量管控和问题追溯，提高质量可追溯性和管理效率，确保部品部件的生产质量。

图 6-19　应用于建筑部品部件质量追溯的 RFID 芯片

3. 技术的对比分析

RFID 技术与条码识别技术相比，具有数据信息容量大、识读距离灵活、抗磨损性强和数据安全性高等特点，如表 6-7 所示。同时，RFID 技术使用的电子标签具有唯一性，相较于条码识别技术，能够更好地确保建筑部品部件生产质量信息的准确性，更好地完成对部品部件的溯源和管理。

条形码、二维码识别技术与 RFID 技术的对比分析　　表 6-7

特征	条形码	二维码	RFID
信息量	小，1~100bit	较大，1600bit	大，16~128k
读写性	只读	只读	可读可写
读取方式	条码枪	手机	无线识别
识读距离	近	近	远
抗磨损性	弱	较强	无磨损
识别速度	慢	普通	快
数据安全性	中等	中等	高
使用次数	一次性	一次性	可重复

注："bit" 用于衡量信息数量，表示 1 个二进制位，是数据处理的最小单位；"k" 是指 kilobit，表示 1000 个二进制位

6.2.3　建筑部品部件的质量追溯方法

建筑部品部件的质量追溯综合应用了 TQM（Total Quality Management，全面质量管理）理论、IoT（Internet of Things，物联网）技术和区块链技术，充分利用数字化技术管理部品部件的质量数据，建立质量追溯的有效方法，以实现建筑部品部件生产全流程的质量管理。

1. 基于 TQM 理论的质量追溯

TQM 理论以保证产品质量为核心，通过全员参与，全面控制生产全过程的质量要素，建立一套质量管理体系。建筑工业化的全面质量管理是指在建筑部品部件的生产过程中，通过全员参与和协同工作，对建筑部品部件全过程质量要素进行控制，全方位提高建筑工程质量，减少质量问题的发生，以实现经济、环境和社会效益。

1）质量追溯方法

TQM 的重点是加强对 4M1E 的管理，建筑部品部件生产涉及设计、制作、仓储和运输等多个环节，且各环节之间联系紧密，任何一个因素出现偏差都可能造成生产质量问题。目前关于建筑工业化项目质量问题的研究大多是针对某一局部环节，缺乏对各个环节的有机结合并从整体角度探讨建筑项目质量问题形成过程与质量保证方法的研究。基于 TQM 理论的质量追溯能够对建筑部品部件的生产全过程进行质量追溯，将所有环节和要素有机集成，统一进行协调控制。

基于 TQM 理论的质量追溯是指基于 TQM 理念和方法构建一套流程，应用于装配式建筑部品部件生产全过程，协调生产商、供应商和质检部门等各方主体，进行全面的追溯和管理，以保证质量。该方法通过数据采集、记录和分析，实现生产质量问题的准确定位和深入分析，立足于问题发生点，查找质量问题根源，准确锁定责任目标，实现质量问题的快速响应和纠正。

2）方法应用步骤

基于 TQM 理论的质量追溯方法应用步骤包括问题输入、问题分析、问题跟踪、数据库查询、质量追溯和方案录入等环节，如图 6-20 所示。将 TQM 理论与质量追溯方法相结合，并以数据库中建筑部品部件生产全流程数据资料作为支撑，完善质量保证体系，以实现部品部件生产质量目标。

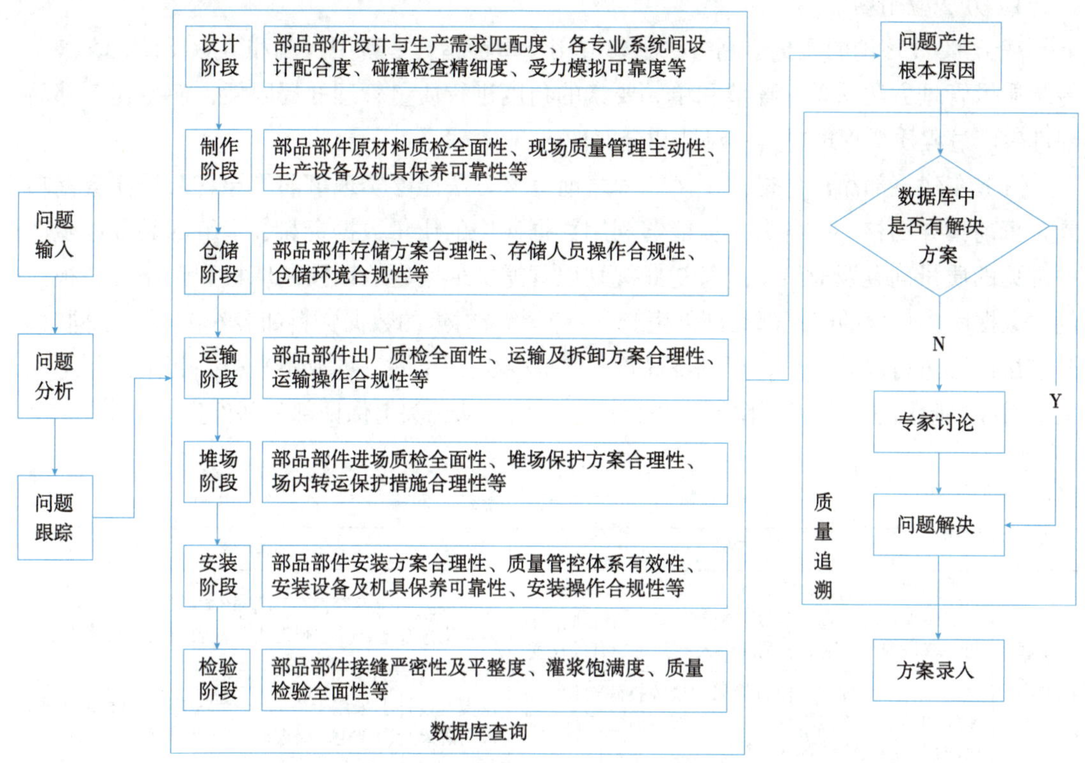

图 6-20　基于 TQM 理论的质量追溯方法应用步骤

（1）通过问题输入、问题分析和问题跟踪，明确问题发生环节。首先，输入问题，将建筑部品部件质量问题导入系统并结合 TQM 理论，为质量问题的分析和跟踪提供基础；其次，分析问题产生的原因和影响；最后，通过跟踪，明确质量问题的发生环节。例如，在预制板生产过程中，发现板面存在裂缝，以上步骤能够对裂缝产生的原因按照生产环节进行跟踪，判断质量问题的产生是否是发生在养护或起吊环节。

（2）通过数据库查询聚焦质量问题产生的原因，了解应对措施。数据库主要用于管理、存储和分析与建筑部品部件生产质量相关的数据，包括部品部件在生产过程中常见的质量问题和应对措施，同时也包括与部品部件生产有关的其他资料。通过数据库查询功能完成生产质量问题的自定义检索，查找特定类型或特定时间范围的质量问题。例如，通过数据库查询，了解预制板面存在裂缝的原因可能是混凝土养护时间不足或脱模起吊方式不对，可以采取延长养护时间、更换强度更高的混凝土、采用吊框多点起吊等应对措施。

（3）通过质量追溯和方案录入，实现质量问题的最终解决。质量追溯能够对建筑部品部件质量问题的根源进行追溯，锁定责任方并采取应对措施。对于数据库中未进行准确定义和存储的问题，需要各方主体共同解决。问题解决后，将该问题及应对方案的基本信息录入数据库，实现质量问题的知识化管理。例如，在了解问题产生原因之后，以上步骤能够查找预制板的养护时间、起吊方式、混凝土强度和责任人等信息，锁定责任方，并参照相关规定（预制板面裂缝大于0.3mm应作报废处理；超过0.1mm但小于0.3mm可采用低黏度环氧压注修补，小于 0.1mm 可采用聚合物水泥砂浆修补）采取应对措施。

3）方法应用场景

基于 TQM 理论的质量追溯方法主要应用于事前指导、事中控制和事后反馈，突破了传统质量管理方法从单一环节和单一要素的角度进行质量管理的局限性，使得建筑部品部件生产过程质量管理更具针对性和全面性。

（1）在建筑部品部件进入生产流程之前，该方法能够实现事前指导。数据库查询功能是事前指导的核心，各方主体能够利用数据库中的质量数据资料，了解部品部件生产中常见的质量问题及对策，进行初期规划以规避类似问题。以预制墙板和预制叠合板为例，数据库中包含的建筑部品部件生产常见问题及对策的数据资料如表 6-8 所示。同时，该方法能够进行风险评估，识别部品部件装车绑扎不牢固、堆放不平稳、起吊操作不规范等潜在风险因素，针对风险因素进行设计优化，从源头上保证部品部件生产质量。

建筑部品部件生产常见问题及对策　　表 6-8

分类	常见问题	对策
预制墙板	预制墙板钢套筒在模台边模上固定不牢，导致混凝土浇筑振动时钢套筒移动脱离钢边模，钢套筒底面凹入墙板端面，影响了钢筋锚入钢套筒的有效长度	定期检查固定钢套筒的内胀橡胶塞的老化状态，更换老化橡胶塞，并加强对内胀橡胶塞的质量检查
	边模设计不合理或拆模直接采用撬棒拆除边模，导致外伸出竖向连接钢筋弯曲，在安装时上层预制墙板内钢筋连接钢套筒不能对位	在模具设计上采用上下对合拼装边模，拆模时不得采用撬棒野蛮作业，必要时进行钢筋垂直度校正

续表

分类	常见问题	对策
预制墙板	预制墙板侧边与混凝土后浇带的结合面毛面处理不到位，新老混凝土接合不好，易形成渗漏等质量问题，影响装配式混凝土结构的整体性	对于预制外墙板的侧面，建议采用水洗骨料的毛面方式处理；对于预制内墙板的侧面，可采用气泡膜或凹槽与凹坑组合的毛面方式处理
预制叠合板	预制板的钢筋桁架上弦筋顶面超过设计高度，导致叠合浇筑混凝土楼板面层时超过规定厚度，引起预制墙板安装面的标高不对、竖向钢筋锚固长度不够	采用型钢梁按钢筋桁架设计高度压住钢桁架，使混凝土布料后模台振动时钢筋桁架高度不变
	预制板的生产周期过短，混凝土养护时间不够，在混凝土强度不足的条件下起吊脱模，导致板面开裂；预制板脱模起吊方法不正确，导致预制板受力不合理而开裂	适当提高预制板的混凝土强度等级（如将 C30 预制板混凝土强度等级提高至 C40）；对跨度大的预制板采用吊框多点起吊的方式
	预制板在设计时按双向板设计，生产时按单向板预制，叠合板边粗糙度不足，影响后浇混凝土带的整体性，易造成叠合面开裂	采用边模涂刷缓凝剂，脱模后用高压水冲洗板边，形成半露出骨料的毛面的方式

（2）在建筑部品部件进入生产流程后，该方法能够实现事中控制，及时纠正质量问题。部品部件生产质量管理的关键是对人员、材料、设备、方法和环境五大质量管理要素的把控，部品部件在制作和安装阶段所涉及的影响因素较多，对装配式建筑质量影响较大，以制作、安装阶段为例，其质量影响因素如表 6-9 所示。该方法可以利用物联网、区块链等技术全面、系统地收集信息，并用专业数据库储存信息，结合 BIM 技术，实现生产质量问题的实时管理。

部品部件在制作、安装阶段的质量影响因素　　表 6-9

阶段	要素类别	影响因素
制作阶段	人员	上下游企业行为质量可靠性；部品部件制作人员经验丰富性；部品部件制作人员专业能力水平；部品部件质量检测人员专业能力水平
	材料	原材料进厂质量；原材料二次加工质量
	设备	生产机械设备及机具保养维护情况；质量检测工具性能水平
	方法	质量检验检测制度完备及先进性；制作现场监督管理强度；部品部件制作质量数据获取和使用水平
	环境	部品部件制作内外部环境状况；养护环境状况
安装阶段	人员	安装过程工人操作质量；塔式起重机司机专业能力水平；安装现场技术人员质量责任意识；灌浆现场监理人员质量监督意识
	材料	材料进场质量；部品部件安装偏差程度
	设备	吊装设备及机具保养维护情况；注浆机械设备保养维护情况
	方法	部品部件安装施工保护方案合理性；部品部件安装质量管控体系有效性；临时支撑稳固措施可靠性
	环境	灌浆现场天气状况；施工作业天气状况

（3）在建筑部品部件完成生产流程之后，该方法能够进行事后反馈，持续提升生产质量。质量追溯功能是事后反馈的核心，通过追溯和识别质量问题产生的根本原因，能

够准确定位问题源头，为生产实践提供经验。同时，通过分析质量管理过程，得到改进追溯流程的方法，不断提升追溯质量。例如，通过该方法了解到预制板面裂缝产生的主要原因是混凝土养护时间不足和脱模起吊方式不对，在之后的生产实践中，其他混凝土部品部件也能够通过按规定时间进行养护和采用多点起吊等措施避免预制板面开裂，提升生产质量。

2. 基于 IoT 技术的质量追溯

IoT 技术以互联网为载体，利用 RFID、蓝牙、Wi-Fi 和 Zigbee 等无线通信传输技术对信息进行传输，使计算机能够识别信息并上传至互联网，完成信息之间的共享和联通，实现自动化、智能化定位、追踪、监控、识别和管理，进一步实现物品之间的信息沟通。同时，IoT 技术能够通过传感器获取物体信息数据，借助应用程序或终端设备，实现物品与人之间的交互。建筑物联网以单个建筑部品部件为基本管理单元，以 RFID 技术为跟踪手段，以 IoT 信息化技术为载体，通过芯片监测部品部件从制作到安装、检验的生产过程及生产质量。

1）质量追溯方法

建筑部品部件质量追溯需要实时监测生产过程，对部品部件的状态、流向等信息数据的采集工作提出了新要求。IoT 技术为解决上述问题提供了新思路、新方案。基于 IoT 技术的质量追溯方法能够实时获取部品部件的质量信息，减少人工操作，避免信息传递延误，确保及时检测和纠正质量问题，为质量改进和过程优化提供数据支持。

基于 IoT 技术的质量追溯方法是指利用 IoT 技术和相关硬件设备（如赋码类设备、数据采集类设备等）实现部品部件生产过程的信息感知，实时监测、追踪和记录产品或生产关键环节的数据信息，以提高质量管理和追溯的效率。

2）方法应用步骤

基于IoT技术的质量追溯方法以单个部品部件为基本单元，以RFID技术为跟踪手段，以部品部件的工厂生产和现场装配为核心，以原材料检验、生产过程检验、出入库检验、部品部件运输、安装和监理验收为信息输入点，以单项工程为信息汇总单元。基于 IoT 技术工作原理，该追溯方法可以分为感知识别、信息传输、信息管理和综合应用四个步骤，如图 6-21 所示。

（1）感知识别是基于 IoT 技术进行质量追溯的基础，通过对建筑部品部件进行识别感知，完成数据信息的采集和获取。该步骤通过 RFID 电子标签、读写器、传感器等硬件设备，在生产过程中将 RFID 电子标签预置入建筑部品部件，并将生产质量信息（如原材料、生产过程、产品检验等）写入标签，然后通过传输设备将采集到的信息传至信息中心。例如，在预制柱生产过程中将 RFID 电子标签以芯片形式预置入柱内，该步骤通过传感器等设备对 RFID 芯片进行感知识别，收集预制柱相关数据（如混凝土强度、重量和规格尺寸等），实时获取预制柱的物理性能。

（2）信息传输负责建立 RFID 硬件设备与质量追溯应用之间的桥梁，主要依托通信

图 6-21 基于 IoT 技术的质量追溯方法应用步骤

网、互联网等专用网络，确保无障碍传输感知信息。该步骤能够对读写器采集的建筑部品部件质量信息进行格式转换，根据数据类型将信息数据上传至不同数据库（如静态数据上传至结构型、关系型数据库；动态数据上传至时间序列数据库等），以实现信息的存储和处理。例如，该步骤能够通过无线连接技术（如 Wi-Fi、蓝牙等）将预制柱的数据信息与物联网平台进行连接，将预制柱规格尺寸、预留孔洞位置、部品部件编码等数据上传至关系型数据库；将预制柱湿度、压力状态等信息存储于时间序列数据数据库。

（3）信息管理主要负责对数据进行统计和处理，以实现自动化管理。该步骤以云计算平台为依托，通过数据存储、分布式计算、数据分析和数据挖掘为生产质量信息的融合和应用提供决策支持。例如，该步骤通过数据挖掘和数据分析，对预制柱包含的数据信息进行自动化分类，借助机器学习、人工智能算法等获取数据规律，以此为基础分析预制柱可能产生的质量问题，提前采取应对措施。

（4）综合应用主要是提供基于 IoT 技术的质量追溯应用软件，搭建应用平台，以满足建筑部品部件生产过程中的各参与主体的信息应用需求和管理需求。实现跨部门、跨专业的信息交互、共享和协作，集成生产环境检测、智能运输、装配施工和大数据分析等功能。例如，该步骤借助具体应用软件或平台，通过可视化界面监测预制柱的实时状态和数据，能够为最优运输路径选择、吊装方式选择等工程实践应用提供支撑。

3）方法应用场景

基于 IoT 技术的质量追溯方法的应用场景主要涵盖门户管理和业务运行管理，能够

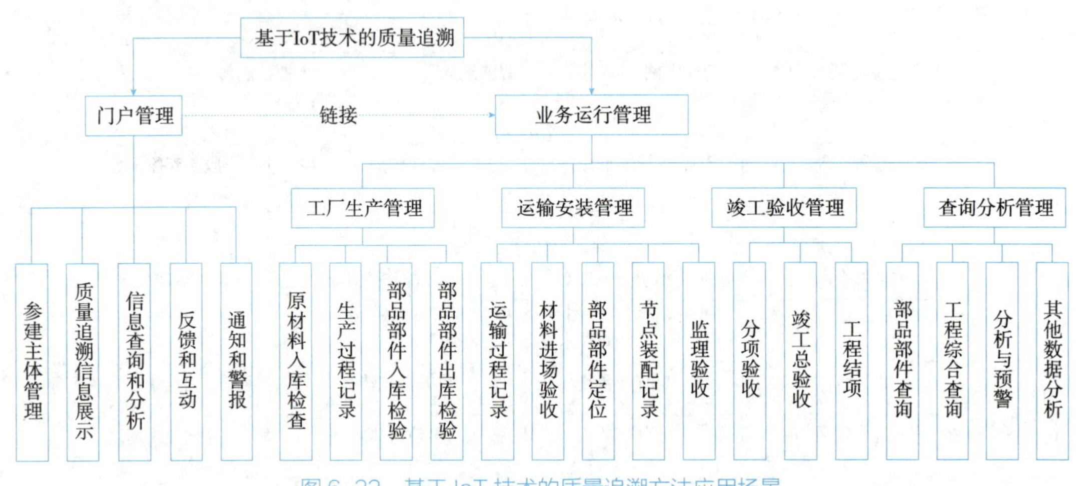

图 6-22　基于 IoT 技术的质量追溯方法应用场景

实现参与主体管理、质量追溯信息展示、信息查询和分析、工厂生产管理、运输安装、检验和查询分析等功能，满足了建筑部品部件生产质量追溯的需求，如图 6-22 所示。

（1）门户管理。门户管理包括参建主体管理、质量追溯信息展示、信息查询和分析、反馈和互动、通知和警报等功能，如表 6-10 所示。

门户管理具体内容　　表 6-10

功能	具体内容
参建主体管理	用于管理各参建单位。各参建单位需要先提出认证申请，经主管部门审批合格后，方可查询生产质量信息，以确保只有经过授权的参建主体可以访问质量追溯数据和功能
质量追溯信息展示	用于展示部品部件质量追溯信息，包括部品部件的生产批次、生产人员、材料信息、工艺参数等，以便各方主体查看部品部件质量信息
信息查询和分析	允许各方主体根据特定条件搜索和筛选质量数据，提供数据分析和可视化报表，深入了解部品部件质量情况，进行质量趋势的分析和统计
反馈和互动	允许各方主体对质量追溯过程中的信息进行反馈和评论，如报告问题、提出建议、分享经验等，促进知识共享，提升质量管理水平
通知和警报	用于向各方主体发送重要通知和质量警报，如质量异常、生产延误等问题，确保各主体及时了解并采取适当措施来应对质量问题

（2）业务运行管理。业务运行管理涵盖工厂生产管理、运输安装管理、竣工验收管理和查询分析管理四大功能，如表 6-11 所示。

业务运行管理具体内容　　表 6-11

功能	具体内容
工厂生产管理	负责完成生产单位对建筑部品部件信息的采集、管理，包括从原材料入库、生产到质检等信息，并在出库时采集运输单信息，以确保生产部品部件所用的材料合格，生产过程可控、可查，质量可追溯

续表

功能	具体内容
运输安装管理	负责完成施工单位和监理单位对部品部件运输装车、进场检验和施工吊装信息的采集，并在装配结束后，完成装配检验工作的信息采集。保证运输过程、材料进场以及安装过程可查、可控、可追溯，为质量追溯提供完整的数据链
竣工验收管理	负责对部品部件最终质量进行评估和确认，确保其符合规范和验收要求。同时，完成各阶段责任主体对工程批验收、总验收和项目归档信息的采集，汇总验收资料，形成档案，保证验收过程符合规定，以便后续质量追溯
查询分析管理	允许各主体根据需要查询和分析部品部件的质量数据。各方参与主体可以根据权限查找项目位置，查看其他参建方、工程进度、所用部品部件等详细信息，并根据批次、时间范围、工艺参数等条件进行筛选，提供灵活的查询和分析工具，帮助深入了解质量数据，发现潜在问题的原因和规律

3. 基于区块链技术的质量追溯

区块链技术是将存储数据的区块按照生成时间顺次相连，形成一条链式数据结构，通过多种密码函数确保数据安全存储、无法被篡改和伪造的分布式共享账本技术。区块链技术综合了 P2P 网络技术、非对称加密技术、共识机制和链上脚本等多种技术，在信息数据管理及追溯方面具有巨大优势。相较于传统建筑，装配式建筑部品部件生产过程更为复杂。建筑区块链技术能够在复杂的生产过程中追溯部品部件质量问题的根源，提供一个透明、防篡改的元数据基础设施。

1）质量追溯方法

在装配式建筑部品部件生产过程中，由于数据信息庞杂，参与主体众多且主体内部信息与主体间信息差异较大，可能在数据存证、数据交易、数据协同、数据耦合和参与主体互信等方面产生问题。将区块链技术应用于部品部件生产质量追溯，各参与主体节点处于去中心化的网络中，使得各节点接收的数据能够保持一致，从而实现数据的公开透明。同时，数据区块构成的链条使得数据可追溯，且不同的区块链类型能够满足各节点对数据隐私的不同需求，减少组织的分散性，形成快速反应并相互监管的集成化动态组织。

基于区块链技术的质量追溯方法是指利用区块链分布式、去中心化和不可篡改的特性，实现对建筑部品部件生产质量数据信息的追溯和记录，确保部品部件质量数据透明、可追溯。在基于区块链技术的质量追溯中，数据由物联网（IoT）传感器提取并记录在区块链中，沿着部品部件从生产源头到施工现场的路径进行跟踪，记录了从价值生产到实现所需的信息，避免了传统质量追溯集中化、透明度低、可访问性差和数据可篡改等缺点。

2）方法应用步骤

本节构建的基于区块链技术的建筑部品部件质量追溯方法由数据管理、区块链技术应用、功能实现和完成交互四个步骤组成，如图 6–23 所示。数据管理是方法运行的基础，由读写器等基础设施负责记录、收集、临时存储和传输数据；区块链技术应用是方法的核心，存储了实现所有功能操作的必要条件；功能实现的主要任务是对存储在区块链中的数据进行处理和管理，以便查询质量信息；完成交互满足了各方主体进行信息查询和数据跟踪的需求。

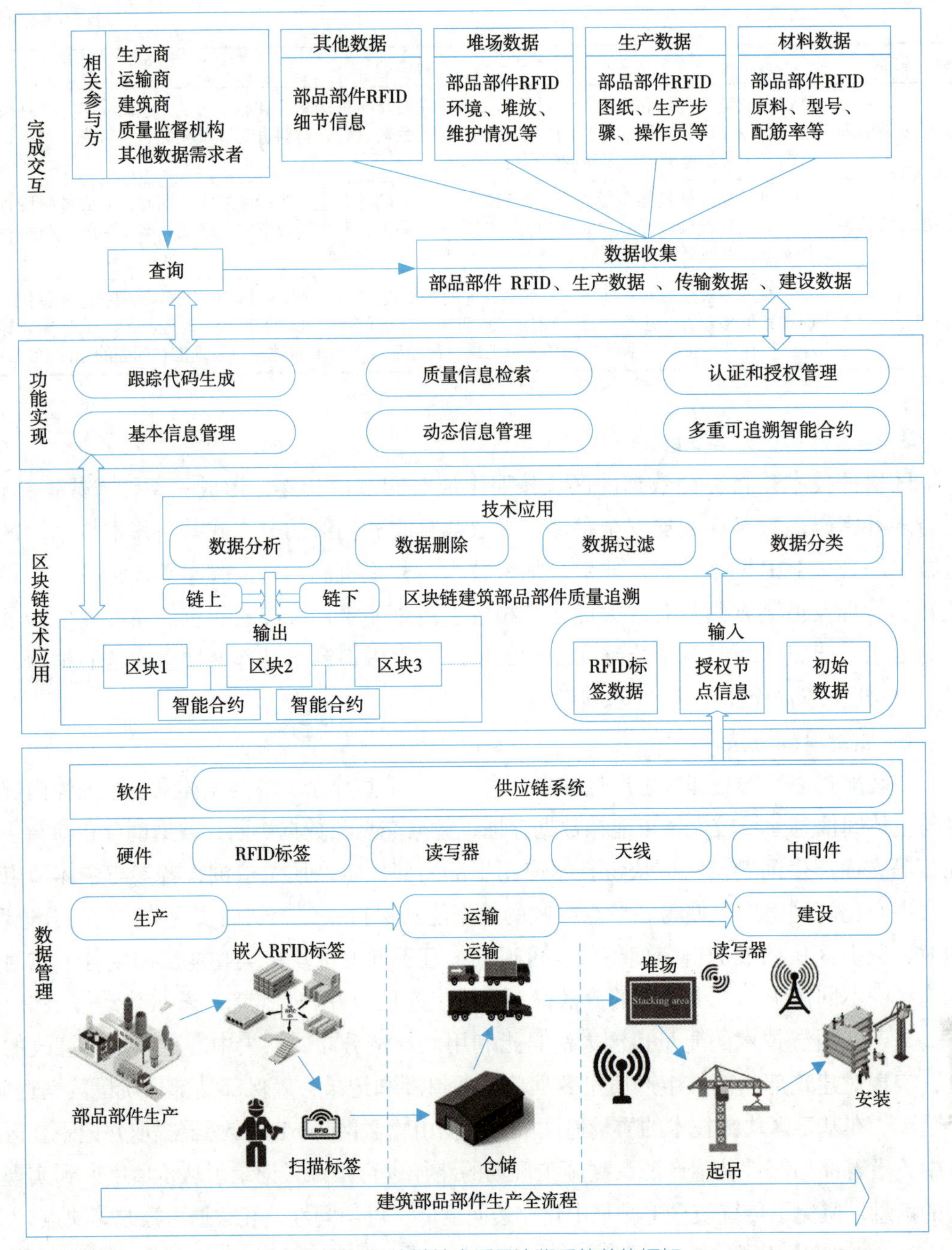

图 6-23　区块链技术质量追溯系统总体框架

（1）数据管理是通过基础设施来实现数据的记录、收集、临时存储和传输。基础设施涵盖读写器、天线和中间件等基本硬件。在工厂生产过程中，将 RFID 标签嵌入到建筑部品部件，用于收集部品部件的原材料、型号、尺寸等信息。将 RFID 写入设备放置于生产过程的关键节点，在 RFID 电子标签上写入与制作、仓储、运输、安装等环节相关的一系列信息。供应链系统则作为底层数据管理层和区块链服务层之间数据传输的中间件系统。例如，在预制墙板生产过程中将 RFID 电子标签以芯片形式预置入墙板内，该步骤通过传感器等设备进行感知识别，收集预制墙板相关数据（如预制墙板的仓储方案、运输路径和堆场保护措施等），实时获取预制墙板生产全过程各类数据信息。

（2）区块链技术应用步骤负责处理和存储基础设施上传的信息。将建筑部品部件所有质量信息传输至区块链，在传输过程中进行并行操作，确保写入区块的数据准确、有效。通过区块链技术对数据进行分类，核心数据直接上传至区块链（链上），其余数据间接上传至区块链（链下），以链状结构连接，确保数据可追溯且不可篡改。例如，该步骤将预制墙板生产全过程数据分类后存储在不同区块上，将预制墙板生产批次、质检结果等核心数据区块上传至链上，将预制墙板照片、生产过程视频等容量过大的数据区块上传至链下，通过链式结构确保数据不可篡改，通过加密算法确保数据安全。区块链技术架构包括数据层、网络层、共识层、合约层、应用层五个部分，如表 6–12 所示。

区块链技术架构及功能　　表 6–12

层级	功能
数据层	负责存储和管理数据，将转换后的 RFID 数据写入区块，以实现分布式存储。根据时间戳，系统中所有授权节点都能够将建筑部品部件从生产到运输过程中的所有质量信息写入区块，并按照顺序依次相连，形成一条完整的区块链，实现质量可追溯
网络层	负责维护区块链网络中各个节点之间的通信和连接，实现节点信息交换，并实现记账节点的去中心化。无须第三方服务器即可实现业主、监理、施工单位等各参与节点之间的信息沟通，确保区块链网络运行的稳定性和数据传输的安全性
共识层	负责解决节点间的数据一致和共识达成的问题。区块链是一个分布式的系统，为了确保系统的一致性，引入了共识机制来协调各独立节点，使各节点在分布式环境下对数据变更达成一致认同，并使其在共享数据上达成一致
合约层	主要用于储存各种类型的智能合约，并生成智能合约的脚本代码和算法机制。智能合约是区块链上以编程方式定义和执行的自动化合约。在建筑部品部件质量追溯过程中，合约层负责管理和执行与质量追溯相关的智能合约，包括跟踪码生成、验证规则、溯源查询等
应用层	承载了建筑部品部件质量追溯的特定应用逻辑和功能，是最终展示可视化的、易操作的系统前端。所有参与主体能够通过应用程序接口输入唯一码或扫描部品部件的 RFID，获取和管理部品部件生产过程内的所有质量信息，实现交互。一旦发现质量问题，能够确定相应的责任方并实现快速纠正，避免后期损失

（3）功能实现步骤提供了跟踪代码生成、认证和授权管理、质量信息查询、多重可追溯智能合约、基本信息管理和动态信息管理六项功能，如表 6–13 所示。这些功能全面解决了建筑部品部件生产过程中信息不对称、复杂、多方参与、动态、分散和信息不公开等问题，确保质量可追溯、可验证、可信任，提高了质量管理效率和透明度。例如，该步骤能够将跟踪码包含的预制墙板的基本数据和动态数据，与智能合约中存储的预制墙板质量检查规则、堆场环境要求和安装环境要求等数据信息进行对比，并集成预制墙板制作、堆场和安装等生产全过程的质量数据，进行质量追溯。

（4）基于区块链技术的质量追溯查询通过交互功能实现。建筑部品部件生产过程中的相关参与主体可以通过输入唯一的跟踪代码来执行质量跟踪。通过检索，将包含所有部品部件信息的数据集提交给各方参与主体，并通过与标准、规范的比较来发现质量问题关键点。例如，通过该步骤，项目经理、部品部件生产商等参与主体能够通过具体应用程序或平台查询预制墙板的所有数据，并将获取的数据与智能合约中包含的质量检查标准进行对比，发现潜在问题，实现预制墙板与各参与主体间的信息交互。

功能实现步骤提供的六项功能及具体内容　　表 6-13

功能	具体内容
跟踪代码生成	用于生成与建筑部品部件相关联的唯一标识码或跟踪码。跟踪码包含部品部件的基本信息和生产过程信息，如供应商、生产日期和检验记录等。通过生成和分配跟踪码，实现对部品部件的标识和追踪，确保可追溯性
认证和授权管理	用于各参与主体的身份认证和访问授权。由于建筑部品部件生产过程涉及多方主体，如供应商、生产商和检验机构等，确保各参与主体的身份真实性和权限合规性非常重要。该功能负责验证身份，并分配相应的访问权限，以确保追溯过程安全、可信
质量信息查询	允许各参与主体根据跟踪码或其他相关信息进行数据检索，查询特定部品部件的质量信息，获取部品部件的生产记录、生产流程、检验结果等详细信息，有助于快速、准确地了解部品部件质量情况，发现和解决潜在质量问题，实现质量追溯过程的全面性
多重可追溯智能合约	利用智能合约技术，管理和执行建筑部品部件质量追溯的规则和标准。通过使用多重可追溯智能合约，拓宽追溯的范围，确保结果覆盖所有关键环节。该功能支持多方参与、多级追溯和动态数据更新等特性，确保了质量追溯的全面性和准确性
基本信息管理	用于管理建筑部品部件的基本信息，包括部品部件类型、规格、材料和性能等。这类信息对于质量追溯和生产质量管理非常重要，在部品部件生产阶段被认为是不变的。该功能允许各参与方添加、更新和查询基本信息，以确保基本信息的全面性和准确性
动态信息管理	用于管理与建筑部品部件质量相关的动态信息。这类信息会因为某些情况而发生变化或需要添加备注，例如由于交通拥堵或部品部件的损坏而导致的运输线路改变，或由于不可抗力导致的外观变形等。通过该功能，实时记录和更新这些信息，实时监控和管理部品部件质量，及时响应和解决质量问题

3）方法应用场景

基于区块链技术的质量追溯方法是对部品部件生产过程中的质量信息和区块链账本进行追溯，主要应用于质量信息存证和查询、质量责任主体认定、区块链账本查看和下载。

（1）质量信息存证和查询功能使得各参与主体能够存储和查询建筑部品部件质量信息和佐证信息真实性的视频、图片和文件等。区块链存证是指利用区块链技术去中心化及分布式存储的特点，将信息存储在可信的联盟链上，确保区块链（上链）数据不可篡改、真实有效。区块链（下链）能够发挥多方存证功能，实现数据永续性保存，各方主体可在任意时间进行质量信息的查询和验证。

（2）质量责任主体认定功能用于确定建筑部品部件质量问题的责任主体。区块链技术有效连接了直接参与生产过程的各方主体，同时，连接了间接参与生产过程的上下游主体。根据质量数据，对质量问题进行分析和评估，确定质量问题责任主体，验证相关人员数字签名，确保追责精准，实现高效管理和监督。

（3）区块链账本查看和下载功能用于查看和下载建筑部品部件质量追溯中的区块链

账本信息，为各方授权主体提供访问数据库的权利，确保能够随时查看其权限范围内的区块链账本以及各区块详细信息。同时，允许授权主体将包含部品部件质量信息的区块链账本数据下载到本地进行存储，用于备份或进一步分析，满足数据的长期保存和后续处理需求。

4. 质量追溯方法的对比分析

将 TQM 理论、IoT 技术和区块链技术应用于建筑部品部件质量追溯，构建了三种典型的质量追溯方法。通过对比，分析其适用性和局限性，如表 6-14 所示。

质量追溯方法的对比分析　　表 6-14

方法	适用性	局限性
基于 TQM 理论的质量追溯	1. 质量管理全面； 2. 全员参与质量管理； 3. 质量管理基于全过程	1. 时间花费相对较长； 2. 数据分析和决策制定难； 3. 数据可能存在误差
基于 IoT 技术的质量追溯	1. 质量数据采集实时； 2. 通过网络技术传输数据； 3. 通过云计算分析数据	1. 对于传感器依赖性大； 2. 系统维护成本较高； 3. 数据安全和隐私问题
基于区块链技术的质量追溯	1. 去中心化使数据具有较好的容错力和抗攻击力； 2. 分布式数据存储，数据不可篡改； 3. 质量数据透明	1. 大量数据无法进行并行处理； 2. 各平台共识机制未达成一致； 3. 区块链实施试点缺乏

6.3 基于 MES 系统的智能生产质量管理

6.3.1 建筑部品部件 MES 系统的概述

1. 传统 MES 系统

制造企业生产过程执行系统（Manufacturing Execution System，MES）是企业用于确保产品生产质量的重要工具。美国先进制造研究机构（Advanced Manufacturing Research，AMR）将 MES 系统定义为位于上层的计划管理系统与底层的工业控制之间的面向车间层的管理信息系统。MES 系统作为联系企业资源计划（Enterprise Resource Planning，ERP）与过程控制系统（Process Control System，PCS）的纽带，为企业管理层与车间控制层提供一个双向的生产信息流。传统 MES 系统架构如图 6-24 所示。

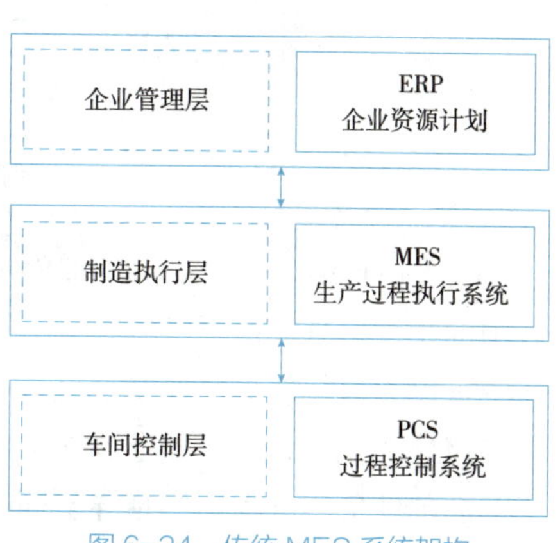

图 6-24　传统 MES 系统架构

2. 建筑部品部件 MES 系统

随着技术的不断发展，可以通过建筑部品部件 MES 系统来应对生产质量管理过程中的复杂性、动态性和不确定性，提高部品部件的生产质量。以下将从建筑部品部件 MES 系统的运作流程和核心功能两方面进行说明。

1）运作流程

建筑部品部件的生产质量管理涉及设计、制造、仓储、运输、堆场、安装和检验等各个环节，MES 系统在整个管理过程中相当于人的中枢神经系统，其架构层级主要包括 ERP 企业层、MES 执行层、PCS 控制层和车间设备层，各层级的运作流程如图 6–25 所示，主要包括信息整合、计划制定、实时反馈和动态优化四大环节。

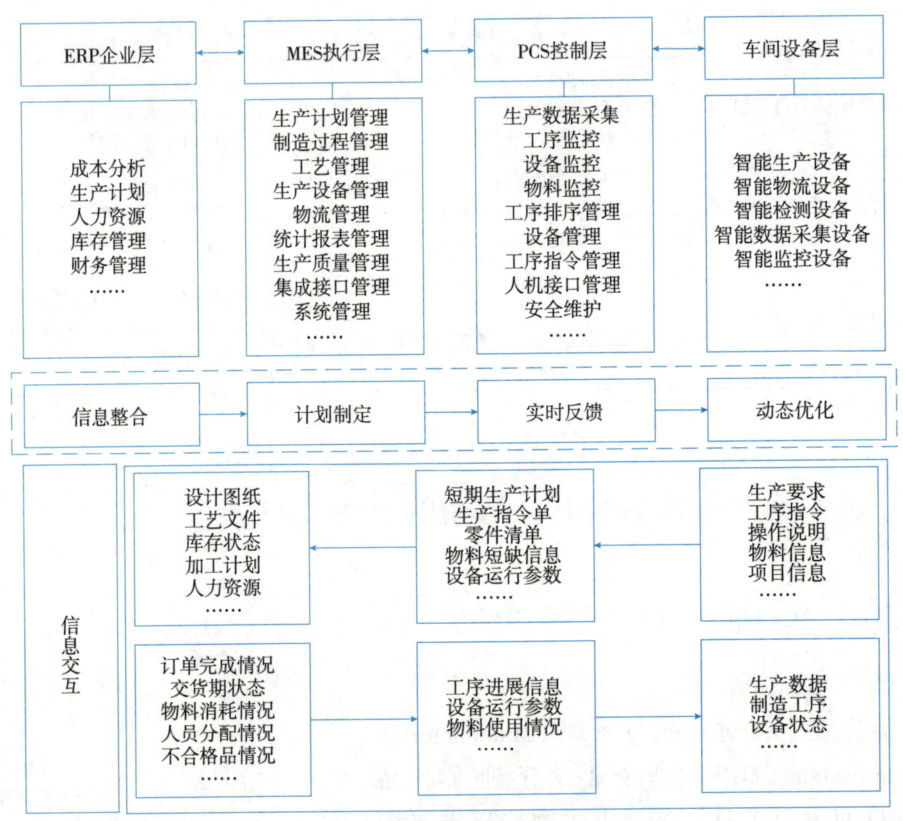

图 6–25　建筑部品部件 MES 系统的运作流程

（1）信息整合。建筑部品部件 MES 系统深度集成 ERP、PCS 等系统，将智能生产过程中的相关信息依据层级进行划分，并在各层级间实现信息交互。例如，企业层的 ERP 系统可以为执行层提供建筑部品部件的详细设计图纸，包含部品部件的尺寸、形状、材料和组装方式等信息，执行层通过获取设计图纸可以准确了解部品部件的要求和规格，为部品部件生产过程提供指导。同时，执行层与控制层的 PCS 系统联动，实时获取并处理部品部件生产过程的反馈信息，为生产计划的执行提供信息支撑。基于建筑部品部件 MES 系统的图纸信息整合如图 6–26 所示。

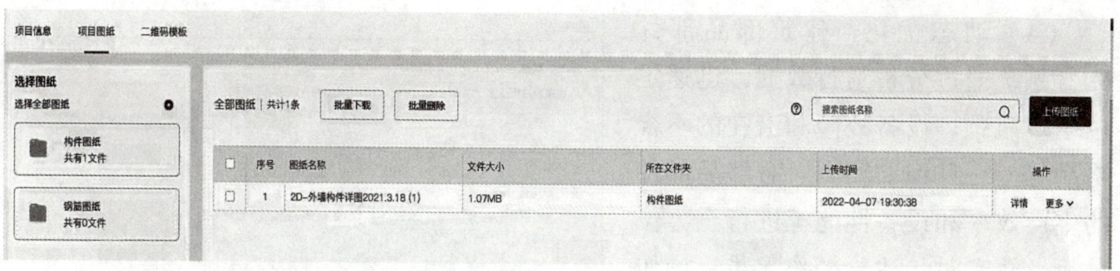

图 6-26 基于建筑部品部件 MES 系统的图纸信息整合

（2）计划制定。建筑部品部件 MES 系统通过运用复杂调度算法，综合考虑订单紧急程度、设备利用率和原材料库存等多种因素，将信息转化为具有针对性的作业计划。例如，在产量计划方面，建筑部品部件 MES 系统会根据市场需求的变化，确定产量目标和交货期要求，并结合设备的利用率和性能，考虑生产任务的复杂性和优先级，制定合理的生产计划排程，有效避免产能过剩或不足等问题。基于建筑部品部件 MES 系统的需求计划如图 6–27 所示。

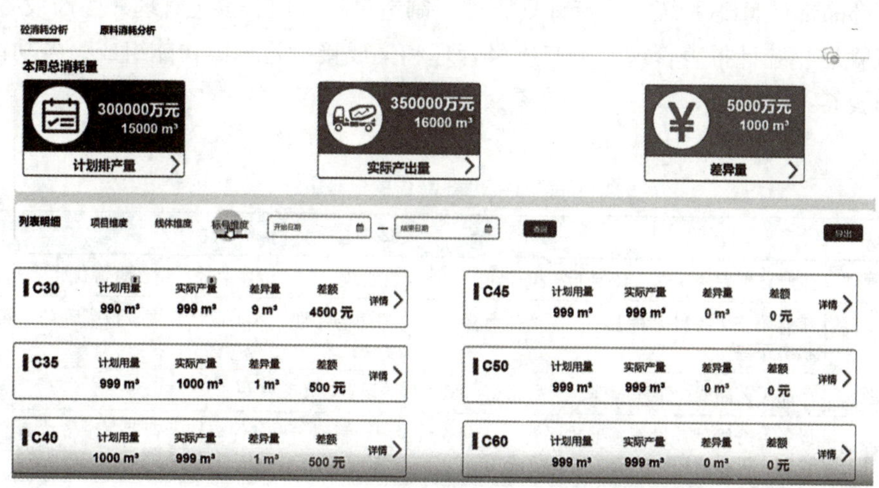

图 6–27 基于建筑部品部件 MES 系统的需求计划

（3）实时反馈。建筑部品部件 MES 系统实时采集并整合生产过程的各项运行数据，包括工序进展信息、设备运行参数和物料使用状态等。此过程依赖于设备层的智能化，如传感器可以实时采集部品部件生产过程中的各项参数和状态，包括温度、压力、湿度和速度等；RFID 读写器可以自动采集部品部件的生产质量数据。设备层进行数据采集和整合后，向系统实时反馈，为部品部件的生产质量管理提供数据支撑。基于建筑部品部件 MES 系统的部品部件消耗量实时反馈如图 6–28 所示。

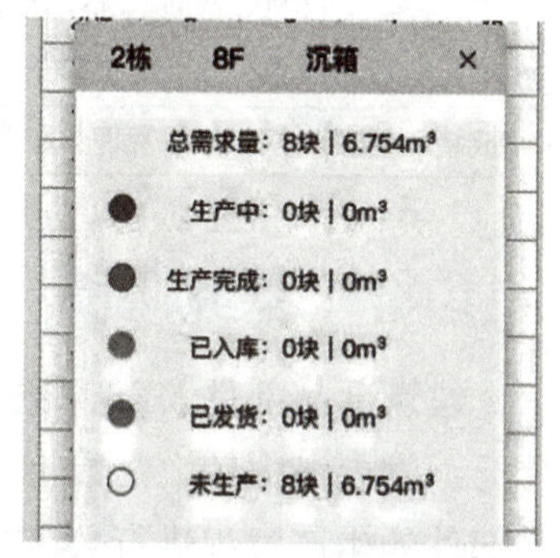

图 6–28 基于建筑部品部件 MES 系统的部品部件消耗量实时反馈

（4）动态优化。建筑部品部件MES系统通过分析运行数据，迅速定位生产瓶颈、设备故障和潜在的不合格品等。一旦识别问题，对部品部件的生产效率和设备性能等进行全方位分析，并实时传达给操作人员。操作人员则可根据优化建议，并结合现场的实际情况对生产过程进行动态调整。例如，在部品部件焊接工序中，系统监测到温度超出标准范围，操作人员可通过系统预警迅速确定焊接温度出现异常，进而调整温度控制参数，确保后续工序的顺利进行。基于建筑部品部件MES系统的预警设置如图6-29所示。

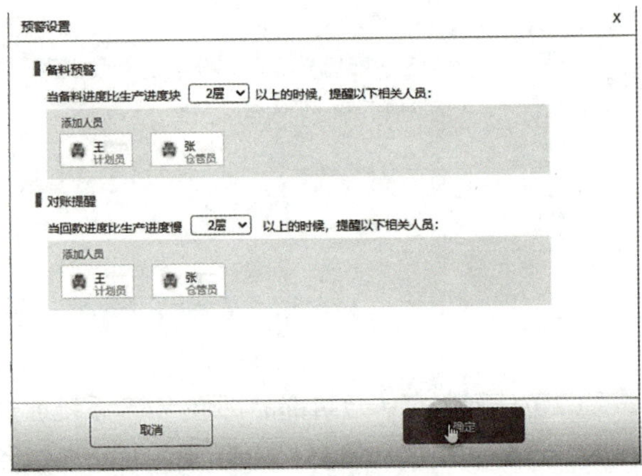

图6-29 基于建筑部品部件MES系统的预警设置

2）核心功能

建筑部品部件MES系统由生产计划管理、制造过程管理、工艺管理、生产设备管理、生产物流管理、统计报表管理、生产质量管理和集成接口管理等功能组成，各功能的具体内容如表6-15所示。

建筑部品部件MES系统的核心功能　　表6-15

功能模块	具体内容
生产计划管理	生产订单导入、生产计划下发和查询、生产调度管理、生产进度监控、生产资源优化
制造过程管理	作业调整、物料上料追溯、生产执行报工、物料条码管理、返工返修管理、报废管理、实时生产状态跟踪
工艺管理	产品工艺路线、工序管理、产品信息、工艺参数设置、工艺变更管理
生产设备管理	设备台账管理、设备基础数据管理、设备点检记录管理、设备保养记录管理、设备故障维修记录管理、设备使用率分析、设备故障预防
生产物流管理	运输路径优化、车辆定位、AGV调度、库位管理、盘存管理、出入库管理
统计报表管理	产品加工进度查询、车间在制品查询、车间和工位任务查询、产品配套查询、车间产能利用率分析、次品率统计分析
生产质量管理	单件追踪、全程记录、质量追溯、数据管理、作业计划绑定、不合格品处理、质量数据分析
集成接口管理	接口权限管理、数据备份管理、系统日志管理、系统性能监控

6.3.2 建筑部品部件MES系统的应用场景

建筑部品部件MES系统（以下简称"MES系统"）在数字化车间和智能工厂中应用广泛，发展潜力较大。数字化车间和智能工厂的主要区别在于：数字化车间主要针对部品部件的生产过程进行数字化管理，智能工厂则在数字化车间的基础上进行全过程的智能管理。

1. 数字化车间

数字化车间通过数字化技术对部品部件的生产设备与生产物料进行管理，并使用 MES 系统来连接和协调部品部件智能生产中的五大核心环节：车间计划与调度、工艺执行与管理、生产质量管理、生产物流管理和车间设备管理。其体系结构主要分为基础层和执行层，如图 6-30 所示。

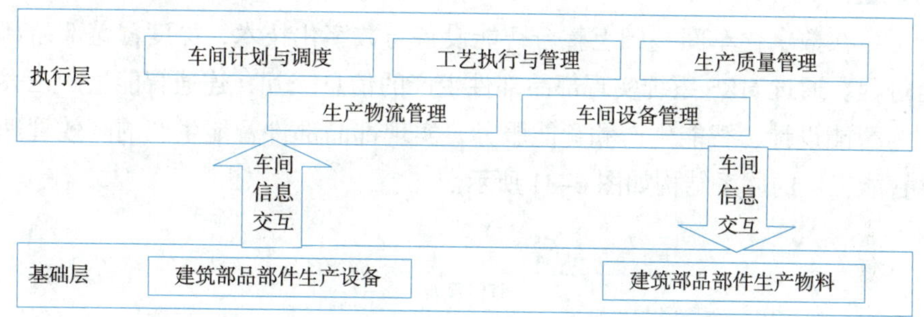

图 6-30　建筑部品部件数字化车间的体系结构

1）车间计划与调度

在车间计划与调度环节，MES 系统与 ERP 系统相互衔接，负责接收和分配建筑部品部件的生产订单。针对不同的生产工艺流程，如预制混凝土部品部件的生产工艺流程涵盖了混凝土搅拌、模具准备、浇筑、固化到脱模等工序，MES 系统通过细化工序作业计划，确定各工序的时间节点，为工作站或设备分配生产任务，并对员工和设备进行优化调度。

2）工艺执行与管理

在工艺执行与管理环节，MES 系统利用物联网技术对建筑部品部件的生产设备和人员进行远程监控。系统严格按照预定的工艺路线控制生产过程，并通过实时分析数据来监控执行情况。一旦发现生产工艺的异常，系统能立即预警并调整，从而确保部品部件生产流程的连贯性。

3）生产质量管理

在生产质量管理环节，MES 系统能够向检验员或设备传达建筑部品部件的生产质量要求，若发现质量异常，系统会立即启动预警机制。同时，系统能够有效地管理生产质量数据，并运用质量分析工具，对数据的分布规律进行深入研究。例如，在预制混凝土部品部件的生产中，MES 系统连续监测水泥和骨料混合比例，当出现连续偏差，系统通过控制图分析质量波动原因，如供应质量波动或设备校准偏差等，从而确保生产质量的可控性。

4）生产物流管理

在生产物流管理环节，MES 系统与建筑部品部件的生产车间和储存仓库高度集成，借助物联网和 RFID 技术实现物料的追踪和定位，包括水泥、骨料、矿物掺合料和减水剂等。系统实时反馈物料配送和使用状态，确保物料准时到位，降低物料使用的错误率和丢失率，从而提高部品部件的生产效率。

5）车间设备管理

在车间设备管理环节，MES 系统利用传感器和物联网等技术，统一管理生产设备，实时监测设备状态，根据三级保养制和包机责任制对生产设备进行维护，以减少设备故障带来的损失，保证生产设备能够稳定运行。

2. 智能工厂

智能工厂在数字化车间基础上整合智能设备与数字化技术，深度覆盖部品部件的智能生产全过程。通过 MES 系统实现部品部件生产的信息交互，连通智能生产三大核心环节，分别为智能设计、智能生产和智能服务，实现部品部件智能生产的高效管理。建筑部品部件智能工厂的体系结构如图 6-31 所示。

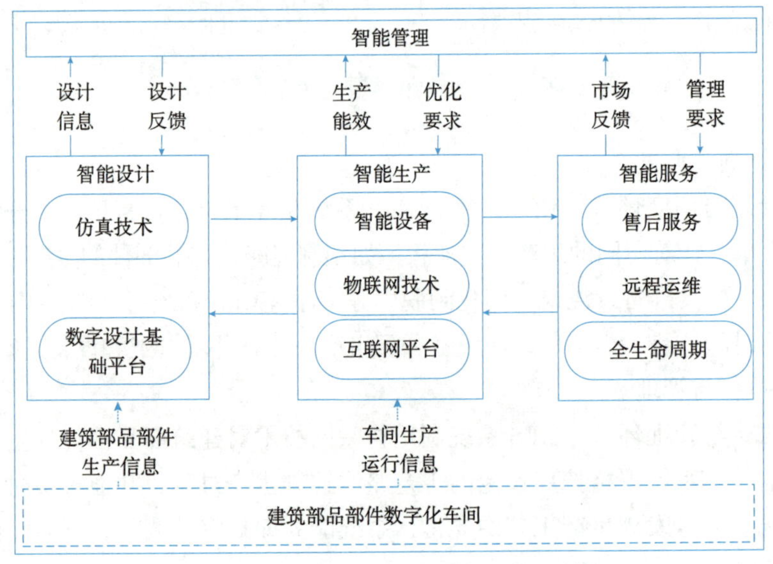

图 6-31　建筑部品部件智能工厂的体系结构

1）智能设计

在智能设计环节，智能工厂通过数字设计基础平台进行建筑结构、机电设备、部品部件、装配施工和装饰装修一体化集成设计。通过仿真技术在设计阶段模拟部品部件的生产工序，如钢筋骨架自动成型、画线定位、模具摆放、成品钢筋摆放和混凝土浇筑振捣等，确保设计深度符合生产和安装要求，提高部品部件的适配性，避免返工浪费。

2）智能生产

在智能生产环节，建筑部品部件由智能设备进行自动化生产。例如，建筑机器人能够通过编程来执行焊接、装配、搬运等任务。同时，智能工厂通过传感器、RFID 和二维码识别等技术来监测和收集部品部件的生产数据，并实时反馈至 MES 系统。通过进一步集成 MES 和 ERP 等系统，依托互联网平台共享部品部件的生产数据，智能工厂能够实时分析生产效率和设备性能等关键指标，实现整体生产流程的智能优化。

3）智能服务

在智能服务环节，智能工厂借助网络和智能技术，提供高效的售后支持，如在线客服、故障诊断和解决方案推送等。通过网络远程监控、分析、诊断和维护部品部件的生产设备，智能工厂能够及时响应并解决设备问题。同时，结合物联网技术，深入分析部品部件的结构强度、耐久性、隔热性能和抗震性能等关键指标，智能工厂可以为部品部件的全生命周期提供全面的数据支持和优化方案。

6.3.3 建筑部品部件 MES 系统的实践应用

在建筑部品部件的智能生产中，利用 MES 系统的智能生产质量管理功能有助于实现部品部件生产质量的全程追溯。MES 系统在智能生产质量管理中的智能应用，包括技术、系统和信息的整合，为建筑部品部件的生产质量管理提供了新视角。

1. MES 系统的智能生产质量管理功能

我国传统制造业企业的生产质量管理通常局限于部门内部，各环节的管理相对封闭且分散，无法全面有效控制产品质量。现代制造业引入 MES 系统进行生产质量管理，凭借其在数据采集、处理和分析上的优势，有效提升生产质量管理的能力。在建筑部品部件的智能生产中，利用 MES 系统进行生产质量管理，可以实现部品部件生产质量的全程追溯。建筑部品部件 MES 系统智能生产质量管理的主要功能如表 6–16 所示。

建筑部品部件 MES 系统智能生产质量管理的主要功能　　表 6–16

主要功能	具体描述
单件追踪	通过产品单件号和装配关系，追踪各部品部件的单件号、批次号，以及生产过程信息
全程记录	记录全程检测信息，包括首检、自检和巡检等，全面反映建筑部品部件各工序的质量特性
质量追溯	实现按照批次和单件对建筑部品部件进行质量追溯
数据管理	质量数据的输入、处理、查询、追踪和打印，适应于条码和工位终端等输入方式，以实现建筑部品部件的准确质量控制
作业计划绑定	在接收检验计划后，便于检验人员对部品部件进行检验准备和及时检验
不合格品处理	对不合格的建筑部品部件进行审理，决定是否返修、让步接收或报废，同时记录关键部件的检验数据
质量数据分析	运用各种统计工具挖掘历史质量数据，对产品质量进行多维度数据分析与展现

2. 基于 MES 系统的智能生产质量追溯

建筑部品部件的生产质量追溯是通过现代化的物联网技术，如条形码、二维码、RFID 等，对部品部件赋予唯一的 ID 识别号（编码），实现以一物一码产品身份标识为基础，以单个部品部件为中心，对原材料、生产过程、生产设备、生产工艺、生产环境和仓储物流等环节进行数据采集，实现部品部件的质量可追溯性，当部品部件质量出现问题时，能够实现对问题部品部件的及时定位和准确召回。建筑部品部件的生产质量追溯可以通过 MES 系统来实现，主要包括质量数据管理、质量检验、质量控制和质量分析与改进四大环节，如图 6-32 所示。

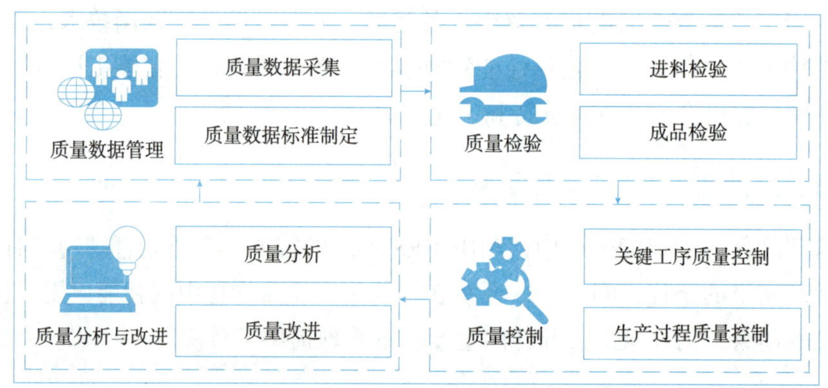

图 6-32　基于 MES 系统的建筑部品部件生产质量管理流程

1）质量数据管理

该环节主要包括建筑部品部件生产质量管理的质量数据采集和质量数据标准制定，为部品部件的生产质量追溯提供了重要基础。

（1）质量数据采集。质量数据可以通过条码识别技术和 RFID 技术等进行采集。例如，在生产质量管理过程中，利用 RFID 技术，收集部品部件的批次试验数据，进而判断部品部件的脱模、出厂和质量合格情况。建筑部品部件生产质量数据采集内容，如表 6-17 所示。

建筑部品部件生产质量数据采集内容　　表 6-17

要素	质量数据
人	厂长、技术负责人、技术员、质量工程师、安全员、试验员和材料员等
机	设备参数、设备状态、设备使用情况和设备性能指标等
料	入库时间、品种、型号、存储量、检验标识、供应商信息、零部件号、生产数量、生产日期、批次和质量检验报告等
法	工艺流程、工艺参数、工艺图号和版本号、设计图号和版本号等
环	项目位置、产品的加工过程、时间和地点、采购库位、车间区位和车辆方位等

（2）质量数据标准制定。建筑部品部件生产质量数据标准包括数据模型标准、参考数据标准和指标数据标准，如表 6-18 所示，其有效执行和落地是保证生产数据质量的必要条件。如在预制混凝土部品部件生产中，数据模型标准被用于混凝土强度的测量和记录，以便正确评估其适用性。参考数据标准，如混凝土的化学成分和强度等，有助于不同生产阶段和部门的协同。最后，基于指标数据标准分析混凝土的抗压强度和抗拉强度，可以统一评估不同供应商或生产线的产品质量。

建筑部品部件生产质量数据标准 表 6-18

分类	内涵	作用
数据模型标准	质量数据的业务定义、业务规则、数据关系、数据质量规则	作为质量数据评估的依据，实现数据的稽查核验，使得质量数据的校验有据可依
参考数据标准	质量数据的分类标准、编码标准、模型标准	有助于质量数据的一致性和完整性，有利于部品部件生产业务协同和决策支持
指标数据标准	部品部件生产的业务属性、技术属性、管理属性	统一分析指标的统计口径、统计维度、计算方法，是部品部件生产质量管理的基础

2）质量检验

该环节主要对原材料和建筑部品部件产品的质量进行系统性的监控和管理，其包括两大核心环节，即进料检验和成品检验。

（1）进料检验。进料检验是制止不良物料用于生产的关键环节。由于建筑部品部件的生产通常涉及多种原材料，如混凝土、钢材和添加剂等，每种材料的强度、韧性和耐腐蚀性等性能指标可能因供应商、供应批次或存储条件的不同而有显著差异。因此，必须对每种原材料的特性进行全面分析和检测，包括但不限于其化学成分、物理性能和结构完整性等。只有通过严格的进料检验，才能确保每个生产批次的部品部件都符合预定的质量标准。建筑部品部件进料检验程序如图 6-33 所示。

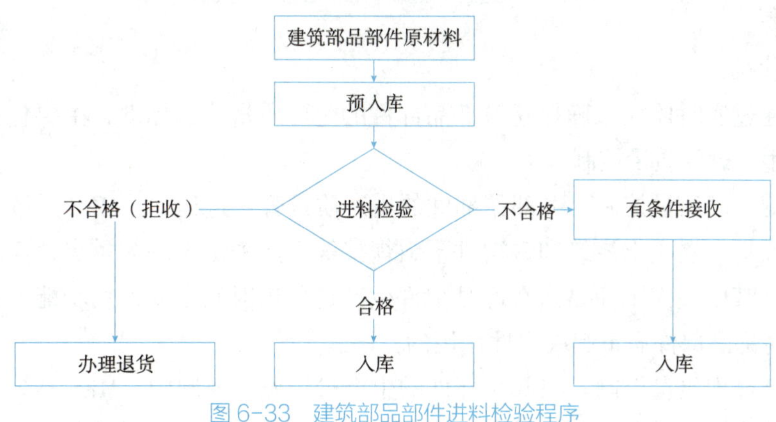

图 6-33 建筑部品部件进料检验程序

（2）成品检验。成品检验是在建筑部品部件生产结束后，由企业质量检验部门对产品进行全面检验。检验合格的部品部件，由检验员签发合格证才能办理入库手续。凡检验不合格的部品部件，应全部退回车间进行返工、返修、降级或报废处理。经返工、返修后的部品部件必须再次进行全面检验，检验员要作好返工、返修产品的检验记录，保证部品部件的生产质量具有可追溯性。

①质量缺陷判定。根据部品部件成品检验的缺陷严重程度，分为致命缺陷（A 级）、重大缺陷（B 级）和轻微缺陷三级（C 级），如表 6-19 所示。

建筑部品部件成品检验缺陷等级分类　　表 6-19

缺陷等级	具体说明	样例
致命缺陷（A 级）	缺陷会导致产品完全无法使用，或者可能对使用者的安全构成威胁	结构部件的严重裂纹或断裂
重大缺陷（B 级）	缺陷会显著影响产品的性能，但不会对使用者的安全构成威胁	混凝土部件中的气泡，可能会影响其抗压性能
轻微缺陷（C 级）	缺陷不会影响产品的性能和安全，主要是影响产品的外观或者微小的尺寸偏差	混凝土表面的色差或轻微的磨损

②不合格品评审。MES 系统实时监控部品部件的生产过程，并根据产品的缺陷严重程度明确划分出不合格品，通过报警系统，由生产部门及时处置并追踪不合格品的出现原因。不合格品还需提交上一级部门复查评审。建筑部品部件不合格品评审流程如图 6-34 所示。

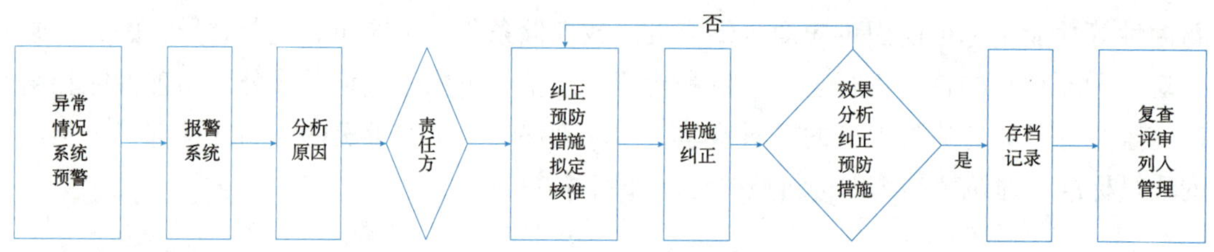

图 6-34　建筑部品部件不合格品评审流程

3）质量控制

该环节通过实时监控来确保建筑部品部件的生产质量达到标准，主要包括关键工序质量控制和生产过程质量控制。

（1）关键工序质量控制。在部品部件的生产质量管理过程中，MES 系统以钢筋制作安装、模具安拆、混凝土浇筑和钢构件下料焊接等生产关键工序为重点，实时收集和监控质量数据。其中关键工序是指在部品部件生产过程中对其主要使用功能、安全状况有重要影响或对部品部件质量起决定性作用的工序。

（2）生产过程质量控制。在部品部件的生产过程质量控制中，MES 系统的核心功能是实时监测质量异常情况，并设置预警机制，以便在生产初期就发现并处理可能产生的质量问题。整个过程都应遵循 PDCA（计划 – 执行 – 检查 – 处理）循环，如图 6-35 所示。

4）质量分析与改进

该环节主要进行大规模测量数据的筛选、整理和分析，旨在挖掘生产工艺参数与部品部件产品性能之间的关联，运用质量分析工具研究数据分布规律。

（1）质量数据分析。建筑部品部件的智能生产涉及大量的原料消耗。以预制混凝土部品部件的原料消耗分析为例，其原料包括水泥、砂子、石子和粉煤灰等，MES 系统分析原料消耗数据，优化原材料的使用，确保混凝土部品部件的生产质量。基于 MES 系统的预制混凝土部品部件原料消耗分析如图 6-36 所示。

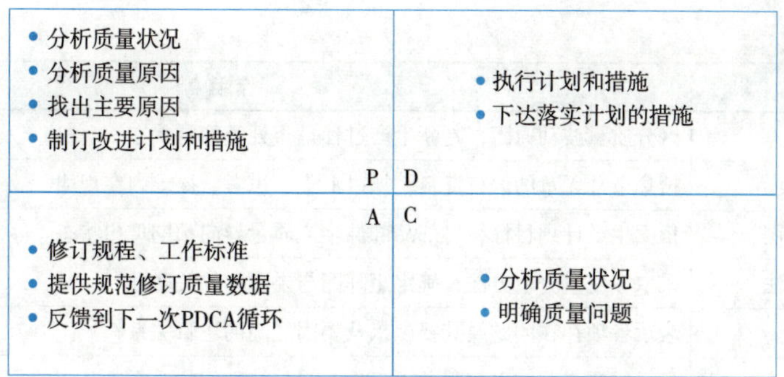

图 6-35　建筑部品部件生产过程质量控制的 PDCA 循环

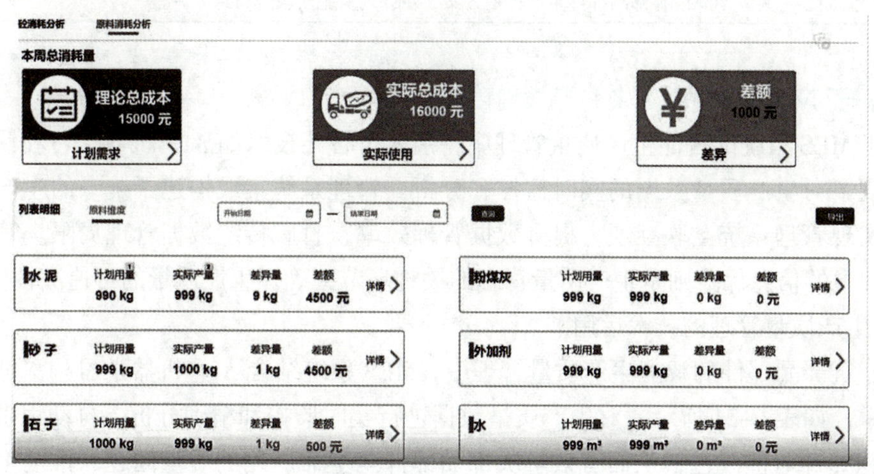

图 6-36　基于 MES 系统的预制混凝土部品部件原料消耗分析

（2）质量分析工具。在预制混凝土部品部件的强度分析中，可以将收集的样本数据划分为若干等间距的组，统计每组的数量，并通过直方图呈现，观察直方图中的柱状分布来判断生产过程的稳定性，并预测预制混凝土部品部件的质量趋势。建筑部品部件 MES 系统常用质量分析工具如表 6-20 所示。同时，MES 系统提供部品部件的质量统计报表和历史记录查询，为质量部门分析生产质量、产量和合格率等关键指标提供支持，助力企业制定质量处理流程和反馈机制。

建筑部品部件 MES 系统常用质量分析工具　　表 6-20

工具	作用
直方图	判断生产过程是否稳定，预测生产过程的质量
层别图	分层别类地收集数据，以找出其间异常
排列图	可确定某个特定产品的质量问题，找出主要矛盾及其相互关系
特性要因图	确定影响结果的各种原因，厘清原因与结果关系
查检表	便于收集数据，可做进一步分析或作为核对、检查之用
散布图	用来判断两个可能相关的变量之间的相互关系

续表

工具	作用
控制图	区分质量波动原因，判断生产过程是否处于稳定状态
亲和图	搜集杂乱无章的语言资料，加以汇集、思考、探求内在规律
过程决策计划图	依据生产计划目标，将部品部件生产质量导向预期理想状态
矩阵数据分析法	采取多变量分析方法，确定矩阵图与要素间的关联性
关联图	表示各项存在问题及其要因以及要因之间的逻辑关系
矩阵图	显示重要流程，以综观各项工作及产品特性间的关系
系统图	表示某个部品部件质量问题与其组成要素之间的关系
箭线图	改善部品部件生产计划方案，在计划实施阶段进行计划调整

3. 基于 MES 系统的智能生产质量管理

基于 MES 系统的智能生产质量管理中，引入了智能技术如 AI、机器学习和深度学习等，实现了对生产质量数据的实时监控和分析。管理系统集成构建了统一的生产质量信息库，实现管理系统互联互通，提升数据管理效率，打破传统数据管理局限。管理系统应用过程中的信息保障则是生产质量管理的关键环节，确保生产质量的可追溯性。

1）生产质量管理的技术运用

在建筑部品部件的智能生产质量管理中，MES 系统结合 AI、机器学习和深度学习等智能技术，如表 6–21 所示，对生产质量数据进行实时监控和精确分析，自动识别和预测质量问题并针对性改进，从而有效解决部品部件全生命周期的质量问题，推动生产智能化和自动化。

MES 系统的智能生产质量管理技术　　表 6–21

关键环节	智能技术	智能运用
质量问题识别	图像识别 深度学习	MES 系统利用图像识别技术对质量问题进行自动识别和分类，通过深度学习的卷积神经网络（CNN）技术提取图片中的关键特征，建立专门的质量问题识别模型
质量问题预测	机器学习	MES 系统使用机器学习算法，如支持向量机（SVM）或决策树等，根据历史数据预测可能出现的质量问题
质量问题处理	大数据分析	MES 系统对产品在各生命周期阶段的质量数据进行追踪和分析，包括数据清洗、数据转换、数据建模和数据可视化等，实现对质量问题的快速定位和针对性的解决
质量控制	人工智能 机器学习	MES 系统借助人工智能和机器学习技术，建立自动化的生产质量控制系统，根据实时生产数据调整生产参数，保证部品部件的生产质量
质量报告	自然语言处理	MES 系统使用自然语言处理（NLP）来解析和处理人类语言形式的质量报告或反馈，提高生产质量管理效率

2）生产质量管理的系统集成

建筑部品部件的生产质量管理系统通过集成创建统一的生产质量信息库，使各管理系统互联互通。该系统集成了建筑部品部件的生产质量数据，运用先进的管理技术、方法和工具，实现了数据共享，打破了传统的分离式数据管理和冗余存储模式，如图 6-37 所示。

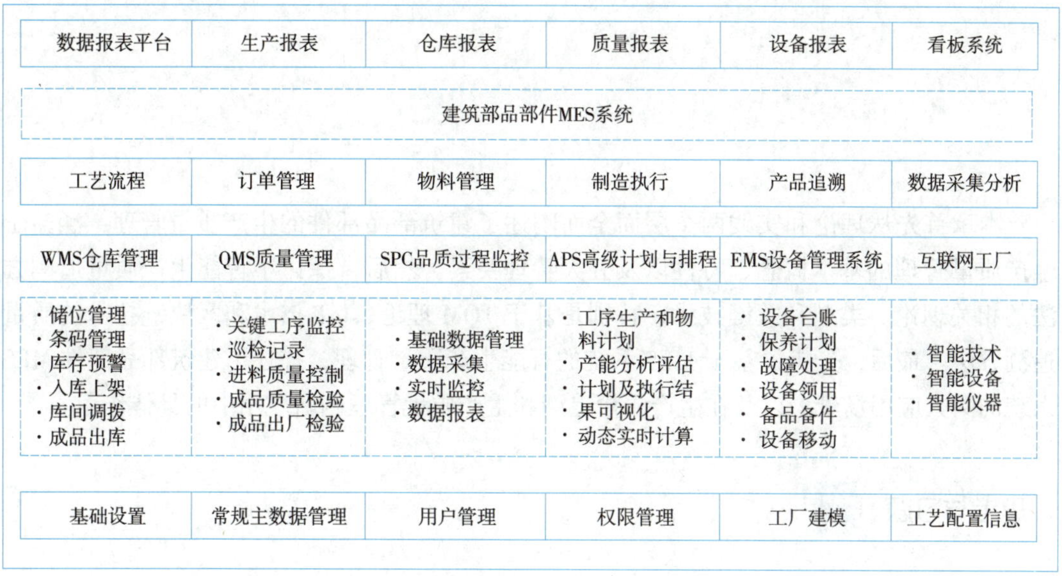

数据报表平台	生产报表	仓库报表	质量报表	设备报表	看板系统
建筑部品部件MES系统					
工艺流程	订单管理	物料管理	制造执行	产品追溯	数据采集分析
WMS仓库管理	QMS质量管理	SPC品质过程监控	APS高级计划与排程	EMS设备管理系统	互联网工厂
·储位管理 ·条码管理 ·库存预警 ·入库上架 ·库间调拨 ·成品出库	·关键工序监控 ·巡检记录 ·进料质量控制 ·成品质量检验 ·成品出厂检验	·基础数据管理 ·数据采集 ·实时监控 ·数据报表	·工序生产和物料计划 ·产能分析评估 ·计划及执行结果可视化 ·动态实时计算	·设备台账 ·保养计划 ·故障处理 ·设备领用 ·备品备件 ·设备移动	·智能技术 ·智能设备 ·智能仪器
基础设置	常规主数据管理	用户管理	权限管理	工厂建模	工艺配置信息

图 6-37　建筑部品部件的生产质量管理系统

（1）系统的数据处理和分析。在大数据环境中，生产质量管理系统处理和分析大量数据，以强化建筑部品部件的智能生产质量管理。通过构建统一的质量信息库，生产质量管理系统实现了 MES、ERP 和 PCS 等系统的互联互通，构建部品部件生产的实时数据库与交换系统，提高数据管理效率，实现生产过程的实时追踪、监控和控制。

（2）系统的开放性和扩展性。生产质量管理系统拥有显著的开放性和扩展性，能够适配各类新设备和系统，从而强化建筑部品部件的智能生产质量管理。当新检测设备接入时，生产质量管理系统可以迅速处理其中的数据，提升生产质量管理的精度和效率。同时，生产质量管理系统的扩展性也使其能够快速适应新的生产工艺和流程，保障系统的前瞻性。

（3）系统的人机交互体验。强调人机交互体验的生产质量管理系统可以通过数据可视化来优化生产质量管理。利用大数据技术，该系统可以智能识别建筑部品部件的生产需求，提供相关的操作建议。同时，进行智能预警，让操作人员可以及时调整生产状态，预防生产质量问题。

3）生产质量管理的信息保障

信息交互作为建筑部品部件生产质量管理的关键环节，保证生产质量管理信息的完整性、准确性、真实性和及时性十分重要。基于网络环境的生产质量管理信息，具有广泛的影响范围和高速的传播效率。因此，信息管控必须严谨，防止信息泄露和损失。信息存储和设备应满足可靠性、安全性、完好性和兼容性等要求，确保信息系统可以正常运行。同时，信息的表达形式、存储方式、调用方式和传达方式都应严格管理和控制，只有满足信息系统管理和生产质量管理信息的质量要求，才能实现生产质量管理信息的长期保存和追溯。

6.4 本章小结

本章首先从理论和实践两个层面全面阐述了建筑部品部件的生产质量管理，涵盖了生产质量管理的基本概念、特性以及五大管理要素。然后，探讨了智能生产质量追溯方法的相关理论、类型和关键技术，特别是基于 TQM 理论、IoT 技术和区块链技术的质量追溯方法。最后，分析了基于 MES 系统的智能生产质量管理，描述了建筑部品部件 MES 系统的两大应用场景，以及在生产质量追溯和生产质量管理创新应用中的具体作用。

思考与习题

6-1 建筑部品部件生产质量及其管理的定义是什么？

6-2 什么是建筑部品部件生产质量管理的主要要素？其主要内容是什么？

6-3 建筑部品部件的智能生产质量追溯主要运用了哪些关键技术？

6-4 建筑部品部件的智能生产质量追溯三种典型方法是什么？其主要有什么特点？

6-5 简要说明建筑部品部件 MES 系统在生产质量管理中的主要作用。

第7章

建筑部品部件智能生产物流管理

建筑部品部件的生产物流管理概述

建筑部品部件的生产物流管理概念

建筑部品部件的生产物流管理流程

建筑部品部件的智能生产物流协同管理

建筑部品部件的智能生产物流协同管理概述

建筑部品部件的智能生产物流协同管理方法

基于 MES 系统的智能生产物流管理

建筑部品部件的动态定位追踪

建筑部品部件的智能仓储管理

二维码 7–1
第 7 章　教学课件

本章要点

1. 掌握建筑部品部件生产物流管理的相关概念和流程；
2. 熟悉建筑部品部件智能生产物流协同管理方法；
3. 了解建筑部品部件智能生产物流管理信息技术与 MES 系统的集成应用。

教学目标

1. 熟练掌握建筑部品部件生产物流及其管理的基本概念，明确建筑部品部件生产物流管理流程；

2. 熟知建筑部品部件智能生产物流协同管理的相关概念，理解基于物联网技术和 BIM+RFID 技术协同管理方法的应用及其优劣比较；

3. 了解基于 GIS 技术的建筑部品部件动态定位追踪，以及“5G+ 智慧物流装备”的智能仓储管理与 MES 系统的集成应用。

案例引入

悉尼歌剧院建筑部品部件的生产物流管理

悉尼歌剧院（图 7-1）是 20 世纪最伟大的建筑之一，其地面以上结构系统和围护系统主要包括拱肋、柱、梁、墙等，都采用了装配式建筑结构，使得该建筑的预制率达到了 90% 以上，这种高预制率的装配式建筑就需要大量的部品部件。但是，悉尼歌剧院建筑的部品部件在生产运输中存在着一定的困难，其中重要且生产运输难度最大的部品部件就是拱肋，最长的拱肋长度超过了 60m。

（a）

（b）

图 7-1 悉尼歌剧院

（a）悉尼歌剧院建造图；（b）悉尼歌剧院完工图

生产此类大型拱肋时，从原材料的准备到部品部件的生产再到成品的运输配送，需要先进的工业化生产能力和技术水平，以确保生产质量。同时，由于拱肋的特殊形状和长度，还需要采用精密的加工工艺来确保其结构的稳定性和完整性。

悉尼歌剧院的建设地点位于悉尼港口的一个小岛上，交通不便。因此，对于拱肋的运输来说，其尺寸、重量以及交通情况都增加了运输难度，需要特殊的运输设备和安全措施来保证拱肋的安全运送，避免损坏和变形。运输过程需要进行合理的道路规划和协同管理，确保拱肋能够顺利到达建设地点，准确地安装在预定的位置上。这些都是悉尼歌剧院建设过程中部品部件生产物流管理所面临的问题。然而，通过精密的生产和合理的路线规划，最终成功克服了这些挑战，让这座伟大的建筑作品能够长久屹立在悉尼的海岸线上。

值得我们思考的是：

（1）建筑部品部件生产物流管理的概念和流程包括什么？

（2）如何运用协同管理方法，保证建筑部品部件生产物流的顺利进行？

（3）如何在集成 GIS 和 5G 技术的 MES 系统支持下，对建筑部品部件生产物流进行有效管理？

7.1 建筑部品部件的生产物流管理概述

7.1.1 建筑部品部件的生产物流管理概念

1. 建筑部品部件生产物流的定义

20 世纪 30 年代初，美国开始对物品流通形式及其过程进行深入研究，从而产生了“物的流通”这一基础概念。随着行业内的长期发展演化，该概念逐渐成为“物流”。物流在生产工艺中的应用被称为生产物流，主要涉及原材料、外购件等在生产过程中的流通活动，这些活动包括从原材料投入生产后的下料、发料、运送到各加工点和存储点的过程。在这一系列过程中，物料以在制品的形态，从一个生产单位（仓库）流向另一个生产单位，按照规定的工艺过程进行加工、储存，并在某个点内流转，然后从该点内流出，整个过程均体现出物料实物形态的流转过程。

因此，建筑部品部件的生产物流可定义为：起始于建筑部品部件的原材料储存，并根据生产计划安排原材料、设备设施工具、半成品等物资的供应，再通过生产车间的加工制造，实现建筑部品部件的搬运储存，最后完成成品的装配、运输与交付。该生产物流过程如图 7–2 所示。

2. 建筑部品部件生产物流管理的定义

生产物流管理最早由美国生产与库存管理协会（American Production and Inventory Control Society，APICS）在 20 世纪 50 年代提出，是指将物料需求计划与传统的物流管

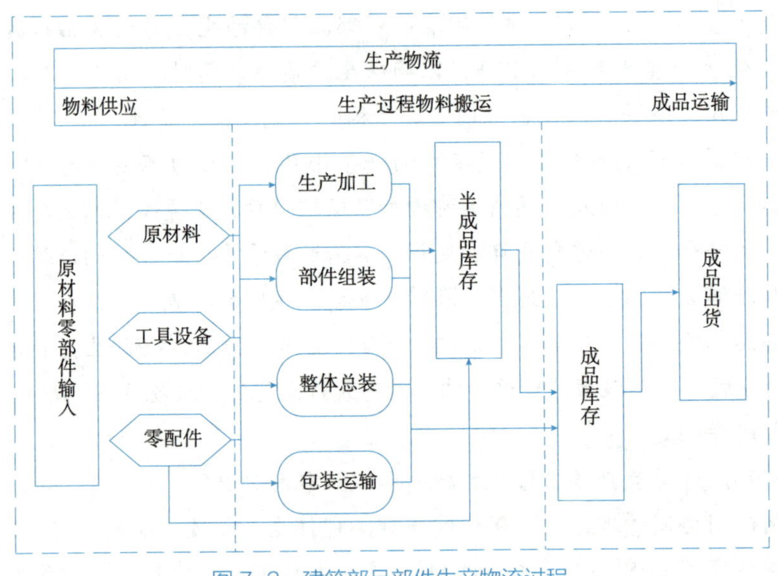

图 7-2　建筑部品部件生产物流过程

理理论相结合并应用于企业的生产制造过程中，以此来实现对企业生产计划、物料需求、车间布局和物料配送等多个方面的统筹管理。

因此，建筑部品部件的生产物流管理可定义为：在深度考虑生产物流的动态性和不确定性的同时，通过灵活运用管理工具和方法，使得在保证建筑部品部件生产物流运行连续性和流畅性的基础上，进一步提高资源利用率，降低生产物流成本，缩短生产周期，增强企业的经济效益。

3. 建筑部品部件智能生产物流管理的定义

工业 4.0 背景下的智能生产物流管理，旨在实现整个产品生命周期的全面自动化和数字化。为实现此目标，必须集成并融合包括企业资源计划（ERP）、物料需求计划（MRP）、制造执行系统（MES）、仓库管理系统（WMS）、客户关系管理系统（CRM）、物流管理系统以及知识管理系统等在内的多个管理系统。同时，无线射频识别（RFID）技术、数据挖掘技术、可编程控制器（PLC）技术、图像识别技术、传感器技术、云制造技术等先进技术的协同作用至关重要，以促进更高效、更优质的生产结果。这种数字化和自动化的生产方式提高了生产流程的透明度，使管理人员能更好地监控生产流程，及时发现并解决问题。

因此，建筑部品部件的智能生产物流管理可定义为：通过应用先进的智能科技对建筑部品部件进行高效的生产物流管理。其核心目标是提高建筑部品部件生产效率、降低成本、提升质量，并实现资源和信息的最优配置。智能生产物流管理的核心组成部分包括：

1）自动化和数字化。通过运用人工智能（AI）和机器学习（ML）等先进技术，从大规模数据中提取出有价值的信息，例如预测供应需求、检测和预防设备故障等，最终实现生产、物流、仓储以及销售管理等环节的自动化和数字化。

2）实时监控和优化。通过物联网技术，实现对生产设备、库存、物流等关键环节的实时监控，同时借助数据分析和预测模型进行实时优化。此外，通过实时分析设备性能和生产数据，预防潜在故障，降低设备停机时间，提升生产效率并降低成本。

3）系统集成与互操作性。整合 ERP、MRP、MES、WMS 等多个管理系统，实现数据无缝对接和流动，确保各个子系统之间的信息同步，缩短决策时间，同时提高生产物流管理的透明度和可追溯性。

4）协同作业。利用信息网络，实现设计师、工程师、生产物流人员和管理人员的实时互联互通，强化各部门之间的协同合作，确保流程的连续性，减少决策与实施之间的时延，提高工作效率，减少误差。

4. 建筑部品部件生产物流的特性及形式

建筑部品部件的生产物流具有制定专业性、成本控制性、流程统一性和动态可变性四个主要特性，并可按照特性划分为项目型、连续型及离散型三大类别。同样，根据原材料流通的区域范围，也可将车间内部的生产物流分为运输路径和生产车间物流两大类型。细致的分类有助于更准确地理解和应用生产物流，也为建筑部品部件生产物流管理提供了坚实的实践指导。

1）建筑部品部件生产物流的特性

生产物流对建筑部品部件的生产加工过程及其在生产车间内的加工工艺流程具有重大影响。不畅的流程运作将降低产品生产效率、延长生产周期，从而增加生产成本、减少利润率，可能引发建筑企业经营出现不可逆转的问题。鉴于此，建筑部品部件的生产物流具有以下四个主要特性：

（1）制定专业性。制定专业性要求生产物流计划和执行由具有专业知识和经验的团队负责，可适应不同建筑部品部件的设计需求，且能根据建筑企业的具体要求提升生产系统的生产能力。

（2）成本控制性。成本控制性强调生产物流应聚焦于成本优化和节约，包括物料采购、运输、仓储和人力资源等方面的成本控制。降低建筑企业生产物流系统成本是降低建筑企业生产经营成本的有效途径。

（3）流程统一性。流程统一性特指生产物流与生产操作紧密协同，形成高效、流畅且规范化的统一体。要求物流流程设计要与生产流程高度协调，确保物料和产品能够在准确的时间进行流动。

（4）动态可变性。动态可变性强调生产物流应具备高度的灵活性和适应性，能够迅速响应生产和市场的变化，对流程和策略进行有效的调整和优化，并运用科学的理论方法进行生产布局的准确规划。

2）建筑部品部件生产物流的形式

根据上述特性，可以将建筑部品部件的生产物流划分为项目型、连续型、离散型三种形式。建筑企业在选择生产物流的形式时，需要结合实际情况进行决策。

（1）项目型。该生产物流类型以特定建筑部品部件的生产为主要方向。当建筑部品部件的生产原材料从仓库运输到生产车间的相应生产线及其生产工序相应位置后，无须考虑路径变化、位置变化等因素影响，形成特定的项目流程。项目型建筑部品部件生产物流流程如图 7–3 所示。

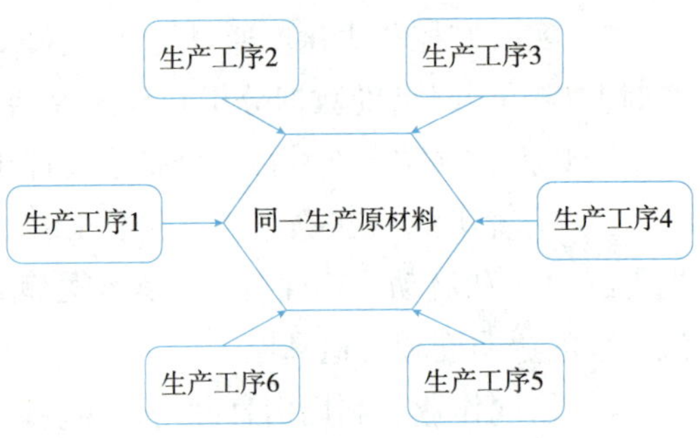

图 7–3　项目型建筑部品部件生产物流流程

（2）连续型。该生产物流类型以大规模、标准化的建筑部品部件的生产为主要方向。当建筑部品部件的生产原材料运输到生产车间后均匀、连续、不间断地流动，且生产出的建筑部品部件、使用设备和工艺流程都是固定且标准化的。连续型生产物流是保障生产设备连续运行、生产工艺工序平稳过渡的必要条件。连续型建筑部品部件生产物流流程如图 7–4 所示。

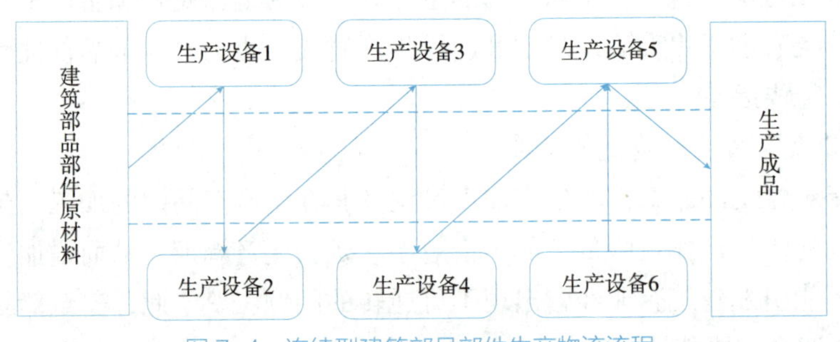

图 7–4　连续型建筑部品部件生产物流流程

（3）离散型。该生产物流类型以生产活动多样、批次小、频繁地切换生产线和建筑部品部件类型的生产为主要方向。该生产过程是一种流程灵活的物流系统，能提供多样化的建筑部品部件原材料及其零部件，并运用不同工艺工序对其进行加工装配，且各个零部件的加工过程彼此独立。离散型建筑部品部件生产物流流程如图 7–5 所示。

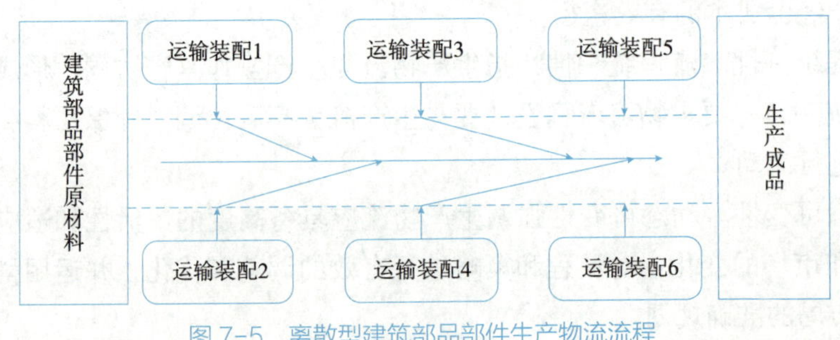

图 7–5　离散型建筑部品部件生产物流流程

根据原材料的流动区域，建筑部品部件的生产物流可划分为两大类：运输路径生产物流和生产车间生产物流。

（1）运输路径生产物流。在生产车间内，此类物流主要关注由单一生产工序触发的物流过程。这种过程包括以下步骤：首先，进行建筑部品部件原材料的存储和搬运，此步骤需要精确的库存管理和高效的搬运系统以确保材料在需要时能够得到迅速供应；其次，完成生产成品的运输和入库，此步骤要求优化运输路径以减少运输时间，并需要良好的仓储系统以保证成品的安全储存；最后，合理使用运输设备和提升生产效率，此步骤需要维护良好的设备状态并持续改进生产工艺以提高建筑部品部件的生产效率。

（2）生产车间生产物流。生产车间物流顺利运行的前提是合理规划车间布局，确定生产物流方式和生产物流设备。根据实际情况，可以将生产车间物流进一步细分为以下三类：

①制造车间物流：在制造车间内，生产物流为建筑部品部件的各个工序提供生产材料，将不同的生产线并联起来，以实现物流活动的平稳运行，如图 7–6 所示。

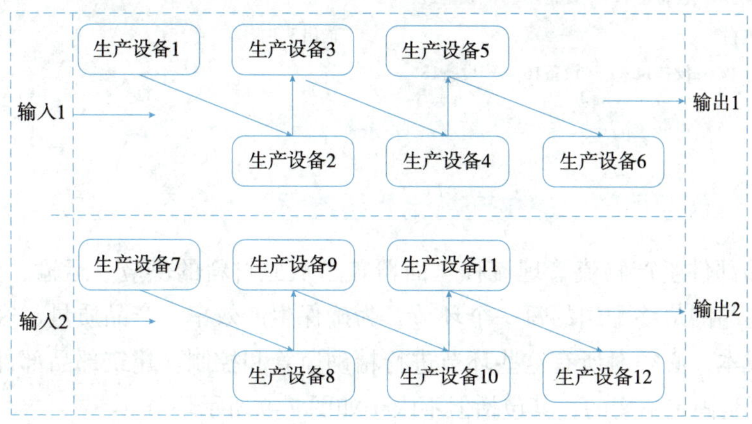

图 7–6 建筑部品部件制造车间生产物流流程

②装配车间物流：在装配车间内，将多种类型的建筑部品部件按照制造要求进行组装。此类流程包括建筑部品部件成品的装配和半成品的装配。装配车间设计布局采用并联装配方式，如图 7–7 所示。

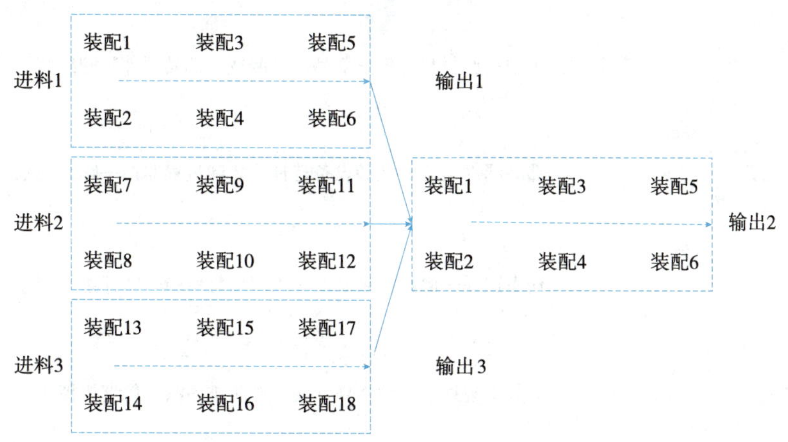

图 7–7 建筑部品部件装配车间生产物流流程

③制造装配混合车间物流：将建筑部品部件的制造和装配整合为一个系统。在此系统内，生产出的建筑部品部件的成品、半成品被搬运装配成所需产品，并运输到建筑企业仓库进行储存或送达给订购者，如图 7-8 所示。

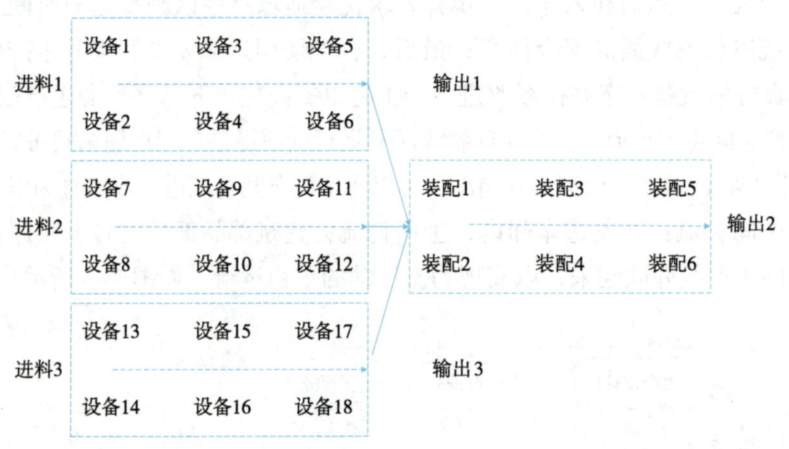

图 7-8　建筑部品部件制造装配混合车间生产物流流程

7.1.2　建筑部品部件的生产物流管理流程

建筑部品部件生产物流管理流程全面覆盖了从原材料的供应、运输、生产、装卸、储存，直至成品的最终配送的每一个环节。为确保生产效率、产品质量、客户满意度以及降低生产成本，必须对所有这些环节进行精确监管和控制。建筑部品部件的生产物流管理流程并不是固定不变的，其包括但不限于如图 7-9 所示环节。

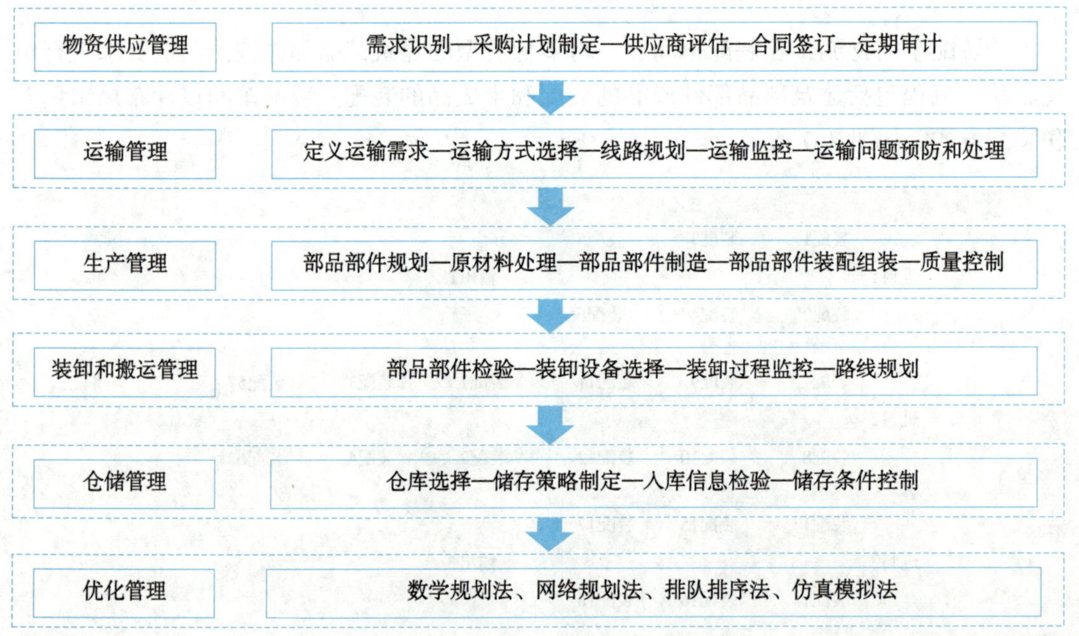

图 7-9　建筑部品部件生产物流管理流程

1. 物资供应管理

物资供应管理是建筑部品部件生产物流的首要环节，确保生产计划的顺利实施。这一环节的首要任务包括根据市场动态调整采购策略并对供应商进行全面的评估和有效的管理。这些评估项目包括供应商的信誉、产品质量、交货准时度，以及其对环保和社会责任的承诺，因为这些都会直接影响生产流程和产品质量。另外，定期审计供应商也是必要的，以确认其持续符合环保和社会责任的标准，并保持随时适应市场和生产需求变化的能力。

2. 运输管理

运输管理是建筑部品部件生产物流的中枢环节，贯穿并连接生产物流的各个环节。这一环节的首要任务是选择最优的运输方式，设计高效的运输路线，并实时追踪运输进度，这一系列举措都是为了保证建筑部品部件能在约定的时间内安全到达目的地，并维护生产流程的连续性和效率，如图 7–10 和图 7–11 所示，分别展示了管道运输和叉车运输的实例。以下为运输管理的具体实施措施：

1）评估运输建筑部品部件的特定需求，包括运输类型、储存条件、交货时间等；并根据需求以及材料的特性和生产要求，选择最佳的运输方式，如管道运输或叉车运输；同时利用路线规划软件来设计最高效的路线，最大限度地减少运输时间和成本，同时满足交货期限。

2）考虑市场供需关系，合理分配企业资源，制定安全的运输策略以充分发挥运输设备效能。基于生产工艺流程、原材料属性和运量，执行特定的运输任务，并利用 MES 系统与 GIS 的整合，辅以 GPS 和 RFID 技术，实时追踪运输进度，确保及时发现和处理可能的问题。

图 7–10　管道运输

图 7–11　叉车运输

3）建立健全运输安全管理机构，设置专职管理人员，把安全质量指标纳入岗位责任制，具体分解到岗位、人员以及车辆，进行严格考核，确保安全质量目标的实现。同时制定企业行车规则、物料摆放、物料装卸、车辆维修保养以及安全操作规程，做到有章可循，按章办事。

4）建立机动车辆定期安全性评价检查制度，找出不良隐患，提出整改措施。不断提高车辆的安全技术性能。做好车辆的日常维护和保养工作，使车辆经常保持良好的技术状态，确保行车安全。

5）加大安全考核的力度并进行相关培训，实现安全与经济的紧密结合。对于表现出色的员工予以奖励，对于违规操作的人员予以处罚。定期发布简报，突出安全操作的先进单位和个人，并不断加强企业的安全运输教育和培训。

3. 生产管理

生产管理是建筑部品部件生产物流的核心环节，确保生产效能和建筑部品部件质量的提升。这一环节涵盖了生产计划、生产控制、质量管理等诸多领域。在生产计划中，根据市场需求和资源情况，明确生产目标和策略，对建筑部品部件进行规划和设计；在生产控制环节，监控和指导生产活动，如原材料处理、部品部件制造、装配及组装，确保生产过程的顺利进行；质量管理则关注建筑部品部件的标准和性能，确保其满足客户的需求和预期。借助有效的生产管理，可以确保生产过程的流畅，提升生产效能，保障建筑部品部件质量，并能灵敏地应对市场变化，调整生产计划。

4. 装卸和搬运管理

装卸管理是建筑部品部件生产物流的重要环节，保证建筑部品部件的完整性和安全性。这一环节需要选取适宜的设备和技术进行货物的装卸。如图 7–12 和图 7–13 所示起重机的装卸设备。除了装卸设备的选择，还需要解决生产设施内部的物资流动和定位问题，以实现生产线与存储区的顺畅连接。在整个流程中，需要严格遵守安全标准和规定，以及企业内部的安全规章。以下为装卸和搬运的基本要求：

1）搬运过程中应保证建筑部品部件的种类和标识清晰，以防混乱。为此，建议使用先进的标识技术，如二维码、RFID 等，以实现自动化的识别和追踪。

2）装卸搬运前，工作人员应预估建筑部品部件的重量和体积，还要充分了解其材质、形状和脆弱性，以便选择最适合的搬运方式和设备。

3）人力装卸搬运作业的基本要求如下：

（1）装卸搬运建筑部品部件前，工作人员应必须采取保护措施，如穿戴个人防护装备，包括手套、口罩、工作服、安全帽等。

（2）装卸搬运建筑部品部件时，工作人员应先详细检查建筑部品部件的状况，如是否有尖锐物、是否有松动现象、包装是否完整等，以免造成意外伤害。

（3）装卸搬运建筑部品部件时，工作人员应确保建筑部品部件的稳固，以免滑落。

图 7-12 起重机装卸（一）

图 7-13 起重机装卸（二）

同时，需要保证脚步的稳定，以防滑倒或绊倒。

4）机械装卸搬运作业的基本要求如下：

（1）装卸搬运建筑部品部件前，工作人员应对机械设备进行详细检查，确保其正常运作。如对设备的外观、操作面板、警示标签等进行全面查看，以及对设备运动部件进行试运行。

（2）装卸搬运建筑部品部件时，工作人员应先检查建筑部品部件是否完好、是否适合搬运，包括检查建筑部品部件的外观是否破损、是否有缺失的部分，以及是否适合机械搬运。

（3）装卸搬运建筑部品部件时，工作人员应小心操作设备，确保其平稳运行。在操作设备时，应严格按照设备的操作手册和相关规定进行，避免粗暴操作。

5）在放置建筑部品部件时，应小心轻放，避免猛撞，以防损坏货物。同时，建议使用适当的工具和设备，如货架、托盘等，以减小对建筑部品部件的直接接触和冲击。

6）建筑部品部件应按照标签指示进行放置，并确保标签向外，以便于识别和读取。此外，建筑部品部件的放置位置也应当有明确的标记和编号，以实现对建筑部品部件的精确管理和追踪。

5. 仓储管理

仓储管理是建筑部品部件生产物流的关键环节，保障生产所需建筑部品部件的安全和有效储存。这一环节需要选择符合建筑部品部件特性和需求的储存方式和地点，同时制定合理的库存策略以防止库存过剩或短缺，如图 7-14 所示为建筑部品部件的分区管理。此外，还要注意储存条件对货物质量的影响，并进行定期库存检查，如图 7-15 所示。

图 7-14　建筑部品部件的分区管理

图 7-15　库存检查

6. 优化管理

优化管理是保证建筑部品部件生产物流处于最佳状态的重要手段。优化的目标是在保障产品质量的基础上，尽可能地降低物流成本，提高生产效率，从而实现企业利润的最大化，生产物流优化分析方法如表 7-1 所示。

生产物流优化分析方法　　表 7-1

方法名称	方法解释	试用条件	方法应用
数学规划法	一种运用数学知识理论通过对现实条件建立数学模型，寻求最优解的学术法	结合实际数据的前提下采用线性规划法、整数规划法、遗传计算法和模糊理论计算法等	主要解决生产物流流程分配、设备设施选取、原材料及生产产品批量运输等涉及数量的问题
网络规划法	运用网络图设计对系统中的各个环节进行统一集中分析方法	采用网络图描绘各个生产环节，围绕关键环节正常运行行为前提下，合理布置配套环节	合理安排生产物流系统各个点的作业流程
排队排序法	对生产过程中由材料供应率大于生产率的现象分析方法	运用统计学方法统计排队排序过程中生产材料数量、排序时间和设备单元元素生产时间	缩短生产系统时间，减少资源消耗，提高生产设备设施效率等方面
仿真模拟法	理论分析与数据信息相结合，运用计算机技术建模计算的分析方法	运用系统技术、信息技术、计算机技术和专业软件结合，采用模拟方法对生产物流进行综合研究	针对复杂的生产物流管理问题，特别是其他方法难以解决的情况

7.2 建筑部品部件的智能生产物流协同管理

7.2.1 建筑部品部件的智能生产物流协同管理概述

1. 建筑部品部件的智能生产物流协同管理内涵

1）建筑部品部件的智能生产物流协同

最早提出协同概念的是 20 世纪 70 年代创立协同学的 Hermann Haken。协同的含义在于通过子系统之间的协同合作和序参量之间的协同作用形成有序结构，以竞争促进发展。对于建筑部品部件的智能生产物流而言，协同有三种类型，如表 7-2 所示。

建筑部品部件的智能生产物流协同类型　　表 7-2

协同类型	协同含义
组织协同	由“合作—博弈”转变为“合作—整合”，即各主体在生产物流管理中更加明确分工和责任，充分利用内外部资源以及协调各职能部门、业务部门，达到整体效益大于企业单独运作效益的目的
业务流程协同	在生产物流管理中打破企业界限，围绕满足终端客户需求这一核心进行流程重组，明确生产物流管理活动的业务流程，优化组织结构，确保各环节无缝衔接
信息协同	在生产物流管理中通过物联网等技术有效组织和利用各主体间的信息，实现建筑部品部件信息的实时共享，确保主体间更快、更好地响应终端客户需求

（1）组织协同是指各主体在生产物流管理中，充分整合内外部资源以及协调各职能部门和业务部门，达到整体效益大于企业单独运作效益的目的，实现“整体大于部分之和”的目标。组织协同对外体现为整合外部行业资源和上下游企业，提高自身能力，对内体现为加强内部各职能部门和业务部门的合作与协调，提高信息共享程度，减少内部消耗，实现组织内部的提升和发展。

（2）业务流程协同是指在生产物流管理中打破企业界限，以终端客户需求为核心，明确生产物流管理活动的业务流程，优化组织结构，使活动的各个环节无缝衔接。各主体通过建立良好的沟通和协作机制，明确任务和目标，加强信息共享和资源共享。业务流程协同也有助于各主体优化资源配置、降低成本，提升竞争力和持续发展的能力。

（3）信息协同是指以业务和客户为中心，通过物联网等技术有效地组织和利用不同主体间的各种信息资源，实现建筑部品部件信息的实时共享，消除主体间的信息孤岛，高效、准确地响应终端客户需求。信息协同能够构建积极、良性的双向沟通机制，各主体通过高效的信息协同，能够及时准确地获取建筑部品部件的相关信息，实现业务流程和组织结构的优化重组，提升整体协作水平，降低生产物流成本。

建筑部品部件的智能生产物流协同主要以信息协同为核心，对各主体各阶段产生的信息进行集成，实现信息共享。按照信息协同的范围，建筑部品部件的智能生产物流信息协同可以分为两类：主体内部信息协同和主体间信息协同，如表 7-3 所示。

建筑部品部件的智能生产物流信息协同类型　　表 7-3

信息协同类型	信息协同含义	信息协同作用
主体内部信息协同	仅限于主体内部各部门之间，是指在主体内部寻求协同效应	通过有效沟通、信息共享和任务分配，有助于提高主体内部协同管理效率
主体间信息协同	在各主体之间进行，是指在各主体之间寻求协同效应	通过建立良好的合作伙伴关系、信息共享和协同计划的制定，有助于提高主体间协同管理效率

2）建筑部品部件的智能生产物流协同管理

协同管理是指组织通过协调不同资源（如人、财、物和信息等）保证活动有效完成的过程。在协同管理过程中，通过协同理念对不同资源进行融合，从而提升整个建筑部品部件的智能生产物流协调管理能力。

因此，建筑部品部件的智能生产物流协同管理可定义为：从建筑部品部件的智能生产物流管理全过程出发，将人力、材料、设备和信息等各类资源联系起来，利用物联网、BIM 和 RFID 等先进技术实现建筑部品部件的生产物流全生命周期的协同运作（包括原材料的供应、生产、储存和运输等环节），消除各主体间产生的信息沟通不畅等障碍，确保建筑部品部件的智能生产物流协同管理目标高质量地完成。

2. 建筑部品部件的智能生产物流协同管理主体及目标

建筑部品部件的智能生产物流协同管理是一个多主体多目标的管理活动，该管理活动旨在通过各主体合理的计划、组织、协调与控制，实现建筑部品部件的智能生产物流各环节的优化和有效衔接，确保建筑部品部件能够安全及时地交付到施工现场。

1）协同管理主体

装配式建筑的建造过程中涉及的主体众多，包括业主、设计方、深化设计 / 咨询顾问单位、生产方、物流运输方和施工方等，建筑部品部件的智能生产物流协同管理作为装配式建筑项目管理的一部分，其管理所涉及的主体主要包括生产方、物流运输方和施工方，如图 7-16 所示。

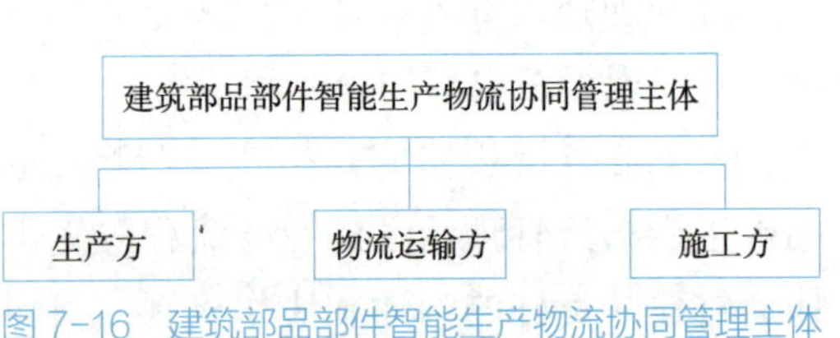

图 7-16　建筑部品部件智能生产物流协同管理主体

（1）生产方。生产方根据施工方需求和订单信息，如建筑部品部件数量信息、支付信息和配送信息等，预测所需原材料和零部件的数量并制定生产计划和调度计划，及时与物流运输方和施工方进行协调，确保建筑部品部件的及时交付和库存的合理安排。

（2）物流运输方。物流运输方需要根据生产方的生产计划和调度计划以及施工方施工进度计划等提供完善的运输方案并选择合适的运输工具，确保建筑部品部件安全准时交付，持续完善物流流程，最大程度地优化生产物流管理。

（3）施工方。施工方需要与生产方和物流运输方进行协调和沟通，确保建筑部品部件准时送达，并负责送达现场后的接收和验收工作，检查建筑部品部件的数量、规格、质量和完整性，确保在生产运输阶段无任何质量问题，保证施工正常进行。

2）协同管理目标

建筑部品部件的智能生产物流协同管理目标主要包括质量目标、成本目标、进度目标和安全目标，如图 7–17 所示。

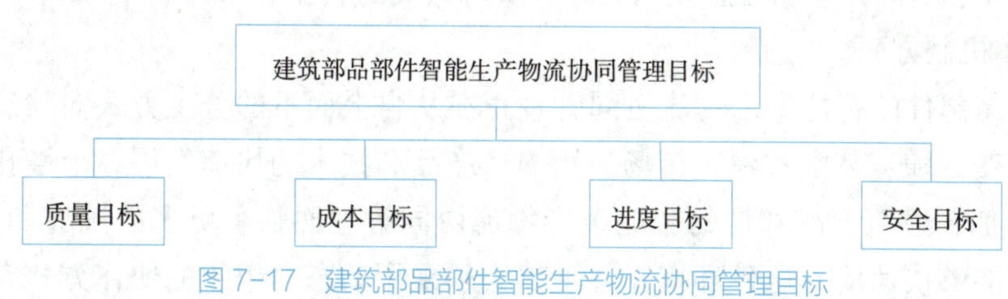

图 7–17　建筑部品部件智能生产物流协同管理目标

（1）质量目标。保证在生产过程中建筑部品部件流入下一道工序前能够满足相关质量管理规范及施工方针对质量提出的相关要求，并在运输配送过程中避免出现磕碰与损坏。每个部品部件都应进行标识和记录，当出现质量问题时能够及时进行质量追溯。

（2）成本目标。在保证建筑部品部件质量目标的前提下，确保建筑部品部件的智能生产物流成本在合理的预算范围内，实现利益最大化。在生产过程中充分考虑原材料的消耗状况，并在运输配送过程中合理摆放不同类型的部品部件，避免运输空间的浪费，降低生产运输成本。

（3）进度目标。在保证建筑部品部件质量目标的前提下，满足部品部件智能生产物流协同管理的进度要求。严格按照原始计划进行生产运输，并提前考虑运输过程中可能出现的交通堵塞等情况，及时采取相应措施，保证部品部件安全准时交付。

（4）安全目标。在保证建筑部品部件质量目标的前提下，确保部品部件堆放、装卸和运输的稳定性，对部品部件吊装和卸车等危险性高的问题重点管理，消除部品部件生产运输中的安全隐患，减少安全事故的发生。

3. 建筑部品部件的智能生产物流协同管理演变特点

建筑部品部件的智能生产物流协同管理更加强调多主体协同合作，实现更大的价值创造，通过信息集成和共享优化整个生产物流流程，形成动态自组织的协作方式。鉴于此，建筑部品部件的智能生产物流协同管理在实现价值创造、优化运行机制两方面，呈现出显著的特点和变化，如图 7–18 所示。

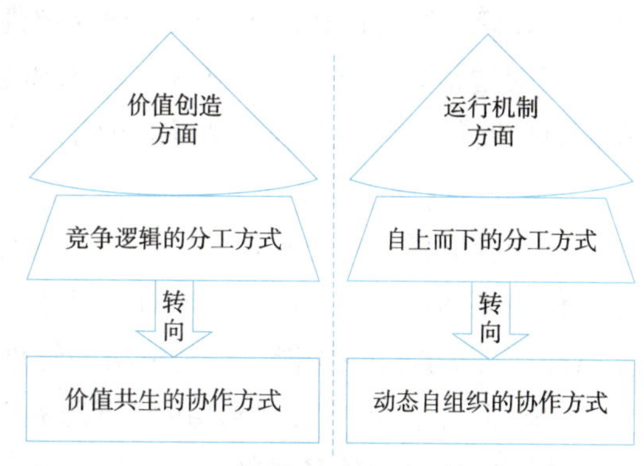

图 7–18　建筑部品部件智能生产物流协同管理演变特点

1）价值创造方面

建筑部品部件的智能生产物流协同管理正在从竞争逻辑的分工方式向价值共生的协

作方式转变。在传统的生产物流管理框架下，各主体习惯追求自身利益的最大化，通过控制和占有整个生产物流过程中稀缺、难以模仿和无法替代的资源（如人力、物力、先进技术等）实现价值创造。然而，随着智能技术的发展，装配式建筑有了突破组织和产业边界的机会，建筑部品部件的智能生产物流协同管理各主体不再仅仅追求竞争，而是通过协同合作、资源共享和互惠互利的方式实现共同的利益和目标。

2）运作机制方面

建筑部品部件的智能生产物流协同管理正在从自上而下的分工方式向动态自组织的协作方式转变。随着装配式建筑市场、用户、产品和技术的快速发展，个性化和定制化需求随之增加，建筑部品部件的智能生产物流协同管理面临着更多的挑战和不确定性。因此，为了能够快速应对这种环境，各主体必须采用动态自组织的协作方式获取更高的效率，灵活地调动内外部资源，实现生产物流各环节的无缝衔接。

7.2.2 建筑部品部件的智能生产物流协同管理方法

1. 基于物联网技术的协同管理

物联网技术以互联网为基础，以 RFID 为跟踪手段，结合信息化技术，将单个建筑部品部件视为基本管理单元。通过利用传感设备以及 RFID、云计算和数据网格等技术，将生产物流过程中产生的相关信息转换为能够被计算机识别的格式，并上传至互联网，完成信息集成和共享，实现自动化、智能化地定位、追踪和监控。

1）协同管理方法

建筑部品部件在生产运输过程中会产生大量的信息，如生产计划和运输情况等，由于这些信息数量巨大且分散，如果不能有效地收集、存储和管理，就会出现重复、不连贯等问题，影响各主体的决策。物联网技术为解决上述问题提供了新思路和新方案，基于物联网技术的协同管理方法能够将各环节产生的信息进行实时收集、存储和管理，确保信息传递的及时性和准确性。

基于物联网技术的协同管理方法是指通过射频识别装置、红外线感应器和激光扫描等传感设备，并结合已有的网络技术和数据库技术把建筑部品部件与物联网技术联系起来，对建筑部品部件信息（即建筑部品部件基本信息和状态信息）、生产物流设施信息以及道路交通信息进行感知、处理、协同和综合应用。同时，将生产物流过程中产生的这些信息实时传递给各主体，提高协同管理效率。

2）方法应用步骤

基于物联网技术能够对建筑部品部件生产物流过程中产生的大量信息进行集成和共享，使零散的信息形成体系。通过信息感知、信息处理、信息协同和综合应用四个步骤，实现建筑部品部件的智能生产物流协同管理，具体步骤如图 7-19 所示。

（1）信息感知。信息感知由建筑部品部件基本信息感知、建筑部品部件状态信息感知、生产物流设施信息感知和道路交通信息感知组成，如表 7-4 所示。通过传感设备等对信息进行采集，为信息处理环节提供基础信息。

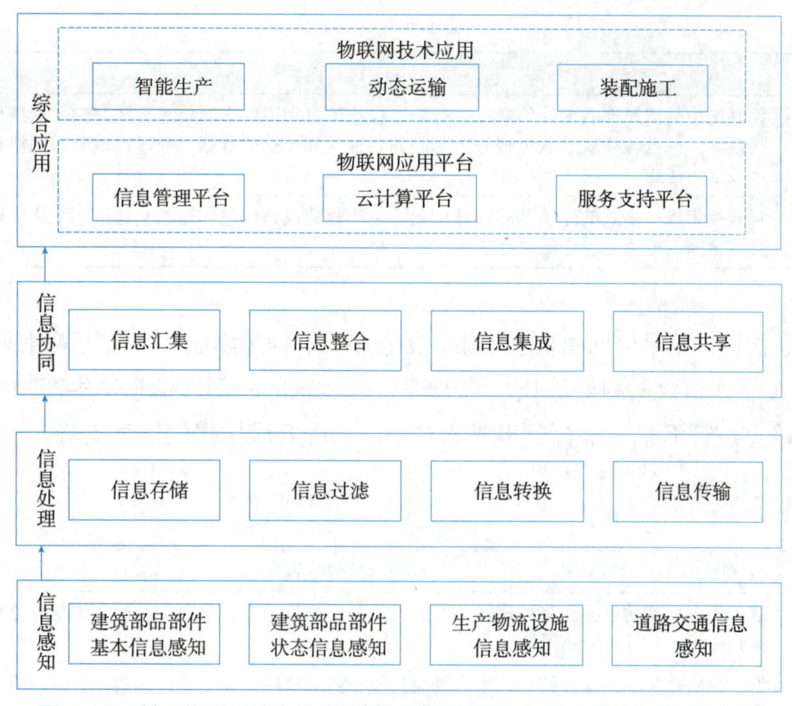

图 7-19 基于物联网技术的建筑部品部件智能生产物流协同管理应用步骤

信息感知的具体内容 表 7-4

信息感知	具体内容
建筑部品部件基本信息感知	通过传感设备等对建筑部品部件的基本信息（如尺寸和类型等）进行采集，实现对部品部件静态属性的感知
建筑部品部件状态信息感知	通过传感设备等对建筑部品部件状态信息（如运输状况和施工进度计划等）进行采集，实现对部品部件动态属性的感知
生产物流设施信息感知	通过传感设备等对生产物流设施信息（如运输工具和装卸工具等）进行采集，实现对生产物流设施动态属性的感知
道路交通信息感知	通过 GPS 和 GIS 等对道路交通信息（如道路交通状况和路段高峰期等）进行采集，实现对道路交通动态属性的感知

（2）信息处理。信息处理由信息存储、信息过滤、信息转换和信息传输组成，如表 7-5 所示。对获取的建筑部品部件信息、生产物流设施信息和道路交通信息进行存储、过滤、转换和传输等处理，为信息协同提供可信赖的信息。

信息处理的具体内容 表 7-5

信息处理	具体内容
信息存储	将信息感知获取的大量建筑部品部件信息、生产物流设施信息和道路交通信息分散储存到网络虚拟存储器上，并保留存储数据的快照和存储列表，实现信息分布式存储
信息过滤	利用云计算和数据网格等技术对物联网环境下具有大量冗余特性的建筑部品部件信息、生产物流设施信息和道路交通信息进行有效分析与过滤，提取有用信息

续表

信息处理	具体内容
信息转换	物联网中的建筑部品部件信息、生产物流设施信息和道路交通信息分散存储在地理位置各异的不同角落，信息转换就是从地理分布不同的各种资源中获取数据，通过地域分布的协作和处理，转换成统一格式
信息传输	将转换为统一格式的建筑部品部件信息、生产物流设施信息和道路交通信息汇集成可伸缩、可靠且安全的信息源，进行高效传输

（3）信息协同。信息协同由信息汇集、信息整合、信息集成和信息共享组成，如表 7–6 所示。利用云计算和数据网格等技术将处理后的建筑部品部件信息、生产物流设施信息和道路交通信息进行汇集、整合、集成和共享，为综合应用提供信息支持。

信息协同的具体内容　　表 7–6

信息协同	具体内容
信息汇集	基于信息共享的目的，将处理后分散的建筑部品部件信息、生产物流设施信息和道路交通信息汇集到一起，进行集中处理
信息整合	将汇集的建筑部品部件信息、生产物流设施信息和道路交通信息传递给分析系统或其他应用系统进行进一步加工，从而提供一致性和完整性的数据视图
信息集成	利用云计算和数据网格技术对整合后的建筑部品部件信息、生产物流设施信息和道路交通信息进行分析，提取出有用的信息进行集成，从而实现信息交互
信息共享	构建一个有利于各主体信息共享和交流的环境，消除各主体的信息孤岛，实现信息共享

（4）综合应用。综合应用主要是提供基于物联网技术的生产物流管理应用软件，搭建功能完备的应用平台，即信息管理平台、云计算平台和服务支持平台，以满足生产物流过程中各主体的信息应用需求和管理需求，并通过物联网技术集成智能生产、动态运输和装配施工等功能。例如，借助应用平台实时监控建筑部品部件的实际状态，为生产计划的制定和路径优化等活动提供支撑。

3）方法应用场景

基于物联网技术的协同管理方法主要应用于生产阶段和运输阶段。通过对生产运输过程中产生的信息进行感知、处理、协同和综合应用，各主体可以获取自身所需要的信息，提高建筑部品部件的智能生产物流协同管理效率，如图 7–20 所示。

（1）生产阶段。生产方利用物联网技术可以对采集到的信息进行实时监控、分析和共享。例如，在预制构件梁的生产过程中，生产方利用物联网技术对预制构件梁的实际生产进度进行实时监控，任何异常情况都可以通过物联网技术及时反馈给生产方，以便对生产计划和调度计划等信息做出适当的调整。同时，通过物联网技术对相关信息进行实时共享，物流运输方和施工方也可以及时调整配送计划和施工进度计划，保证施工的顺利进行。

（2）运输阶段。物流运输方利用物联网技术可以实时感知建筑部品部件信息、生产物流设施信息和道路交通信息。例如，在运输过程中发生拥堵现象，物流运输方可通过

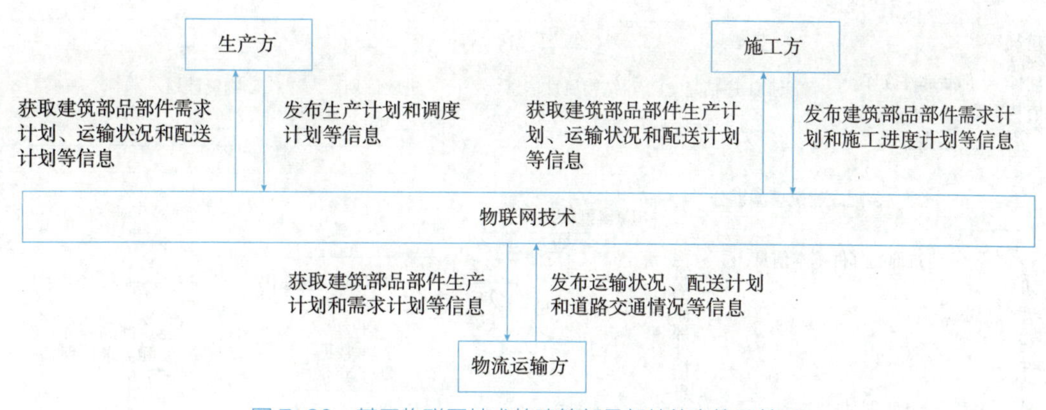

图 7-20　基于物联网技术的建筑部品部件信息协同管理

物联网获取的道路交通情况等信息及时优化运输路径，保证部品部件的正常交付。同时，运输过程中产生的相关信息也可以通过物联网技术实现与各主体的实时共享，提高协同管理效率。例如，施工方可以根据部品部件的生产计划、调度计划和配送计划等信息及时进行场地安排，减少施工现场的二次搬运。

2. 基于 BIM+RFID 技术的协同管理

BIM 是一种数字化的建筑模型，包含了装配式建筑及其建筑部品部件的基本属性等信息；RFID 技术是一种无线通信技术，通过射频信号来识别和追踪建筑部品部件的实际状态。BIM+RFID 技术将两者进行结合，通过在部品部件上植入 RFID 芯片并与 BIM 模型进行关联，实现对部品部件的实时监测。利用 BIM+RFID 技术对部品部件信息进行采集、处理、控制和共享，有助于提高建筑部品部件的智能生产物流协同管理效率。

1）协同管理方法

装配式建筑所需要的建筑部品部件数量庞大，不同尺寸和类型的建筑部品部件生产模具和运输方式都有所不同。利用 BIM 可视化模拟功能与 RFID 技术实时追踪功能能够对大量的建筑部品部件实现高效有序的管理。

基于 BIM+RFID 技术的协同管理方法是指将 BIM 模型和 RFID 技术相融合，其中 BIM 模型提供建筑部品部件的虚拟化信息；RFID 芯片提供建筑部品部件的实际状态信息。RFID 芯片中的实时状态信息可以通过网络传输反馈到 BIM 模型中，确保建筑部品部件信息在协同管理数据库中的实时更新，这种管理方法能够使生产物流全过程无缝衔接，实现管理过程的协同。

2）方法应用步骤

基于 BIM+RFID 技术对建筑部品部件进行信息采集与处理，并将处理后的信息上传到协同管理数据库中，各主体通过协同管理数据库进行信息共享，实现建筑部品部件的智能生产物流的协同管理，具体步骤如图 7-21 所示。

（1）建筑部品部件信息采集。部品部件信息采集阶段主要是对 BIM 模型信息和 RFID 芯片信息进行采集。

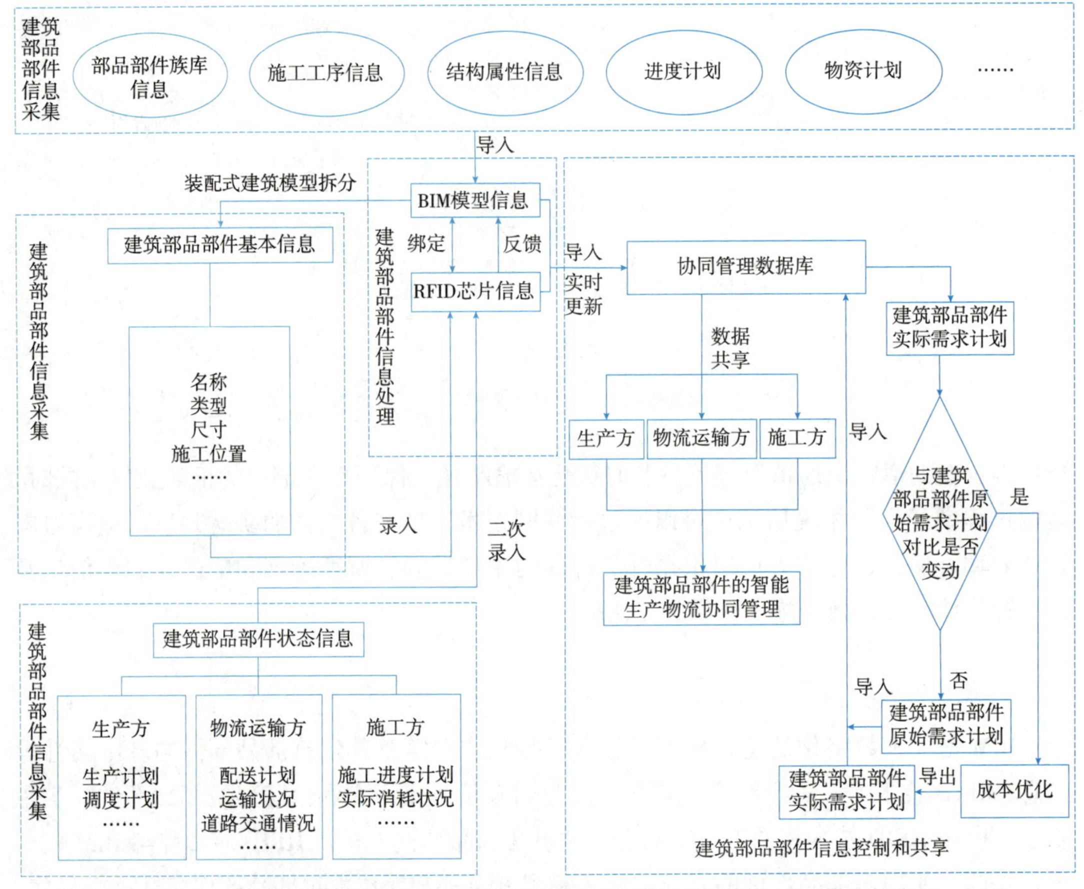

图 7-21　基于 BIM+RFID 技术的建筑部品部件智能生产物流协同管理应用步骤

①BIM 模型信息。BIM 模型信息包含部品部件族库信息、施工工序信息、结构属性信息、进度计划和物资计划等基本信息。通过对装配式建筑模型进行拆分，将信息精确到单个部品部件，进而导出部品部件基本信息，并将其录入到 RFID 芯片中，供后期查阅。

②RFID 芯片信息。RFID 芯片信息包含建筑部品部件基本信息和建筑部品部件状态信息两部分。部品部件基本信息通过 BIM 模型导出后录入到 RFID 芯片中；部品部件状态信息通过各主体二次写入到 RFID 芯片中。通过与 BIM 模型信息进行结合，将信息导入到协同管理数据库中，实现部品部件信息的实时更新。

（2）建筑部品部件信息处理。建筑部品部件信息处理阶段主要是对采集到的 BIM 模型信息和 RFID 芯片信息进行处理。

①BIM 模型信息处理。通过对采集到的 BIM 模型信息进行处理，将其与 RFID 芯片绑定，建立起模型和芯片之间的关联，并通过 BIM 中的插件对建筑部品部件的运输状况进行模拟和优化，确定最佳的运输路线。同时，根据 BIM 模型信息中的物资计划等信息，进行原材料需求的计算和调度，确保部品部件的生产和及时供应。

②RFID 芯片信息处理。通过对采集到的 RFID 芯片信息进行处理，实现对建筑部品部件生产物流各阶段的实时监控。同时，将 RFID 芯片中的建筑部品部件状态信息通过网

络传输反馈到 BIM 模型中，实现对建筑部品部件的实时可视化管理。

（3）建筑部品部件信息控制和共享。建筑部品部件信息控制和共享阶段主要是通过协同管理数据库对建筑部品部件信息进行控制和共享。

根据 RFID 芯片反馈的建筑部品部件状态信息，可以得到施工现场的实际消耗状况，将其导入协同管理数据库中，从而得到部品部件实际需求计划。将部品部件实际需求计划与部品部件原始需求计划进行对比，若发生变动，则进行成本优化后导出部品部件实际需求计划；若没有发生变动，则直接导出部品部件原始需求计划，并将其再次导入到协同管理数据库中。通过协同管理数据库，将生产物流各阶段产生的信息共享给各个主体，从而实现建筑部品部件的智能生产物流协同管理。

3）方法应用场景

基于 BIM+RFID 技术的协同管理方法主要应用于生产阶段和运输阶段。利用 BIM 可视化模拟功能和 RFID 技术实时追踪功能，实现对生产运输阶段的协同管理，减少不同主体间的内部损耗。

（1）生产阶段。生产方通过 BIM 模型能够了解建筑部品部件的详细属性信息，提高部品部件生产的精确性，确保生产质量；通过 RFID 技术实现部品部件追踪与信息采集，详细了解部品部件的实际状态，从而更好地调整生产计划和调度计划。如果发生生产进度滞后或提前的情况，生产方可以及时采取措施，减少生产计划的偏差。同时，物流运输方和施工方在调整变更配送计划和施工进度计划时可以根据生产计划和调度计划来验证变更的可实施性。

（2）运输阶段。物流运输方根据从协同管理数据库中获取的生产计划、调度计划和施工进度计划等信息，编制出与之匹配的配送计划，编制过程还应结合建筑部品部件特点、道路交通情况以及运输车辆长度、高度和载重情况。同时，物流运输方通过 BIM 模型插件可提前模拟运输吊装过程和运输路径，如图 7-22 和图 7-23 所示，并利用 RFID 芯片将运输过程中产生的相关信息及时传递到协同管理数据库，供其他主体查看。若发生偏差，生产方和施工方可以及时调整生产计划和施工进度计划，保证施工顺利进行。

图 7-22　建筑部品部件吊装模拟

图 7-23　建筑部品部件运输模拟

3. 协同管理方法的对比分析

将物联网技术和 BIM+RFID 技术应用于建筑部品部件的智能生产物流协同管理，构建了两种典型的协同管理方法，通过对比，分析其适用性和局限性，如表 7–7 所示。

协同管理方法的对比分析　　表 7–7

方法	适用性	局限性
基于物联网技术的协同管理	1. 对大量数据互联互通和分析； 2. 对生产物流过程实时监控	1. 对各种设备的依赖性大； 2. 系统维护成本较高； 3. 数据安全和隐私泄露问题
基于 BIM+RFID 技术的协同管理	1. 对生产物流过程可视化模拟； 2. 设备部署简单，成本较低	1. BIM 建模需要定期维护； 2. 多种技术的整合和兼容问题

7.3　基于 MES 系统的智能生产物流管理

7.3.1　建筑部品部件的动态定位追踪

1. 建筑部品部件动态追踪的流程

建筑部品部件动态追踪的流程包含建筑部品部件从生产完毕至施工现场交付完成这一全过程的关键环节。其具体过程主要包括：基于 MES 系统内建筑部品部件排产计划；制定建筑部品部件运输计划；GIS 规划最优运输路线；利用移动通信设备扫描部品部件标签，MES 系统分配运输车辆；司机通过扫描车辆标签，获取路线信息；运输过程中 MES 系统实时监控车辆状态和位置，实现对建筑部品部件运输工作的全局把控；如图 7–24 所示。

2. 建筑部品部件动态定位追踪的功能

建筑部品部件动态定位追踪的功能如图 7–25 所示，包含存储层、通信层、服务层及应用层。

1）存储层

存储层采用分布式数据库存储，利用 MySQL（关系型数据库管理系统）实现应用层数据的存储、同步更新与查询等功能。

2）通信层

通信层包括光纤 / 宽带、Wi–Fi、卫星通信 / 定位以及 4G/5G 网络四大通信技术，如表 7–8 所示。

3）服务层

服务层包括业务服务、数据通信服务、数据解析服务及 GIS 服务四大服务职责，如表 7–9 所示。

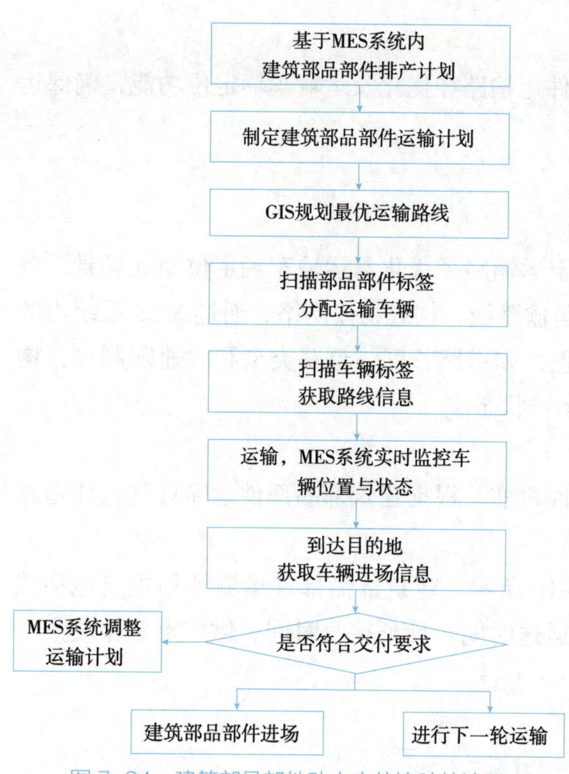

图 7-24 建筑部品部件动态定位追踪的流程

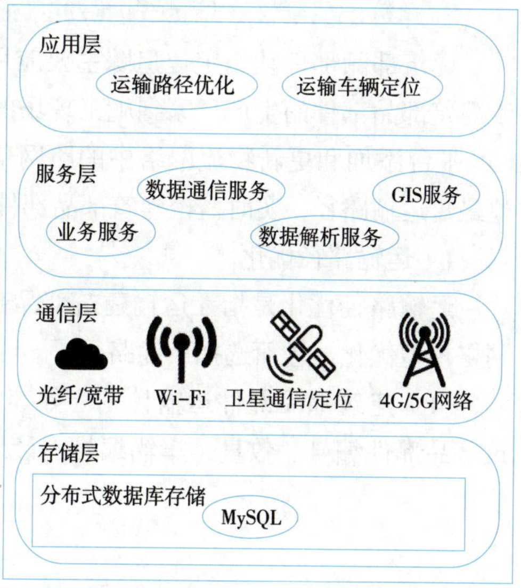

应用层
运输路径优化
运输车辆定位
服务层
数据通信服务
GIS服务
业务服务
数据解析服务
通信层
光纤/宽带
Wi-Fi
卫星通信/定位
4G/5G网络
存储层
分布式数据库存储
MySQL

图 7-25 建筑部品部件动态定位追踪的功能

通信层技术及功能 表 7-8

通信技术	功能
光纤 / 宽带	提供高带宽和高速率的数据传输，适用于长距离传输，稳定可靠
Wi-Fi	用于局域网内的无线数据传输，适用于短距离传输，方便车辆通信设备的网络连接和通信
卫星通信 / 定位	通过北斗结合 GPS 双重定位网络，保证车辆位置、路线规划等信息能够精准采集
4G/5G 网络	结合卫星通信网络结构，保证车辆位置、部品部件状态信息及相关突发情况信息能够实时稳定的上报 MES 系统

服务层职责及功能 表 7-9

服务职责	功能
业务服务	负责 MES 系统网页端、手机 App 端与数据库服务器进行部品部件状态信息、车辆位置等信息的数据交换，为网页端和手机端提供数据交换接口，提供运输路线调取、上传车辆定位等操作功能
数据通信服务	包括卫星通信服务和基础通信技术。卫星通信服务负责处理 GIS 数据的收发，与卫星接收终端设备建立连接实现数据传输和接收。基础通信技术负责处理车载终端的定位，与卫星通信服务接入业务服务数据
数据解析服务	负责将数据通信服务上报的数据进行解析存储，通过网络通信的 API（Application Programming Interface，应用程序编程接口）与数据通信服务进行数据交互，同时 MES 系统调用 API 实现与存储层数据库的数据交互
GIS 服务	负责车载终端内 GIS 地图及运输路线的发布，为应用层运输路径优化、运输车辆定位提供稳定可靠的地理信息数据

4）应用层

应用层包括 MES 系统内的建筑部品部件运输路径优化及运输车辆定位功能，确保运输路径最优并实时监控和管理车辆位置。

3. 建筑部品部件动态定位追踪的实践应用

建筑部品部件动态定位追踪主要应用于运输路径优化与运输车辆定位两大场景。基于建筑部品部件的生产厂家到施工现场的运输路线，构成物流网络，通过 MES 系统内的 GIS 平台添加和更新物流网络中的路网信息，如道路长度、道路类型和时速限制等，构建最短运输路径，实时监控建筑部品部件运输状态。

1）运输路径优化

运输路径优化是指在运输建筑部品部件之前，根据建筑部品部件运输计划构建道路网格模型优化，进而选择最优路径。

（1）建筑部品部件运输计划。如表 7-10 所示，建筑部品部件运输计划主要包括建筑部品部件编号、数量、车辆编号、计划运送时间、计划接收时间、供应点和接收点等信息。

建筑部品部件运输计划简要示意表　　表 7-10

序号	建筑部品部件编号	数量	车辆编号	计划运送时间	计划接收时间	供应点	接收点
1	JG-1	50	V001	20××-××-×× ××：××：××	20××-××-×× ××：××：××	仓库 A 区	工地 A
2	JG-2	50	V002	20××-××-×× ××：××：××	20××-××-×× ××：××：××	仓库 B 区	工地 B

（2）构建道路网络模型。构建道路网络模型是指将现实世界的道路网络抽象成数学模型或数据结构，便于分析、规划、优化等操作。道路网络模型是几何网络矢量数据模型，包括道路的空间数据和属性数据。空间数据是物流供应链各节点和节点之间道路的空间信息，如节点三维坐标、道路长度；属性数据是各节点的名称、道路等级、道路行驶速度、车流量、单 / 双向行驶等信息。该模型基本要素包括五类要素：节点要素、路段要素、转向要素、交通要素和 OD（Origin Destination，起讫点）要素，其概念如表 7-11 所示。

道路网络模型的节点要素（点要素）和路段要素（线要素）最为重要。道路网络可以被抽象为“弧段集”和“节点集”的并集，弧段为道路网络模型的路段要素，节点为道路网络模型的节点要素。道路网络中的“弧段 - 节点”数据结构是用来描述道路网络拓扑关系，分为无序与有序两种状态。如图 7-26（a）所示，该网络道路模型内弧段没有被分配方向线，两个节点是无序的；如图 7-26（b）所示，该模型内弧段两端的节点有序，因此可以模拟单行道路。

道路网络模型的基本要素及概念　　表 7–11

基本要素	概念
节点要素	构成道路网络的基本单元，代表道路的起点、终点或交叉点，各节点相连形成道路网格
路段要素	道路网络的线要素，是构成网络的骨架。每条路段代表一段实际道路，连接两个节点，具有长度和方向，用以表示道路的线性特征
转向要素	描述了道路网络中路段之间的转向关系，指示了从一个路段到另一个路段的方向，以确定车辆在交叉口或节点处的行驶方向，确保车辆按照正确的路径行驶
交通要素	用于表示道路网络中各路段的交通流量、速度、通行能力等交通相关属性
OD 要素	用于描述道路网络中的起始点和目的地点，标识了物流运输中部品部件或车辆的起始位置和目标位置，是路径规划和路线优化的基础

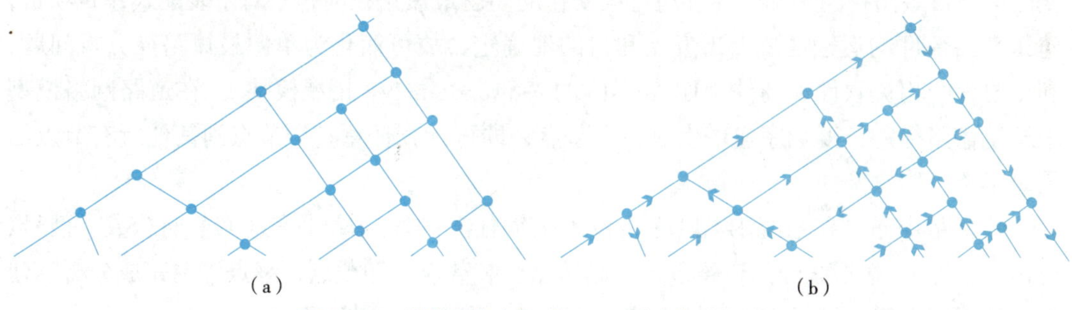

图 7–26　道路网络中的“弧段 – 节点”数据结构

道路网络中的道路段（弧段）和交叉点（节点）都具有拓扑、空间、属性等多重数据内容，如表 7–12 所示。节点和弧段的数据内容构建了道路网络的连接关系、几何形状以及相关的属性数据，用于进行空间分析和路径计算等操作。属性特征可以独立于拓扑

节点与弧段数据的含义、内容及数据内容的区别　　表 7–12

数据	含义	节点的数据内容	弧段的数据内容	节点与弧段数据内容的区别
拓扑数据	描述道路之间的邻接、关联等关系	1. 标识码（ID）（交叉路口等）； 2. 类型（平面交叉口、快速路出入口、掉头转弯专用口等）； 3. 相邻弧段数（连接到一个特定节点的弧段的数量）	1. 标识码（ID）（道路、河流等）； 2. 起始节点； 3. 终止节点	1. 节点用于表示节点与节点或弧段的连接关系； 2. 弧段用于表示它与相邻节点的连接关系，即起点和终点的节点
空间数据	确定道路的地理位置，表达了道路实体的几何定位特征	1. 坐标； 2. 属性（名称、高程等）	1. 空间位置； 2. 路段宽度； 3. 路段长度	1. 节点用于表示点状地理实体的位置和属性信息； 2. 弧段用于表示线状地理实体的形状、路径和长度信息
属性数据	对每个节点和弧段所附加的信息或特性	1. 交叉口名称； 2. 交叉口信号周期（绿灯、黄灯和红灯的持续时间）； 3. 机动车通行能力； 4. 货车交通量； 5. 机动车交通负荷	1. 路段名称； 2. 道路等级； 3. 平均车速； 4. 特殊限制（车型限制、限重等）； 5. 机动车通行能力（双向）； 6. 货车交通量（双向）； 7. 是否收费及收费标准	1. 节点用于表示其名称、类型、功能等； 2. 弧段用于表示其长度、通行能力、交通流量等

数据、空间数据而变化。例如道路位置不变，道路等级提高或降低。道路网络模型的各类数据以不同形式存储，在最优路径计算过程中需要对其综合分析，因此需将属性信息转化为数字格式，即路权。路权代表道路网络模型中各个路段或交叉口的权重，其获取和更新会直接影响最优路径的计算结果。

（3）选择最优路径。选择最优路径是指在道路网络中选择最优的行车或配送顺序，是在一（配送方）对多（收货方）的情况下降低运输成本。在装配式建筑项目中，建筑部品部件通常是一（建筑部品部件供应商）对一（施工现场）的运输关系，是基于道路网络上的路线选择。

最优路径问题通常可转化为图论中的最短路径问题。最短路径问题分为外界环境不变的静态最短路径问题和外界环境持续变化的动态最短路径问题。对于装配式建筑项目，建筑部品部件的运输区域、出发点和目的地确定，故可简化为单源最短路径分析问题，利用 GIS 的相关软件和插件（如 ArcGIS 的 Network Analyst 拓展模块），在道路网络模型中按运输路径的长度顺序递增生成各个节点，即可计算任意一个节点到其他所有节点的最短路径。

最短路径通过在系统内 GIS 平台设置运输任务的车辆属性信息（车辆总数、型号、行进速度等），根据必经的道路节点（起始点、装载点、卸载点、终点等）完成分析。建筑部品部件生产商可以 GIS 数据为核心，通过数据打包并共享至 ArcGIS Online 平台，与 MES 系统建立双向通信，便于手机 App 上查询最短运输路径和车辆路线导航，其工作流程如图 7-27 所示。

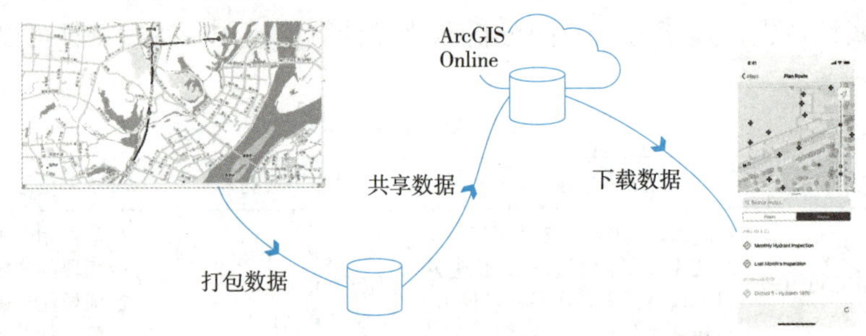

图 7-27　手机端 App 在线查询和导航工作流程示意图

2）运输车辆定位

运输车辆定位是指利用建筑部品部件自动识别和车辆动态属性获取的相关技术实时采集运输过程中建筑部品部件的状态和位置信息。在实际运输过程中，运输需求信息不断变化，例如路线临时更改。因此，需要对车辆进行监控和实时定位，根据动态条件选择运输路线。

（1）建筑部品部件自动识别。建筑部品部件自动识别主要依靠二维码或 RFID 技术实现。该技术的双向通信属性为建筑部品部件运输的系统控制和信息传播提供更大的灵活性，无线传输使建筑部品部件位置、运输状态等信息交换方便。目前，二维码、RFID 与移动数据终端的集成普遍应用于建筑部品部件的生产、运输等环节。通过将其固定在制作完成的建筑部品部件上，移动数据终端或 RFID 阅读器扫描读取，系统即可实时获取部品部件的库存、运输以及交付状态。

（2）车辆动态属性获取。车辆动态属性获取是通过 GPS 网络定位车辆，获得车辆出发时间、车辆速度和位置。在建筑部品部件运输前，通过移动数据终端或 RFID 阅读器，读取部品部件的编号、类型等基本出厂信息，核对与发货计划是否一致，分配运输车辆，并将出库单号、发货项目、交付地址等信息上传至系统，生成运单信息，如表 7-13 所示。同时，运输车辆装有 GPS 定位系统，建筑部品部件供应商与施工单位均可通过 MES 系统实时查看建筑部品部件位置，以便施工单位做好接收部品部件准备。

某项目运单信息示意表　　表 7-13

运单信息		
出库单号：00002204123005	发货项目：某小区	客户姓名：李四
客户手机：987654321	运输公司：嘉盛物流	运输车辆：苏 A00000
运输司机：张三	司机电话：987654323	交货地址：江苏省南京市某小区
计划送达时间：20××-××-××	计划装货时间：20××-××-××	备注：/

7.3.2 建筑部品部件的智能仓储管理

1. 建筑部品部件智能仓储管理的流程

建筑部品部件智能仓储管理流程是指借助智能技术，对建筑部品部件生产完毕到入库后库内管理的全过程实行智能管理。其中，部品部件入库前包括 AGV（Automated Guided Vehicle，自动引导小车）调度与自动拣货、部品部件入库确认等环节；部品部件入库后包括库位管理、盘存管理与出入库管理等环节，其具体流程如图 7-28 所示。建筑部品部件生产完毕后，桥式起重机将其吊装至移动台座，通过台座操作系统向 MES 系统传输指令。MES 系统根据接收到的呼叫位置、呼叫时间为 AGV 分配任务。AGV 根据厂内铺设的行进线路，将建筑部品部件运往指定存储位置，完成放置后原路返回至停车点等待新任务。部品部件入库后，管理人员通过 MES 系统进行库位管理、盘存管理等操作，实现对建筑部品部件智能调度与管理。

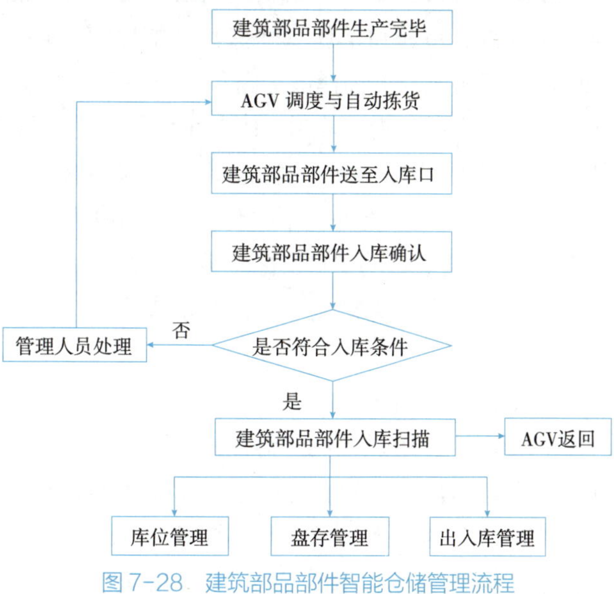

图 7-28　建筑部品部件智能仓储管理流程

2. 建筑部品部件智能仓储管理的功能

建筑部品部件智能仓储管理的功能分为两大部分，分别为仓储物联网功能与 5G 通信专用网络。

1）仓储物联网功能

仓储物联网功能主要包括感知层、网络层、应用层，如图 7–29 所示。

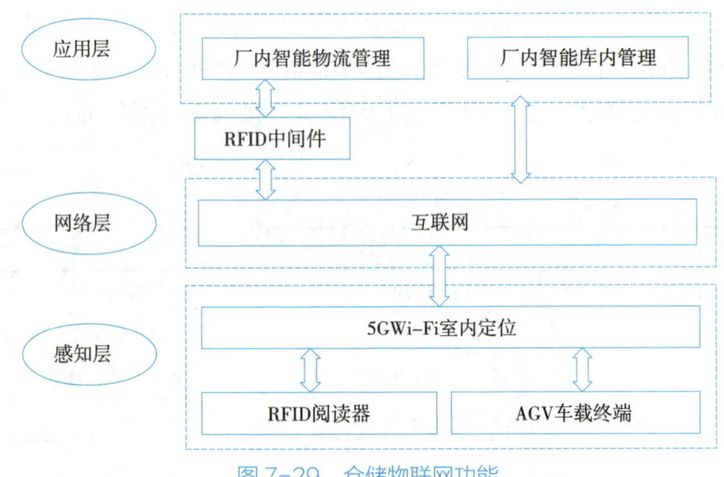

图 7–29　仓储物联网功能

（1）感知层负责确定建筑部品部件的存储地点和信息详情。RFID 阅读器获取建筑部品部件的电子标签详情，AGV 车载终端获取建筑部品部件的储位坐标信息，通过 5GWi-Fi 室内定位功能，在阅读器终端交互储位坐标等数据通信，实现数据向网络层的传输、处理。

（2）网络层负责利用互联网的通信协议接收感知层传输的部品部件数据。同时对数据进行解析、验证和整理以确保其完整性和正确性，并根据事先设定的路由算法（静态路由、动态路由等）选择最优路径，将数据转发至 RFID 中间件。

（3）应用层负责接收 RFID 中间件传输的建筑部品部件定位和状态数据。RFID 中间件向上层应用软件提供一组通用应用程序接口（API），MES 系统通过该组通用的 API 与 RFID 读写器连接，对 RFID 标签数据读取、解析，以实现厂内智能物流与厂内智能库内管理功能。

2）5G 通信专用网络

5G 通信专用网络是指 MES 系统通过 5GWi-Fi 与 5G 基站的互联互通，建立建筑部品部件生产厂的厂内专用网络，实现建筑部品部件的厂内无人化运输。如图 7–30 所示，5G

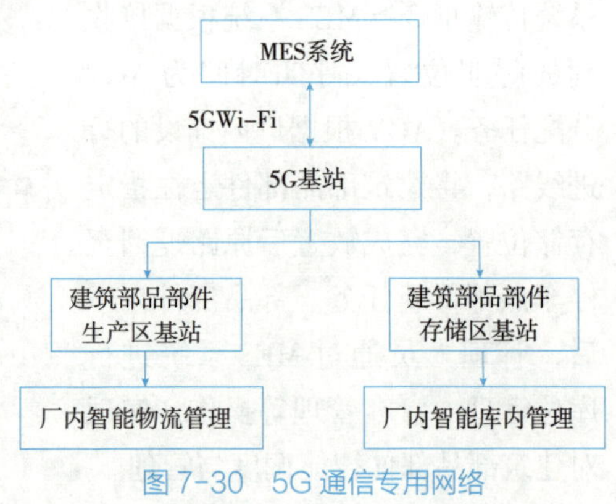

图 7–30　5G 通信专用网络

基站包括生产区基站与存储区基站。

（1）建筑部品部件生产区基站应用于厂内智能物流管理。通过 AGV 与 5G 网络联通，MES 系统对 AGV 进行调度，实现建筑部品部件从生产线至仓库的自动化运输过程。

（2）建筑部品部件存储区基站应用于厂内智能库内管理。MES 系统搭载 5G 技术，实时获取建筑部品部件存储状态信息，实现了高效库内管理。

3. 建筑部品部件智能仓储管理的实践应用

建筑部品部件智能仓储管理主要应用于建筑部品部件生产厂的厂内智能物流管理与厂内智能库内管理两大场景。通过 5G、智慧物流装备与 MES 系统的结合，实现建筑部品部件厂内物流与仓库的智能化管理，提高生产效率、降低物流成本。

1）厂内智能物流管理

厂内智能物流管理是指通过 5G 技术以及 MES 系统等智能技术手段，对建筑部品部件从生产线到仓库这一过程的运输、仓储、分拣和装卸等物流环节进行规划、优化的管理活动。以下从物流动线优化与智能运输管理方面，阐述如何实现厂内智能物流管理。

（1）物流动线优化。物流动线优化是通过对建筑部品部件运输路径和仓库布局等要素进行分析和调整，旨在最大程度提高 AGV 小车的运输效率。其中，物流动线是指通过规划、设计和优化，将物流活动中的各个环节、节点和流程连接，实现物流的高效运作、资源优化和成本控制。

物流动线主要分为六种类型，其合理选择是优化物流动线的关键。如表 7-14 所示，S 型物流动线的机群式布局与建筑部品部件生产厂内设备布置形式较为相近。因此，厂内物流动线宜采用 S 型布局，综合考虑建筑部品部件的流向、行人通道、设备位置、AGV 行进线路等因素，采用路线规划算法（遗传算法、蚁群算法等）设计物流动线，确保其合理性和流畅性。利用 CAD、BIM 技术等绘制厂内物流动线图，并提取关键信息（节点名称、路径长度、部品部件流向等），经整合、格式化后上传至 MES 系统。

物流动线类型、具体内容及图例　　表 7-14

物流动线类型	具体内容	图例
I 型（直线型）	仓库的进出口位于两端，适用于小型物流系统	
II 型（直线型）	双直线型和直线型的物流动线较为相似，但由于部品部件类型或作业流程不同，需要使用两条动线进行分析	
U 型	仓库的进出口位于同一侧，即 U 型仓库的进出口集中在一起，以实现仓库外围空间的有效利用并集中资源，减少管理人员的需求	

续表

物流动线类型	具体内容	图例
L型	仓库进出口分布在相邻两侧，适合于部品部件处理迅速的物流形式。即根据部品部件的物流时间长短，将其分配至不同的区域，以优化存储和分拣	
S型	仓库进出口位于仓库两侧，适用于按类型布局的作业设备系统，即机群式布局，以实现设备分类摆放	
集中型	集中型物流动线是指仓库进出口位于仓库两侧，适用于集中存储部品部件并根据其类型分类存放的情况，同时将物流动线尽可能集中在仓库较大的区域	

（2）智能运输管理。智能运输管理是运用 MES 系统、5G 技术等信息技术以及 AGV 等智慧物流装备，对建筑部品部件厂内物流运输过程进行智能化规划、监控和调度。基于 MES 系统内的建筑部品部件排产计划，根据项目订单的生产需求和优先级生成 AGV 的运输任务，采用调度算法（遗传算法、动态规划算法等）对任务进行优化分配，确定每辆 AGV 的最佳任务顺序和路径。通过 5G 技术与 AGV 的互联互通，实现 MES 系统与车载终端通信，将优化后的任务指令下达给 AGV，MES 系统可监控各 AGV 的运行状态（位置、行驶状态、任务进度等），实现对 AGV 的智能调度。

2）厂内智能库内管理

厂内智能库内管理是指利用 MES 系统，实现建筑部品部件的库内存储、调配、出入库等各项操作智能化的全过程管理，主要包括库位管理、盘存管理、出入库管理。

（1）库位管理是指通过建立系统化的方法和流程，对仓库内建筑部品部件的储存区域进行有效的规划、组织、监控和控制的管理活动。高效的库位管理基于合理的库位划分，库位的划分依据包括两种，如表 7–15 所示。

建筑部品部件库位划分依据及具体内容　　表 7–15

划分依据	具体内容
按建筑部品部件类型划分	将仓库内的建筑部品部件按照类型进行划分和归类，将相同类型或相似属性的部品部件集中存放在同一区域内。例如板类部品部件划分为一个库位，梁、柱类部品部件划分为一个库位
按项目订单数量划分	根据不同项目订单对建筑部品部件数量需求和规模大小，将库位按订单需求量进行不同面积大小的划分。例如现有 10~20 个项目订单，库位可划分为 10~20 个区域，各区域按照部品部件总占地面积进行划分

库位划分完成后，通过 BIM 技术建立仓库立体图，提取库位的名称、类型、位置、容量、状态等信息，利用 API 与 MES 系统进行数据传输，实现系统内可查看、查询和管理所有库位信息的功能。如图 7–31 所示，该仓库按项目订单划分库位，通过搜索项目订

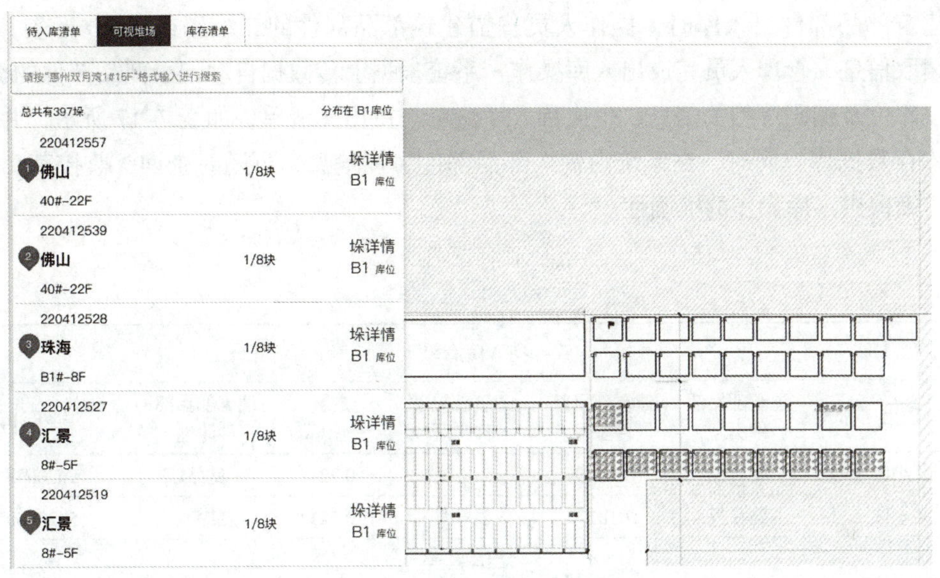

图 7-31　建筑部品部件库位查询示意图

单名称或编号，查看该订单所属部品部件库位信息。

（2）盘存管理是指定期组织人员对仓库内建筑部品部件进行实际数量的检查、核对和记录，以确保建筑部品部件库存数据准确性和完整性的管理活动。建筑部品部件在长期出入库过程中，难免因移库、临时发货等情况未能及时记录，导致 MES 系统数据与库区实际库存不一致，因此盘存管理至关重要。

基于 MES 系统实时库统计功能，盘点方法主要采用线上线下结合的方式。采用移动设备终端，按库位对建筑部品部件进行扫描，根据扫描数据与系统实时库比对并导出盘存明细表，以修正库存数据。如表 7-16 所示，叠合板盘存明细示意表，部品部件所在库位与实盘库位信息不一致，影响后续出入库操作，因此需修正库存数据，保证库区状态信息的准确性。

叠合板盘存明细示意表　　表 7-16

序号	盘存日期	盘存人	项目名称	建筑部品部件编号	建筑部品部件类型	所在库位	实盘库位
1	20××-××-××	管理员	某小区 1 号	DHB19f	叠合板	A 区 -001	实盘无成品
2	20××-××-××	管理员	某小区 2 号	DHB20b	叠合板	未入库或已发货	A 区 -001

（3）出入库管理是指组织和监督建筑部品部件进出仓库的过程，包括记录、追踪、核对和管理建筑部品部件的数量、状态、位置等信息，确保库存数据准确性和完整性的管理活动。建筑部品部件生产完毕，需准确跟踪建筑部品部件的流动情况，否则可能导致部品部件供需不平衡、库存数量错误等问题，影响生产和交付计划。

建筑部品部件出入库时，操作人员扫描建筑部品部件的二维码或 RFID 标签，MES 系统读取信息，管理人员完成出入库操作。系统根据上传数据自动记录部品部件的类型、来源、库位及编码等相关信息，生成待入库清单与待出库清单，如表 7-17 所示，并实时更新库存数据库。同时，在系统内输入部品部件属性信息，可随时查询、监控其出入库状态，确保出入库操作的准确性。

待入库清单与待出库清单示意表　　表 7-17

待入库清单							
序号	项目名称	建筑部品部件类型	建筑部品部件型号	建筑部品部件来源	方量（m^3）	建筑部品部件属性	停放时长
1	某小区 1 号	叠合板	DHB19f	2 号线	0.221	良品	5h30min
2	某小区 1 号	叠合板	DHB20b	2 号线	0.221	良品	5h30min
待出库清单							
序号	项目名称	建筑部品部件类型	建筑部品部件型号	所在库位	方量（m^3）	建筑部品部件属性	停放时长
1	某小区 1 号	叠合板	DHB19f	A 区 -001	0.221	良品	4h20min
2	某小区 1 号	叠合板	DHB20b	A 区 -001	0.221	良品	4h20min

7.4 本章小结

本章首先全面阐述了建筑部品部件生产物流管理的相关知识，涵盖了建筑部品部件生产物流管理的相关定义、特征、形式以及管理流程。然后，探讨了建筑部品部件智能生产物流协同管理的相关理论和方法，特别是基于物联网技术和 BIM+RFID 技术的协同管理方法。最后，分析了 GIS、5G 等智能信息技术与 MES 系统在建筑部品部件智能生产物流管理中的集成应用。

思考与习题

7-1　建筑部品部件生产物流和生产物流管理的概念及其两者的关系是什么？

7-2　建筑部品部件生产物流的形式以及它们的特点是什么？

7-3　什么是建筑部品部件智能生产物流协同管理？其主要内容是什么？

7-4　什么是建筑部品部件动态定位追踪？其流程是什么？

7-5　请简述建筑部品部件智能仓储管理的应用。

参考文献

[1] 黄士基，林志明．土木工程机械 [M].3 版．北京：中国建筑工业出版社，2016.

[2] 李忠富．住宅产业化论 [M]. 北京：中国建筑工业出版社，2018.

[3] 李忠富．建筑工业化概论 [M]. 北京：机械工业出版社，2020.

[4] 刘学应．建筑工业化导论 [M]. 北京：清华大学出版社，2021.

[5] 毛志兵，李云贵，郭海山．建筑工程新型建造方式 [M]. 北京：中国建筑工业出版社，2018.

[6] 叶明．装配式建筑概论 [M]. 北京：中国建筑工业出版社，2018.

[7] 吴刚，潘金龙．装配式建筑 [M].2 版．北京：中国建筑工业出版社，2024.

[8] 冯大阔，张中善．装配式建筑概论 [M]. 郑州：黄河水利出版社，2018.

[9] 郭学明．装配式建筑概论 [M]. 北京：机械工业出版社，2019.

[10] 郭学明．装配式混凝土建筑构造与设计 [M]. 北京：机械工业出版社，2018.

[11] 王光炎．装配式建筑混凝土预制构件生产与管理 [M]. 北京：科学出版社，2020.

[12] 黄靓，冯鹏，张剑．装配式混凝土结构 [M]. 北京：中国建筑工业出版社，2021.

[13] 纪颖波．建筑工业化发展研究 [M]. 北京：中国建筑工业出版社，2011.

[14] 胡芳芳．中英美绿色（可持续）建筑评价标准的比较 [D]. 北京：北京交通大学，2010.

[15] 王珊珊．城镇化背景下推进新型建筑工业化发展研究 [D]. 济南：山东建筑大学，2014.

[16] 张山．新时代背景下中国建筑工业化发展研究 [D]. 天津：天津大学，2015.

[17] 邹苒．绿色建筑规模化推广困境的经济分析 [D]. 济南：山东大学，2017.

[18] 刘志峰．转变发展方式建造百年住宅（建筑）[J]. 城市住宅，2010（7）：12-18.

[19] 叶明，武洁青．关于推动新型建筑工业化发展的思考 [J]. 住宅产业，2013（Z1）：11-1.

[20] 宋德萱，朱丹．工业化建造在可持续住宅中的应用 [J]. 住宅科技，2014，34（8）：31-34.

[21] 叶东杰．中国绿色建筑的可持续发展研究 [J]. 建筑经济，2014（9）：15-17.

[22] 修龙，赵林，丁建华．建筑产业现代化之思与行 [J]. 建筑结构，2014，44（13）：1-4.

[23] 沈祖炎，李元齐．建筑工业化建造的本质和内涵 [J]，建筑钢结构进展，2015，10（5）：1-4.

[24] 王俊，赵基达，胡宗羽．中国建筑工业化发展现状与思考 [J]. 土木工程学报，2016（5）：6-13.

[25] 陈振基．中国建筑工业化 60 年政策变迁对比 [J]. 建筑技术，2016，47（4）：298-300.

[26] 王俊，王晓锋．中国新型建筑工业化发展与展望 [J]. 工程质量，2016，34（7）：5-9.

[27] 李忠富．再论住宅产业化和建筑工业化 [J]. 建筑经济，2018（1）：1-5.

[28] 陈振基．建筑工业化道路要两条腿走：兼评《装配式建筑评价标准》[J]. 混凝土世界，2018，39（1）：37-41.

[29] 娄述渝．法国工业化住宅概貌 [J]. 建筑学报，1985（2）：24-30.

[30] 李世华．施工机械使用手册 [M]. 北京：中国建筑工业出版社，2014.

[31] 秦姗，伍止超，于磊 . 日本 KEP 到 KSI 内装部品体系的发展研究 [J]. 建筑学报，2014（7）：17–23.

[32] 陈自明 . 浅谈中国建筑产业化发展之路 [J]. 住宅产业，2015（4）：20–23.

[33] 丁成章 . 工厂化制造住宅与住宅产业化 [M]. 北京：机械工业出版社，2004.

[34] 李湘洲 . 国外住宅建筑工业化的发展与现状：日本的住宅工业化 [J]. 中国住宅设施，2005（1）：56–58.

[35] 李湘洲，刘昊宇 . 国外住宅建筑工业化的发展与现状：美国的住宅工业化 [J]. 中国住宅设施，2005（2）：44–46.

[36] 王志成，格雷斯 J，史密斯 JK. 美国装配式建筑产业发展态势 [J]. 住宅与房地产，2017（14）：42–44.

[37] 李荣帅，龚剑 . 发达国家住宅产业化的发展历程与经验 [J]. 中外建筑，2014（2）：58–60.

[38] 臧志运 . 苏联工业化集合住宅研究 [D]. 天津：天津大学，2009.

[39] 川崎直宏，胡惠琴 . 日本公共住宅工业化生产技术发展和展望 [J]. 建筑学报，2012（4）：31–32.

[40] 王唯博 . 保障性住房新型工业化住宅体系理论与构建研究 [D]. 北京：中国建筑设计研究院，2016.

[41] 陈德强，陈爱韦 . 国外住宅标准模数化制度及对中国住宅产业化发展的启示 [J]. 全国商情（理论研究），2012（10）：4–6.

[42] 姜阵剑 . 国内外住宅产业化的对比分析 [J]. 建筑经济，2004（9）：51–53.

[43] 贺灵童，陈艳 . 建筑工业化的现在与未来 [J]. 工程质量，2013，31（2）：1–8.

[44] 陈振基 . 中国住宅建筑工业化发展缓慢的原因及对策 [J]. 建筑技术，2015，46（3）：235–238.

[45] 杨家骥，刘美霞 . 中国装配式建筑的发展沿革 [J]. 住宅产业，2016（8）：14–21.

[46] 张炳明 . 建筑施工专业机械化趋势探析 [J]. 山西建筑，2016，42（11）：245–246.

[47] 刘晓晨，王鑫，李洪涛，等 . 装配式混凝土建筑概论 [M]. 重庆：重庆大学出版社，2018.

[48] 梁栋，宋彪，沈重 . 装配式钢结构建筑研究及应用 [J]. 建设科技，2016（Z1）：79–81.

[49] 陈明，黄骥辉，赵根田 . 组合截面冷弯薄壁型钢结构研究进展 [J]. 工程力学，2016，33（12）：1–11.

[50] 杨学兵 . 装配式木结构建筑体系发展与应用 [J]. 建设科技，2017（19）：57–62.

[51] 潘晖 . 铝模板技术在房建施工中的应用 [J]. 住宅与房地产，2018（18）：225.

[52] 庄亮 . 超高层建筑液压爬模施工技术 [J]. 建筑机械，2019（2）：89–91.

[53] 杨哲铭 . 某超高层写字楼全钢附着式升降脚手架施工技术 [J]. 价值工程，2018，37（32）：131–132.

[54] 王振兴，孔涛涛，王卫新，等 . 钢筋焊接网片在超高层建筑施工中的应用 [J]. 施工技术，2018，47（10）：131–132.

[55] 陈芸，刘敏 . 配筋砌体结构与传统结构的经济性比较 [J]. 墙材革新与建筑节能，2011（4）：34–35.

[56] 邓冬梅 . 配筋混凝土砌块结构的研究与应用 [D]. 哈尔滨：哈尔滨工程大学，2007.

[57] 程先勇，富笑玮，刘锡洁 .SI 住宅配筋清水混凝土砌块砌体施工技术 [J]. 施工技术，2011，40（14）：40–43.

[58] 苏云辉，陈宁 . 聚苯乙烯模块墙体空腔简易模块化装配式建筑应用 [J]. 施工技术，2017，46（16）：40–43.

[59] 翟雪婷 .EPS 模块体系在严寒地区工业厂房中的应用研究 [D]. 济南：山东建筑大学，2018.
[60] 仲继寿 . 中国建筑工业化的发展路径 [J]. 建筑，2018（10）：18–20.
[61] 王可佳 . 民用住宅安装工业化实现途径研究 [D]. 大连：大连理工大学，2015.
[62] 林孝胜 . 机电安装工程工业化的探索和运用 [J]. 安装，2014（3）：12–14.
[63] 柏万林，刘玮，陶君 .BIM 技术在某项目机电安装工业化中的应用 [J]. 施工技术，2015，44（22）：120–124.
[64] 王陈远 . 基于 BIM 的深化设计管理研究 [J]. 工程管理学报，2012（4）：12–16.
[65] 王和慧，刘纪才，杜伟国，等 . 工厂预制、现场装配：机电安装的发展趋势暨装配式支吊架的主要问题综述 [J]. 安装，2013（8）：59–62.
[66] 傅温 . 建筑工程常用术语详解 [M]. 北京：中国电力出版社，2014.
[67] 李晓龙 . 大型机电工程项目索赔研究 [D]. 成都：西南交通大学，2003.
[68] 彭典勇，赵春婷，刘刚，等 . 装配式内装修体系实践 [J]. 城市住宅，2018，25（1）：42–47.
[69] 高颖，住宅产业化：住宅部品体系集成化技术及策略研究 [D]. 上海：同济大学，2006.
[70] 王艳 . 装配式住宅工业化内装集成技术体系解析 [J]. 住宅产业，2016（10）：56–60.
[71] 吴东航，章林伟 . 日本住宅建设与产业化 [M].2 版 . 北京：中国建筑工业出版社，2016.
[72] 苏岩芃，颜宏亮 . 高层工业化住宅装修构造技术思考 [J]. 城市建筑，2013（16）：220–221.
[73] 蒋博雅，张宏 . 工业化住宅产品可变式室内装修与家具模块设计 [J]. 建筑技术，2016，47（4）：319–320.
[74] 魏素巍，曹彬，潘锋 . 适合中国国情的 SI 住宅干式内装技术的探索：海尔家居内装装配化技术研究 [J]. 建筑学报，2014（7）：47–49.
[75] 刘东卫，张宏，伍止超 . 国际建筑工业化前沿理论动态与技术发展研究 [J]. 城市住宅，2018，25（10）：99–102.
[76] 李永健 . 基于 IFD 理论的钢结构住宅设计研究 [D]. 北京：北京交通大学，2018.
[77] 刘东卫 . 百年住宅：面向未来的中国住宅绿色可持续建设研究与实践 [M]. 北京：中国建筑工业出版社，2018.
[78] 尹红力，姜延达，施燕冬 . 内装工业化对日本住宅设计流程的影响：与中国住宅设计现状对比 [J]. 建筑学报，2014（7）：30–33.
[79] 孔雯雯 . 面向大规模定制的住宅装修产业化实现体系 [D]. 大连：大连理工大学，2014.
[80] 徐勇刚 . 内装工业化的实践：博洛尼基于雅世合金项目的探索 [J]. 建筑学报，2014（7）：50–52.
[81] 娄霓 . 住宅内装部品体系与结构体系的发展 [J]. 建筑技艺，2013（1）：127–133.
[82] 曹祎杰 . 工业化内装卫浴核心解决方案：好适特整体卫浴在实践中的应用 [J]. 建筑学报，2014（7）：53–55.
[83] 金瞳，李进军，王平山，等 . 上海地区装配式全装修部品部件推广及应用情况调研 [J]. 住宅与房地产，2018（20）：29–36.
[84] 李慧民，赵向东，华珊，等 . 建筑工业化建造管理教程 [M]. 北京：科学出版社，2017.
[85] 张峥 . 基于 BIM 技术条件下的工程项目设计工作流程的新型模式 [D]. 北京：北京建筑大学，2015.

[86] 莫志勇，冯春梅，杨继全．建筑自动化的进展及关键技术研究 [J]. 机械制造与自动化．2017，46（2）：156–159.

[87] 丁烈云，徐捷，覃亚伟．建筑 3D 打印数字建造技术研究应用综述 [J]. 土木工程与管理学报，2015，32（3）：1–10.

[88] 王志宏．中国住宅部品的标准现状与发展 [J]. 中国住宅设施，2005，3（7）：14–16.

[89] 李天华，袁永博，张明媛．装配式建筑全寿命周期管理中 BIM 与 RFID 的应用 [J]. 工程管理学报，2012，26（3）：28–32.

[90] 常春光，吴飞飞．基于 BIM 和 RFID 技术的装配式建筑施工过程管理 [J]. 沈阳建筑大学学报（社会科学版），2015，17（2）：170–174.

[91] 赵晔，左梦坡，王钺．谈信息化技术在装配式建筑中的应用 [J]. 安徽建筑，2017，24（5）：439–441.

[92] 白庶，张艳坤，韩凤，等 .BIM 技术在装配式建筑中的应用价值分析 [J]. 建筑经济，2015，36（11）：106–109.

[93] 胡珉，陆俊宇．基于 RFID 的预制混凝土构件生产智能管理系统设计与实现 [J]. 土木建筑工程信息技术，2013，5（3）：50–56.

[94] 王巧雯，张加万，牛志斌．基于建筑信息模型的建筑多专业协同设计流程分析 [J]. 同济大学学报（自然科学版），2018，46（8）：1155–1160.

[95] 覃秋丽，浅谈建筑工业化中的建筑设计标准化 [J]. 建材与装饰，2017（50）：104–105.

[96] 李晶．基于 IFD 理论的高层办公建筑标准化设计研究 [D]. 哈尔滨：哈尔滨工业大学，2015.

[97] 冯宜萱．从规模化生产到个性化制造 [J]. 动感（生态城市与绿色建筑），2010（2）：26–30.

[98] 陈伟民 .BIM 交付标准研究 [D]. 武汉：华中科技大学，2015.

[99] 住房和城乡建设部 .2011—2015 年建筑业信息化发展纲要 [J]. 中国勘察设计，2011（6）：52–57.

[100] 纪颖波，周晓茗，李晓桐．BIM 技术在新型建筑工业化中的应用 [J]. 建筑经济，2013（8）：14–16.

[101] 李晓丹．装配式建筑建造过程计划与控制研究 [D]. 大连：大连理工大学，2018.

[102] 李忠富，李晓丹．建筑工业化与精益建造的支撑和协同关系研究 [J]. 建筑经济，2016，37（11）：92–97.

[103] 中华人民共和国住房和城乡建设部．装配式混凝土结构技术规程：JGJ 1—2014[S]. 北京：中国建筑工业出版社，2014.

[104] 中华人民共和国住房和城乡建设部．装配式混凝土建筑技术标准：GB/T 51231—2016[S]. 北京：中国建筑工业出版社，2017.

[105] 中华人民共和国住房和城乡建设部．混凝土结构工程施工质量验收规范：GB 50204—2015[S]. 北京：中国建筑工业出版社，2015.

[106] 中华人民共和国住房和城乡建设部．钢筋套筒灌浆连接应用技术规程：JGJ 355—2015[S]. 北京：中国建筑工业出版社，2015.

[107] 孙焰．现代物流管理技术建模理论及算法设计 [M]. 上海：同济大学出版社，2004.

[108] 朱智鹏，石宇强，蔡跃坤，等 . 动态需求下车间生产物流 VRP 优化 [J]. 西南科技大学学报，2020，35（3）：68–74.

[109] 致远协同研究院 . 协同管理导论 [M]. 北京：经济日报出版社，2012.

[110] 王喜富 . 物联网与物流信息化 [M]. 北京：电子工业出版社，2011.

[111] 张鹏飞，李嘉军 . 基于 BIM 技术的大型建筑群体数字化协同管理 [M]. 上海：同济大学出版社，2019.

[112] 陈红杰，李高锋，武永峰 . 基于 BIM 和 RFID 技术的装配式建筑施工进度信息化采集研究 [J]. 项目管理技术，2018，16（10）：22–26.

[113] 任宏伟，于淼，才士武 . 基于 BIM 的装配式建筑施工成本控制 [J]. 华北理工大学学报（自然科学版），2019，41（03）：95–101.

[114] 苑清敏，范多多 .GIS 技术在企业物流管理系统设计中的应用 [J]. 价值工程，2019，38（28）：237–239.

[115] 方媛 . 装配式建筑物流管理及成本分析 [M]. 北京：中国建筑工业出版社，2018.

[116] 张金树，王春长 . 装配式建筑混凝土预制构件生产与管理 [M]. 北京：中国建筑工业出版社，2017.

[117] 叶浩文，苗启松，田春雨，等 . 装配式建筑产业化关键技术 [M]. 北京：中国建筑工业出版社，2022.

[118] 李政道，洪竞科 . 装配式建筑数字化管理与实践 [M]. 北京：中国建筑工业出版社，2020.

[119] 胡玉洁，李春花 . 仓储与配送管理 [M]. 北京：北京理工大学出版社，2020.

[120] 王海军，张建军，陈建华，等 . 仓储管理 [M]. 武汉：华中科技大学出版社，2015.

[121] 宋晓惠，田恒久 . 建筑企业物流管理 [M]. 北京：北京理工大学出版社，2015.

[122] 阎长虹，黄天祥，黄慧敏 . 建筑部品部件生产与质量管理 [M]. 北京：科学出版社，2020.

[123] 姚福义 . 预制构件产品质量的形成机理及控制方法研究 [D]. 重庆：重庆大学，2022.

[124] 方胜利，冯大阔 . 预制构件生产与安装 [M]. 北京：中国建筑工业出版社，2020.

[125] 刘晓晨，王鑫，李洪涛，等 . 装配式混凝土建筑概论 [M]. 重庆：重庆大学出版社，2018.

[126] 王朝静，胡昊，马小平 . 多源干扰下装配式建筑预制构件生产调度优化方法 [M]. 北京：北京交通大学出版社，2020.

[127] 庄伟，匡亚川，廖平平 . 装配式混凝土结构设计与工艺深化设计从入门到精通 [M]. 北京：中国建筑工业出版社，2016.

[128] 刘美霞，邓晓红，刘佳 . 基于物联网技术的装配式建筑质量追溯系统研究 [J]. 住宅产业，2016，No.192（10）：41–47.

[129] 刘杏红，张瀚宇 . 基于 TQM 理论和 BIM 的装配式建筑质量管理研究 [J]. 建筑经济，2018，39（10）：25–30.

[130] 江苏省住房和城乡建设厅，江苏省住房和城乡建设厅科技发展中心 . 装配式混凝土建筑构件预制与安装技术 [M]. 南京：东南大学出版社，2021.

[131] 齐俊鹏，田梦凡，马锐 . 面向物联网的无限射频识别技术的应用及发展 [J]. 科学技术与工程，2019，19（29）：1–10.

[132] 王爱民 . 制造执行系统（MES）实现原理与技术 [M]. 北京：北京理工大学出版社，2014.

[133] 彭振云，高毅，唐昭琳 .MES 基础与应用 [M]. 北京：机械工业出版社，2022.
[134] 陈明 . 智能制造之路：数字化工厂 [M]. 北京：机械工业出版社，2017.
[135] 刘河，刘鹏，覃焕，等 . 智能系统 [M]. 北京：电子工业出版社，2020.
[136] 何超，刘佳，沈云峰，等 . 装配式建筑 PC 构件智能产线运行与管理 [M]. 重庆：重庆大学出版社，2023.
[137] 马玉山 . 智能制造工程理论与实践 [M]. 北京：机械工业出版社，2021.
[138] 党争奇 . 新制造智能管理实战系列——智能生产管理实战手册 [M]. 北京：化学工业出版社，2020.
[139] 朱铎先，赵敏 . 机 · 智：从数字化车间走向智能制造 [M]. 北京：机械工业出版社，2018.
[140] 赵乐 . 品质管理与 QCC 活动指南（实战图解版）[M]. 北京：化学工业出版社，2021.
[141] 孙超 . 计算机前沿理论研究与技术应用探索 [M]. 天津：天津科学技术出版社，2020.
[142] 虞文进，张和明 . 烟草工业智能生产管理模式及实践 [M]. 北京：清华大学出版社，2019.
[143] 梁乃明 . 数字孪生实战 [M]. 北京：机械工业出版社，2019.
[144] 蒋理，马超群 . 中国制造 2025 智能制造企业信息系统 [M]. 长沙：湖南大学出版社，2018.